内容详实·编排新颖·查询方便·资料充足

第三册

电工大手册

电气控制、变频、PLC及触摸屏技术

图说帮　编著

中国水利水电出版社
www.waterpub.com.cn
·北京·

内容提要

本书是"电工大手册"的进阶篇，其内容涵盖电气控制、变频技术、PLC技术及触摸屏技术的应用。

本书是"电工大手册"的第三册，全书以国家职业资格标准为指导，结合行业培训规范，重点对电工控制、变频及PLC编程等方面的专业知识和实操技能进行全方位解析、表达和整理。

本书将高阶段电工知识技能分为8章进行讲解，具体内容包括电工材料、电工计算、变频器与变频技术的应用、变频电路与功率模块、PLC（可编程控制器）、PLC编程、PLC触摸屏和PLC技术的应用。

另外，本书采用扫码互动的全新教学模式，在重要知识点相关图文的旁边设置了二维码，读者只要用手机扫描相关知识点的二维码，即可在手机上实时观看对应的教学视频或数据资料，帮助读者轻松领会所学内容，可以大大提升读者的学习效率。

本书内容全面，实用性强，讲解详尽、文字精练，图文并茂、易学易懂，适合从事电工电子技术研发、生产、安装、调试、改造与维护的技术人员使用，是广大电工电子技术学习者和电工电子爱好者不可缺少的实用工具书。

图书在版编目（CIP）数据

电工大手册（第三册）-电气控制、变频、PLC及触摸屏技术/ 图说帮编著. -- 北京 ：中国水利水电出版社，2024.5

ISBN 978-7-5226-2242-2

Ⅰ. ①电… Ⅱ. ①图… Ⅲ. ①电工-手册 Ⅳ. ①TM-62

中国版本图书馆CIP数据核字（2024）第021193号

书　　名	电工大手册（第三册）——电气控制、变频、PLC及触摸屏技术 DIAN GONG DA SHOU CE（DI SAN CE）——DIANQI KONGZHI、BIANPIN、PLC JI CHUMOPING JISHU
作　　者	图说帮　编著
出版发行	中国水利水电出版社 （北京市海淀区玉渊潭南路 1号 D座　100038） 网址：www.waterpub.com.cn E-mail: sales @waterpub.com.cn 电话：（010）62572966-2205/2266/2201（营销中心）
经　　售	北京科水图书销售有限公司 电话：（010）68545874、63202643 全国各地新华书店和相关出版物销售网点
排　　版	北京智博尚书文化传媒有限公司
印　　刷	河北文福旺印刷有限公司
规　　格	185mm×260mm　16开本　21.75印张　674千字
版　　次	2024 年 5 月第 1 版　2024 年 5 月第 1 次印刷
印　　数	0001—3000册
定　　价	79.80元

前言

"电工大手册"是由"图说帮"专业团队继"从零基础到实战"系列之后全新打造的

电工类"三超"力作！ ● 超新的理念！ ● 超全的内容！ ● 超赞的体验！

1 超新的理念！

◆ 本书打破了传统理念上的"手册"概念，将技能图书的培训特色与工具图书的查询优势相结合。

◆ 本书引入知识技能的"配餐"模式，将电工领域的专业知识和实用技能按照职业培训的理念重组架构，结合实际岗位需求，将电工的知识技能划分成以下3个专业领域：

> 第一册 电工基础入门、操作、检测技能

> 第二册 电工常用电路、接线、识读、应用案例

> 第三册 电气控制、变频、PLC及触摸屏技术应用

这3个专业领域的相关内容独立成册，搭配整合，用户如"配餐"一样，可以根据自身的需要，自由、灵活地搭配选择需要学习或查询的知识内容，让一本手册能够轻松满足不同电工爱好者、初学者和从业者的多重需求。

2 超全的内容！

本书的内容经过了大量的市场调研和资料整合汇总，将电工知识技能划分为 **3** 个专业领域，**27** 个专业内容，超过 **370** 个实用案例，超过 **1920** 张图表演示，为读者提供最全面的电工行业储备知识。

3 超赞的体验！

分册学习、灵活搭配、自由选择，让学习更具针对性。

图文演示与图表查询完美搭配，使手册兼具培训和资料双重价值。

摒弃传统手册中晦涩的文字表述，用生动的图例展现；拒绝枯燥、死板的图表罗列，让具体案例引出拓展的数据资料，一切更好的呈现方式都是为了更好的学习效果。

将手机互联网的特点融入手册中，读者可以在关键的知识点或技能点附近看到相应的二维码，使用手机扫描二维码即可在手机上打开相应的微视频，微视频中的有声讲解和演示操作可以让读者获得绝佳的学习体验。

由于编者水平有限，编写时间仓促，书中难免存在一些疏漏，欢迎读者指正，也期待与您的技术交流。

图说帮
网址：http://www.taoo.cn
联系电话：022-83715667/13114807267
E-mail:chinadse@126.com
地址：天津市南开区榕苑路4号天发科技园8-1-401
邮编：300384

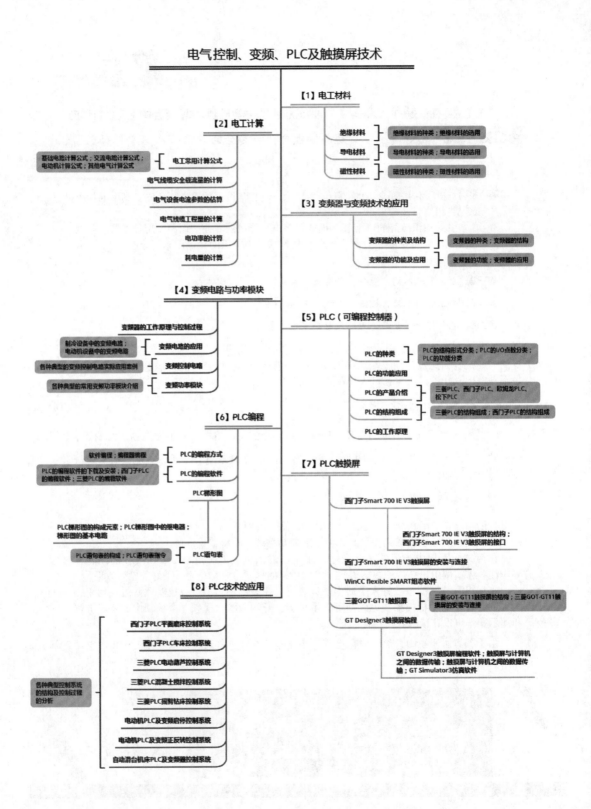

电气控制、变频、PLC及触摸屏技术

【1】电工材料
- 绝缘材料 — 绝缘材料的种类；绝缘材料的选用
- 导电材料 — 导电材料的种类；导电材料的选用
- 磁性材料 — 磁性材料的种类；磁性材料的选用

【2】电工计算
- 电工常用计算公式 — 基础电路计算公式；交流电路计算公式；电动机计算公式；其他电气计算公式
- 电气线缆安全载流量的计算
- 电气设备电流参数的估算
- 电气线缆工程量的计算
- 电功率的计算
- 耗电量的计算

【3】变频器与变频技术的应用
- 变频器的种类及结构 — 变频器的种类；变频器的结构
- 变频器的功能及应用 — 变频器的功能；变频器的应用

【4】变频电路与功率模块
- 变频器的工作原理与控制过程
- 变频电路的应用 — 制冷设备中的变频电路；电动机设备中的变频电路
- 变频控制电路 — 各种典型的变频控制电路实际应用案例
- 变频功率模块 — 各种典型的常用变频功率模块介绍

【5】PLC（可编程控制器）
- PLC的种类 — PLC的结构形式分类；PLC的I/O点数分类；PLC的功能分类
- PLC的功能应用
- PLC的产品介绍 — 三菱PLC、西门子PLC、欧姆龙PLC、松下PLC
- PLC的结构组成 — 三菱PLC的结构组成；西门子PLC的结构组成
- PLC的工作原理

【6】PLC编程
- PLC的编程方式 — 软件编程；编程器编程
- PLC的编程软件 — PLC的编程软件的下载与安装；西门子PLC的编程软件；三菱PLC的编程软件
- PLC梯形图 — PLC梯形图的构成元素；PLC梯形图中的继电器；梯形图的基本电路
- PLC语句表 — PLC语句表的构成；PLC语句表指令

【7】PLC触摸屏
- 西门子Smart 700 IE V3触摸屏 — 西门子Smart 700 IE V3触摸屏的结构；西门子Smart 700 IE V3触摸屏的接口
- 西门子Smart 700 IE V3触摸屏的安装与连接
- WinCC flexible SMART组态软件
- 三菱GOT-GT11触摸屏 — 三菱GOT-GT11触摸屏的结构；三菱GOT-GT11触摸屏的安装与连接
- GT Designer3触摸屏编程 — GT Designer3触摸屏编程软件；触摸屏与计算机之间的数据传输；触摸屏与计算机之间的数据传输；GT Simulator3仿真软件

【8】PLC技术的应用
各种典型控制系统的结构及控制过程的分析
- 西门子PLC平面磨床控制系统
- 西门子PLC车床控制系统
- 三菱PLC电动葫芦控制系统
- 三菱PLC混凝土搅拌控制系统
- 三菱PLC摇臂钻床控制系统
- 电动机PLC及变频启停控制系统
- 电动机PLC及变频正反转控制系统
- 自动滑台机床PLC及变频器控制系统

目录

第 5 章 PLC（可编程控制器）

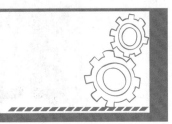

第1章

电工材料

1.1 绝缘材料

1.1.1 绝缘材料的种类

绝缘材料是电工行业中必不可少的材料之一，它是用来使器件在电气上绝缘的材料，起到保护、隔离的作用，也称为电介质。在电压作用下，这种材料几乎没有电流通过，一般情况下可忽略不计而认为是不导电的材料，绝缘材料的电阻率越大，绝缘性能越好。

如图1-1所示，电工常用绝缘材料的种类有很多，通常可按其形态、化学性质、材料和制作工艺等进行分类。

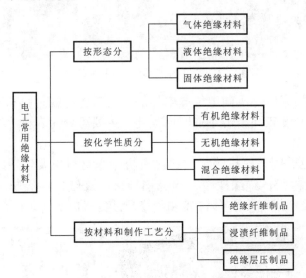

图1-1　电工常用绝缘材料的分类

1 ≫ 不同形态的绝缘材料

电工常用绝缘材料按形态可分为气体绝缘材料、液体绝缘材料和固体绝缘材料。电工人员常用到的绝缘材料主要是固体绝缘材料。

图1-2所示为常见的气体绝缘材料。气体绝缘材料能够自动恢复，不存在老化变质现象，常用的气体绝缘材料主要有空气、氮气、氢气、二氧化碳、甲烷和六氟化硫（SF_6）等。

空气钢瓶　氮气钢瓶　六氟化硫钢瓶

图1-2　常见的气体绝缘材料

图1-3所示为常见的液体绝缘材料。液体绝缘材料在设备中不仅起到绝缘的作用，还可起到浸渍、传热和灭弧的作用。常用的液体绝缘材料主要有矿物绝缘油（如变压器油、开关油、电容器油、电缆油）、合成绝缘油（如硅油、十二烷基苯、二芳基乙烷、聚异丁烯）和植物绝缘油（如蓖麻油、大豆油、菜籽油）等。

矿物绝缘油　合成绝缘油　植物绝缘油

图1-3　常见的液体绝缘材料

固体绝缘材料是用来隔绝不同电位导电体的。与气体绝缘材料和液体绝缘材料相比，固体绝缘材料的密度较高、击穿强度也较高。主要可分为有机绝缘材料和无机绝缘材料。

图1-4所示为常见的固体有机绝缘材料。有机绝缘材料主要包括绝缘漆、绝缘胶板、绝缘虫胶、绝缘树脂、绝缘橡胶、绝缘棉纱、绝缘纸、绝缘塑料、绝缘纤维制品、绝缘层压制品、绝缘漆布、绝缘漆管和绝缘浸渍纤维制品等。

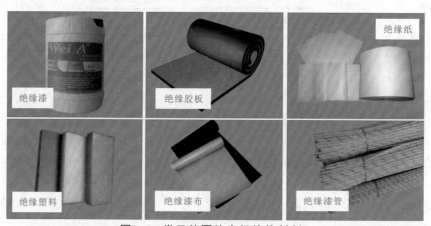

绝缘漆　绝缘胶板　绝缘纸　绝缘塑料　绝缘漆布　绝缘漆管

图1-4　常见的固体有机绝缘材料

图1-5所示为常见的固体无机绝缘材料。无机绝缘材料主要包括云母带、石棉、大理石绝缘壁、瓷器绝缘子、玻璃绝缘子和硫黄等。

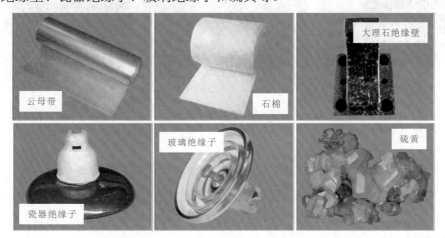

图1-5 常见的固体无机绝缘材料

2 >> 不同化学性质的绝缘材料

绝缘材料按化学性质的不同，可分为有机绝缘材料、无机绝缘材料和混合绝缘材料。

其中，有机绝缘材料也可划分在固体绝缘材料内，主要用来制造绝缘漆，绕组导线的覆盖物等。

无机绝缘材料也可划分在固体绝缘材料内，这种绝缘材料耐热性能和机械强度较好，主要用来制造电动机、开关的底板和绝缘子等。

混合绝缘材料是由有机绝缘材料和无机绝缘材料经过加工制成的各种成型的绝缘材料，常用作电器的底座、外壳等。

3 >> 不同材质和制作工艺的绝缘材料

绝缘材料按材料和制作工艺的不同可大致分为绝缘纤维制品、浸渍纤维制品和绝缘层压制品，此种分类也是电工行业较普遍的分类方式。

其中，绝缘纤维制品是指在电工产品中可直接应用的一类绝缘材料，主要包括绝缘纸、绝缘纸板、钢纸板及各种纤维织物，如丝、带、绳等。

浸渍纤维制品是以绝缘纤维制品为材料，浸以绝缘漆制成的，在其表面会有一层光滑的漆膜。电工常用浸渍纤维制品主要有漆布（带）和漆管两种。与普通的绝缘纤维材料相比，浸渍纤维制品的抗张强度、电气性能、耐热等级及耐潮性能等都有显著的提高。它适用于电动机、电器、仪器仪表等电工产品的线圈层间的绝缘或作为衬垫与引出线或连接线的绝缘。

绝缘层压制品是由天然或合成的纤维纸、布等作为底材浸以不同的胶黏剂后经热压卷制而成的层状结构的绝缘材料，如图1-6所示。它主要分为层压纸板、层压布板和层压玻璃布板等类型。层压制品的性能取决于所用底材、胶黏剂的性质及制作工艺。一般的层压制品都具有良好的电气性能和耐热、耐油、耐霉、耐电弧、防电晕等特性。

层压纸板
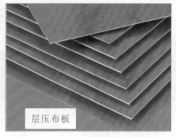
层压布板

层压玻璃布板

图1-6 绝缘层压制品

1.1.2 绝缘材料的选用

在电工行业中，不同的绝缘材料应用的环境也略有不同，下面按形态的分类方式分别介绍气体绝缘材料、液体绝缘材料、固体绝缘材料中常用的几种绝缘材料的选用及其应用环境。

无论选择哪种绝缘材料，都应根据其耐用等级和极限温度进行选择，表1-1所列为各种绝缘材料的耐热等级和最高允许的工作温度，可根据不同的工作环境或应用场合进行合理选用。

表1-1 绝缘材料的耐热等级和最高允许的工作温度

耐热等级	绝缘材料	最高允许的工作温度
Y	木材、棉花、纸、纤维等天然的纺织品，以醋酸纤维和聚酰胺为基础的纺织品，易于热分解和熔化点较低的塑料等	90℃
A	在矿物油中工作的，用油或油性树脂复合胶浸渍过的Y级材料、漆包线、漆布、漆丝、油性漆及沥青漆等	105℃
E	聚酯薄膜、A级材料复合、玻璃布、油性树脂漆、聚乙烯醇缩醛高强度漆包线、乙酸乙烯耐热漆包线	120℃
B	聚酯薄膜、经过适当树脂浸渍涂覆的云母、玻璃纤维、石棉等制品，以及聚酯漆、聚酯漆包线等	130℃
F	以有机纤维材料补强和石棉带补强的云母片制品、玻璃丝、石棉、玻璃漆布，以玻璃丝布和石棉纤维为基础的层压制品，以无机材料做补强和石棉带补强的云母粉制品、化学热稳定性较好的聚酯和醇酸类材料，复合硅有机聚酯漆	155℃
H	无补强或以无机材料为补强的云母制品、加厚的F级材料、复合云母、有机硅云母制品、硅有机云母制品、硅有机漆、硅有机橡胶聚酰亚胺复合玻璃布、复合薄膜、聚酰亚胺漆等	180℃
C	不采用有机黏合剂和浸渍剂的无机物，如石英、石棉、云母、玻璃和电瓷材料等	180℃以上

1 >> 气体绝缘材料的选用

在电工行业中，通常使用气体作为绝缘材料。气体绝缘材料不同于固体和液体绝缘材料，它具有密度小、介电常数低、接点损耗小、电阻率高及击穿后能够自动恢复等特点，图1-7所示为气体绝缘材料的选用案例。

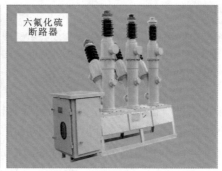

图1-7 气体绝缘材料的选用案例

2 》》**液体绝缘材料的选用**

液体绝缘材料通过浸渍、填充消除空气和气隙，提高绝缘介质的绝缘强度，它主要应用在变压器、油开关、电容器和电缆等电气设备中。图1-8所示为液体绝缘材料的选用案例。

图1-8 液体绝缘材料的选用案例

3 》》**有机固体绝缘材料的选用**

图1-9所示为绝缘漆的选用案例。绝缘漆是以高分子聚合物为基础，在一定的条件下固化成绝缘膜或绝缘整体的绝缘材料，它是漆类中一种特殊的漆。通常是由漆基、稀释剂和辅助材料等组成。

图1-9 绝缘漆的选用案例

选择绝缘漆时，绝缘漆应具有良好的介电性能、较高的绝缘电阻及电气强度。它通常用于电动机、电器的线圈和绝缘零部件，以填充线圈间隙和微孔，提高线圈的耐热性能、机械性能、耐磨性能、导热性能和防潮性能等。

绝缘橡胶是对提取的橡胶树、橡胶草等植物的胶乳进行加工，制成具有高弹性、绝缘性、不透水的橡胶绝缘材料。可分为天然橡胶和合成橡胶，电工行业常见的绝缘手套、绝缘防尘套和绝缘垫等都是通过橡胶制成的。图1-10所示为绝缘橡胶的选用案例。

图1-10　绝缘橡胶的选用案例

绝缘纸主要是以未漂白的硫酸盐木浆（植物纤维）或合成纤维为材料制成的，根据其组成材料可分为植物纤维纸和合成纤维纸。图1-11所示为各类绝缘纸的选用。

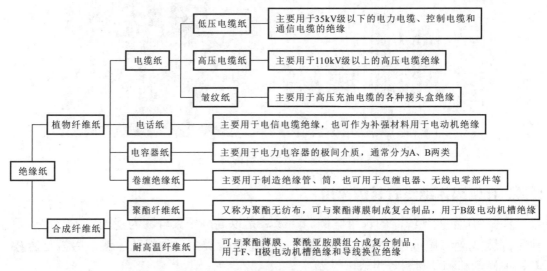

图1-11　各类绝缘纸的选用

图1-12所示为绝缘纸在隔离变压器上的应用。

图1-12　绝缘纸在隔离变压器上的应用

塑料是一种用途广泛的合成高分子材料，它不仅具有可塑性、耐腐蚀性和绝缘性，还具有较高的强度和弹性。在电工行业中，塑料的应用十分广泛，如室内的开关、插座等都是通过塑料进行绝缘的。图1-13所示为塑料的选用案例。

图1-13 塑料的选用案例

绝缘漆布是由不同材料浸以不同的绝缘漆制成的。电工材料中常采用的绝缘漆布主要有黄漆布（厚度为0.15～0.3mm）、黄漆绸（厚度为0.04～0.15mm）和醇酸玻璃漆布等。表1-2所列为常见绝缘漆布的特点及应用。

表1-2 常用绝缘漆布的特点及应用

型 号	耐热等级	特点及应用
黄漆布（2010型）	A	柔软性较好，但不耐油，可用于一般电动机、电器的衬垫或线圈绝缘
黄漆布（2012型）	A	耐油性好，可用于在侵蚀环境中工作的电动机、电器的衬垫或线圈绝缘
黄漆绸（2210型）	A	具有较好的电气性能和良好的柔软性，可用于电动机、电器的薄层衬垫或线圈绝缘
黄漆绸（2212型）	A	具有较好的电气性能和良好的柔软性，可用于电动机、电器的薄层衬垫或线圈绝缘，也可用于在侵蚀环境中工作的电动机、电器的薄层衬垫或线圈绝缘
醇酸玻璃漆布（2432型）	B	具有良好的电气性、耐热性、耐油性和防霉性，常用作油浸变压器、油断路器等设备的线圈绝缘
黄玻璃漆布或油性玻璃漆布（2412型）	A	用于电动机、电气衬垫或线圈绝缘以及在油中工作的变压器、电器的线圈绝缘
黑玻璃漆布或沥青醇酸玻璃漆布（2430型）	B	耐潮性较好，但耐油性较差，可用于一般电动机、电器衬垫和线圈绝缘
有机硅玻璃漆布（2450型）	H	具有较高的耐热性和良好的柔软性，耐霉、耐油和耐寒性都较好，适用于H级电动机、电器的衬垫和线圈绝缘
聚酰亚胺玻璃漆布（2560型）	C	具有很高的耐热性，良好的电气性能，耐溶剂和耐辐照性好，但较脆。适用于工作温度高于200℃的电动机槽绝缘和端部衬垫绝缘，以及电器线圈和衬垫绝缘

补充说明

在使用漆布作为电工设备的绝缘材料时，要包绕严密，不能出现褶皱和气泡，更不能出现机械损伤，否则会影响其电气性能，甚至会让绝缘材料失去绝缘的作用。

绝缘漆管是由棉、涤纶、玻璃纤维管等浸以不同的绝缘漆制成的，常用的绝缘漆管为2730型醇酸玻璃漆管，通常称为黄蜡管，该材料具有良好的电气性能和机械性能，耐油、耐热、耐潮性能较好，主要用作电动机、电器的引出线或连接线的绝缘漆管。图1-14所示为绝缘漆管的选用案例。

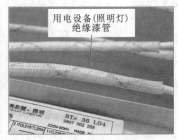

图1-14　绝缘漆管的选用案例

绝缘层压制品是由两层或多层浸有树脂的纤维及织物经叠合、热压结合成的绝缘整体，具有耐热、耐油、耐霉、耐电弧、防电晕及良好的电气性能等特性，被广泛应用在电动机、变压器、高低压电器、电工仪表和电子设备中。它通常可分为层压纸板、层压布板和层压玻璃布板等。

如图1-15所示，层压纸板主要是指酚醛层压纸板，其厚度为0.2～60mm，一般可在电气设备中作为绝缘结构的零部件。

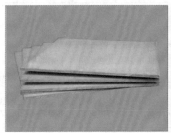

图1-15　酚醛层压纸板

常用层压纸板的特点及应用见表1-3。

表1-3　常用层压纸板的特点及应用

型　号	耐热等级	特点及应用
3020型和3021型	E	具有良好的耐油性，可用作电工设备中的绝缘结构零部件，并可在变压器油中使用
3022型	E	具有较高的耐潮性，适合在潮湿条件下工作的电工设备中作为绝缘结构的零部件
3023型	E	该型号层压纸板介质损耗低，适合在无线电、电话和高频设备中作为绝缘结构的零部件

层压布板通常称为酚醛层压布板，如图1-16所示，通常可用作电气设备中的绝缘零部件。常用层压布板的特点及应用见表1-4。

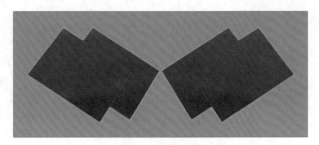

图1-16 酚醛层压布板

表1-4 常用层压布板的特点及应用

型 号	耐热等级	特点及应用
3025型	E	机械强度和耐油性较高，适合制作电气设备中的绝缘零部件，并可在变压器油中使用
3027型	E	电气性能较好，吸水性小，适合制作高频无线电装置中的绝缘结构件

如图1-17所示，常见的电工用层压玻璃布板主要有酚醛层压玻璃布板和环氧酚醛玻璃布板等。

图1-17 层压玻璃布板

常用层压玻璃布板的特点及应用见表1-5。

表1-5 常用层压玻璃布板的特点及应用

型 号	耐热等级	特点及应用
酚醛层压玻璃布板（型号：3230）	B	相对层压纸、布板来说，酚醛层压玻璃布板的机械性能、耐水和耐压性更好，但其黏合强度低，适合制作电工设备中的绝缘结构件，并可在变压器油中使用
环氧酚醛玻璃布板（型号：3240）	F	该层压制品具有很高的机械强度，耐热性、耐水性、电气性能良好，且浸水后电气性能较稳定。适合制作高机械强度、高介电性能，以及耐水性好的电动机、电气的绝缘结构件，并可在变压器油中使用

4 无机固体绝缘材料的选用

如图1-18所示，云母是一种板状、片状、柱状的晶体造岩矿物，具有良好的绝缘性、隔热性、弹性、韧性、耐高温性、抗酸性、抗碱性及抗压性等特点，并且质地坚硬，机械强度高。

图1-18　云母带和云母板

　　电工行业中主要会用到云母的绝缘性和耐高温性，其绝缘性是由云母的电气性能决定的，当云母片厚为0.015mm时，平均抗电压为2.0～5.7kV，击穿强度为133～407kV/mm，此数据是我国矿区对云母的测试结果。而耐高温性：通过测试白云母，发现其加热至100～600℃时，弹性和表面性质均不变；加热至700～800℃时，脱水、机械、电气性能有所改变，弹性丧失；加热至1050℃时，结构才会被破坏。而金云母较白云母来讲，加热至700℃左右时，电气性能较好。除此之外，电工行业中也会用到云母的抗酸、抗碱和耐压的特性。

　　石棉是天然纤维状的硅质矿物，是一种天然矿物纤维，具有良好的绝缘性、隔热性、抗压性、耐水性、耐酸性及耐化学腐蚀等特点，在电工行业中常用作热绝缘和电绝缘材料。它可通过加工制成纱、线、绳、布、衬垫、刹车片等，如图1-19所示。

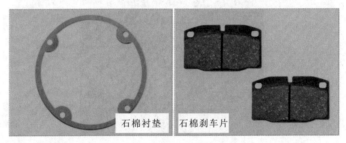

图1-19　石棉的选用案例

　　石棉虽然具有很多的优良性能，但石棉对人体的健康有一定的影响，进入人体内的石棉纤维会有致病的可能性，因此，在石棉粉尘严重的环境中应注意做好个人的防护工作。

　　大理石也称云石，具有良好的耐压性、耐磨性、耐酸性、耐腐蚀性，以及不易变形、不磁化等特点。如图1-20所示，通过加工将大理石制作成各种形状的绝缘大理石，在电工行业中常用于各种电器的支撑、绝缘、隔离等。

图1-20　各种不同形状和用途的绝缘大理石

陶瓷是通过黏土、石英、长石等天然矿物原料加工制成的多晶无机绝缘材料。它具有电阻率高、介电常数小、介电损耗小、机械强度高、热膨胀系数小、热导率高和抗热冲击性好等性能。在电子、电工行业中被广泛用于电器器件的支撑、绝缘、隔离、连接等。图1-21所示为采用陶瓷制成的低压架空绝缘子。

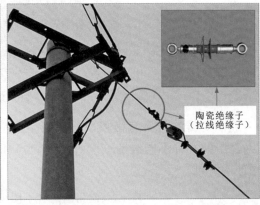

图1-21　采用陶瓷制成的低压架空绝缘子

绝缘陶瓷还可用于电阻机体、线圈框架、晶闸管外壳、绝缘衬套、集成电路基片、电真空器件和电热设备等绝缘的环境中。表1-6所列为常见陶瓷的特点及应用。

表1-6　常见陶瓷的特点及应用

类　型	特　点	应　用
高低压电磁	耐辐射性能、电气性能、机械性能好	主要用于高低压输变电设备绝缘子和线路的绝缘等
高频陶瓷	在高频状态下电气性能稳定、耐热性能好	主要用于高频设备中的绝缘器件、电真空器件、晶闸管外壳、电阻机体等
电热高温陶瓷	耐高温性能好、膨胀系数小、耐点弧性能好	主要用于电炉盘、电热设备绝缘、线圈框架、开关灭弧罩绝缘等

电工玻璃是通过二氧化硅、氧化钙、氧化钠、三氧化二硼等原料加工制成的无晶玻璃体，在电子、电工行业中得到了广泛的应用。图1-22所示为由玻璃制成的玻璃绝缘子。

图1-22　由玻璃制成的玻璃绝缘子

玻璃经高温熔制、拉丝、络纱、织布等工艺后，形成的玻璃纤维，具有耐高温、耐腐蚀、隔热、绝缘等特点。常用作电绝缘材料，如图1-23所示。

图1-23　玻璃纤维

玻璃纤维的类型有很多，按其特点和应用可分为不同级别的玻璃纤维。表1-7所列为常用的几种不同级别玻璃纤维的特点和应用。在电工行业中，常用的玻璃纤维为E级玻璃纤维。

表1-7　常用的几种不同级别玻璃纤维的特点和应用

级　　别	特　　点	应　　用
C级玻璃纤维（中碱玻璃）	与无碱玻璃相比，其耐酸性较高，但其电气性能较差，机械强度较低	主要用于生产玻璃纤维表面毡、玻璃钢的增强以及过滤织物等
D级玻璃纤维（介电玻璃）	介电强度好	主要用于生产介电强度好的低介电玻璃纤维
E级玻璃纤维（无碱玻璃）	硼硅酸盐玻璃，具有良好的电气绝缘性和机械性能，但易被无机酸侵蚀	主要用于生产电绝缘玻璃纤维和玻璃钢，不适用于在酸性环境中使用

如图1-24所示，玻璃纤维可通过加工生产出不同的玻璃纤维织物，如玻璃布、玻璃带、玻璃纤维绝缘套管等。

玻璃布

玻璃带

玻璃纤维绝缘套管

图1-24　不同的玻璃纤维织物

表1-8所列为常用玻璃纤维织物的特点及应用。

表1-8　常用玻璃纤维织物的特点及应用

织物名称	应　　用
玻璃布	主要用于生产各种绝缘材料，如绝缘层压板、印刷线路板等
玻璃带	主要用于生产高强度、介电性能良好的电气设备零部件
玻璃纤维绝缘套管	在玻璃纤维编织管上涂上树脂材料制成的各种绝缘套管，用于各种电气设备的绝缘

1.2 导电材料

1.2.1 导电材料的种类

导电材料也是电工行业中必不可少的，它是用来传输电力信号的材料，大部分都由金属材料构成，其导电性好，有一定的机械强度，不易氧化和腐蚀，并且容易加工和焊接。

如图1-25所示，电工常用的导电材料有很多，按照性能和使用特点可分为裸导线、电磁导线、绝缘导线和电缆等。

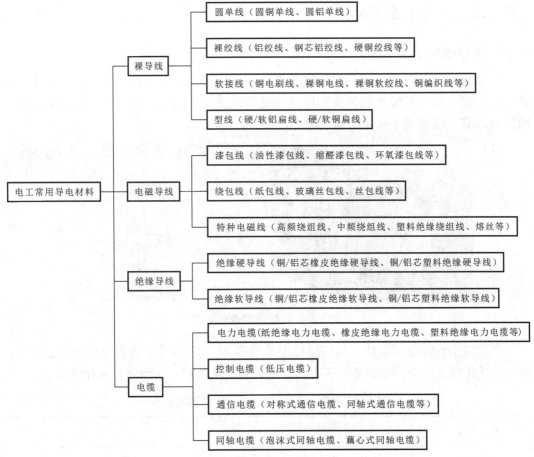

图1-25 常用导电材料的具体分类

电工常用的导电材料一般都是采用纯铜和纯铝作为主要的导电金属材料。纯铜外观呈紫红色，一般也叫作紫铜，它的密度为8.89g/m³，具有良好的导电性、导热性和耐腐蚀性；有一定的机械强度，无低温脆性，易于焊接，塑性强，便于承受各种冷、热压力加工。导电用铜通常选用含铜量为99.90%的工业纯铜。

纯铝是一种银白色的轻金属，其特点是密度小、导电性和导热性较好、耐酸、易于加工、容易被碱和盐雾腐蚀，铝资源比较丰富，所以价格比铜低。导电用铝通常选用含铝为99.50%的工业纯铝。图1-26所示为几种常见的导线实物外形。

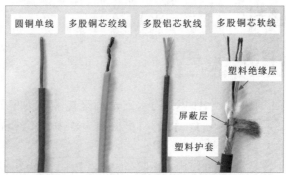

图1-26 几种常见的导线实物外形

1.2.2 | 导电材料的选用

1 ▶▶ 裸导线的选用

一般裸导线具有良好的导线性能和机械性能，可作为各种电线、电缆的导电芯线或在电动机、变压器等电气设备中作为导电部件使用。此外，高压输电铁塔上的架空线远离人群，也常使用裸导线输送配电，如图1-27所示。

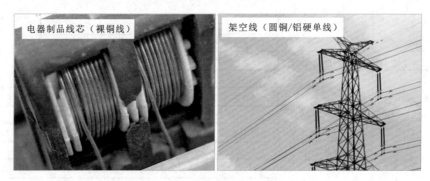

图1-27 裸导线的选用案例

裸导线的应用范围很广，规格型号也多种多样，表1-9所列为各种裸导线的型号、特性及其应用。注意，很多裸导线表面涂有高强度绝缘漆，可用以抗氧化和绝缘。

表1-9 各种裸导线的型号、特性及其应用

类 型	名 称	型 号	线径范围/mm	特 性	应 用
圆单线	硬圆铝线 半硬圆铝线 软圆铝线	LY LYB LR	0.06~6.00	硬线抗拉强度较大，比软线大一倍；半硬线有一定的抗拉强度和延展性；软线的延展性最高	硬线主要用作架空导线；半硬线和软线用于电线、电缆及电磁线的线芯；软线用作电动机、电器及变压器绕组等
	硬圆铜线 软圆铜线	TY TR	0.02~6.00		
裸绞线	铝绞线 铝合金绞线 钢芯铝绞线	LJ HLJ LGJ	10~600	导电性和机械性能良好，且钢芯绞线承受拉力较大	低压或高压架空输电线用（基于成本考虑，使用铝绞线较多）
	硬铜绞线 镀锌钢绞线	TJ GJ	2~260		

续表

类 型	名 称	型 号	线径范围/mm	特 性	应 用
软接线	铜电刷线 软铜电刷线 纤维编织镀锡 铜电刷线	TS TSR TSX	—	软接线的最大特性为柔软，耐弯曲性强	铜电刷线或软铜电刷线为多股铜线或镀锡铜线绕制而成，柔软且耐弯曲，多用于电动机、电器及仪表线路上连接电刷；除此之外，软接线也可用作引出线、接地线以及电工用电气设备部件间的连接线等
	软铜绞线 镀锡铜软绞线 铜编织线 镀锡铜编织线	TJR TJRX TZ TZX	—		
型线	硬铝扁线 软铝扁线	LBY LBR	—	铜、铝扁线的机械性能与圆单线基本相同，扁线的结构形状为矩形	铜、铝扁线主要用于电动机、电器中的线圈或绕组使用
	硬铜扁线 软铜扁线	TBY TBR	—		

2 >> 漆包线的选用

漆包线具有漆膜均匀、光滑柔软，且利于线圈的绕制等特点，被广泛应用于电动机、干式变压器和其他电工产品中。表1-10所列为常用漆包线的型号、性能参数及其应用。

表1-10 常用漆包线的型号、性能参数及其应用

类 型	名 称	型 号	耐热等级	线芯直径/mm	特 性	应 用
油性漆包线	油性漆包圆铜线	Q	A	0.02~2.50	漆膜均匀，但耐刮性、耐溶剂性较差	适用于中、高频线圈的绕制以及电工用仪表、电器的线圈等
缩醛漆包线	缩醛漆包圆铜线	QQ	E	0.02~2.50	漆膜热冲击性、耐刮性、耐水性能较好	多用于普通中、小型电动机、微电动机绕组和油浸变压器的线圈，电气仪表线圈等
	缩醛漆包扁铜线	QQB		窄边：0.8~5.60 宽边：2.0~18.0		
聚酯漆包线	聚酯漆包圆铜线 （电工用料中最为常用）	QZ	B	0.06~2.50	耐电压击穿性好，但耐水性较差	多用于普通中、小型电动机的绕组、干式变压器和电气仪表的线圈等
	聚酯漆包扁铜线	QZB		窄边：0.8~5.60 宽边：2.0~18.0		

图1-28所示为漆包线的典型应用。

图1-28　漆包线的典型应用

3 ▶▶ 无机绝缘电磁线的选用

无机绝缘电磁线的特点是耐高温、耐辐射，主要应用于高温、辐射等恶劣环境中。图1-29所示为无机绝缘电磁线的选用案例。

图1-29　无机绝缘电磁线的选用案例

无机绝缘电磁线的种类、型号、特点及其应用见表1-11。

表1-11　无机绝缘电磁线的种类、型号、特点及其应用

类 型	名 称	型 号	线芯直径 /mm	特　性		应 用
				优　点	局限性	
氧化膜绝缘电磁线	氧化膜圆铝线	YML YMLC	0.05～5.0	耐温性、耐辐射性好，重量轻	弯曲性、耐刮性、耐酸碱性差	起重电磁铁、高温制动器、干式变压器线圈和耐辐射场合
	氧化膜扁铝线	YMLB YMLBC	窄边：1.0～4.0 宽边：2.5～6.3			
	氧化膜铝带（箔）	YMLD	厚：0.08～1.00 宽：20～900			
陶瓷绝缘电磁线	陶瓷绝缘线	TC	0.06～0.50	耐高温性、耐化学腐蚀性、耐辐射性好	弯曲性、耐潮湿性差	用于高温以及有辐射的场合

4 >> 绕包线的选用

如图1-30所示，绕包线是指用天然丝、玻璃丝、绝缘纸或合成树脂薄膜等紧密绕包在导电线芯上，形成的一个绝缘层，或者直接在漆包线上再绕包一层的绝缘层。

图1-30 绕包线

绕包线通常应用于大中型电工产品中。绕包线的种类、型号、特点及其应用见表1-12。

表1-12 绕包线的种类、型号、特点及其应用

类 型	名 称	型 号	耐热等级	线芯直径/mm	特 性	应 用
纸包线	纸包圆铜线	Z	A	1.0～5.60	耐击穿性能好、价格低廉	适用于变压器绕组等
	纸包圆铝线	ZL		1.0～5.60		
	纸包扁铜线	ZB		窄边: 0.9～5.60 宽边: 2.0～18.0		
	纸包扁铝线	ZLB				
玻璃丝包线及玻璃丝包漆包线	双玻璃丝包圆铜线	SBEC	B	0.25～6.0	过负载性、耐电晕性、耐潮湿性好	适用于电动机、电器产品的绕组等
	双玻璃丝包扁铜线	SBECB		窄边: 0.9～5.60 宽边: 2.0～18.0		
	硅有机漆双玻璃丝包圆铜线	SBEG	H			
丝包线	双丝包圆铜线	SE	A	0.05～0.25	机械强度好，介质损耗小，电性能好	适用于仪表、电信设备的线圈和采矿电缆的线芯等
	单丝包油性漆包圆铜线	SQ				
	单丝包聚酯漆包圆铜线	SQZ				

5 >> 特种电磁线的选用

特种电磁线是指具有特殊绝缘结构和性能的一类电磁线，如耐水的多层绝缘结构，耐高温、耐辐射的无机绝缘结构等。特种电磁线适合在高温、高湿度、高磁场、超低温环境中工作的仪器、仪表等电工产品中作为导电材料。

除此之外，如图1-31所示，熔断器的熔丝也属于电磁线的一种。

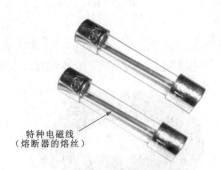

图1-31 熔断器的熔丝

特种电磁线的种类、型号、特点及其应用见表1-13。

表1-13 特种电磁线的种类、型号、特点及其应用

类　型	名　称	型　号	耐热等级	线芯直径/mm	特　性	应　用
高频绕组线	单丝包高频绕组线	SQJ	Y	由多根漆包线绞制成线芯	柔软性好	稳定、介质损耗小的仪表电器线圈等
	双丝包高频绕组线	SEQJ				
中频绕组线	玻璃丝包中频绕组线	QZJBSB	B H	宽：2.1~8.0 高：2.8~12.5	柔软性好、嵌线工艺简单	用于1000~8000 Hz的中频变频机绕组等
换位导线	换位导线	QQLBH	A	窄边：1.56~3.82 宽边：4.7~1.80	简化绕制线圈工艺	大型变压器绕组等
塑料绝缘绕组线	聚氯乙烯绝缘潜水电动机绕组线	QQV	Y	线芯截面面积0.6~11.0（mm²）	耐水性好	潜水电动机绕组等
	聚氯乙烯绝缘尼龙护套湿式潜水电动机绕组线	—		线芯截面面积0.5~7.5（mm²）	耐水性好、机械强度较高	

6 》 塑料绝缘硬线的选用

塑料绝缘导线是电工用导电材料中应用最多的导线之一，目前几乎所有的动力和照明线路都采用了塑料绝缘电线。图1-32所示为普通塑料绝缘导线的实物外形。按照其用途及特性的不同可分为塑料绝缘硬线、塑料绝缘软线、铜芯塑料绝缘安装用线和塑料绝缘屏蔽导线4种类型。

塑料绝缘硬线　　塑料绝缘软线　　铜芯塑料绝缘安装用线（AVR-105）　　塑料绝缘屏蔽导线

图1-32 普通塑料绝缘导线的实物外形

常见塑料绝缘硬线的型号、性能及其应用见表1-14。

表1-14　常见塑料绝缘硬线的型号、性能及其应用

名　称	型　号	允许最大工作温度/℃	应　用
铜芯塑料绝缘导线	BV	65	用于敷设于室内外及电气设备内部，家装电工中的明敷或暗敷用导线，最低敷设温度不低于-15℃
铝芯塑料绝缘导线	BLV		
铜芯塑料绝缘护套导线	BVV		用于敷设于潮湿的室内和机械防护要求高的场合，可明敷、暗敷和直埋地下
铝芯塑料绝缘护套导线	BLVV		
铜芯塑料绝缘护套平行线	BVVB		适用于各种交流、直流电气装置，电工仪器、仪表、动力及照明线路故障敷设用
铝芯塑料绝缘护套平行线	BLVVB		
铜芯耐热105℃塑料绝缘导线	BV-105	105	用于敷设于高温环境的场所，可明敷和暗敷，最低敷设温度不低于-15℃
铝芯耐热105℃塑料绝缘导线	BLV-105		

7 塑料绝缘软线的选用

塑料绝缘软线较柔软、耐弯曲性强，多用作电源软接线。常见塑料绝缘软线的型号、性能及其应用见表1-15。

表1-15　常见塑料绝缘软线的型号、性能及其应用

名　称	型　号	允许最大工作温度/℃	应　用
铜芯塑料绝缘软线	RV	65	用于各种交流、直流移动电气、仪表等设备接线用，也可用于动力及照明设置的连接，安装环境温度不低于-15℃
铜芯塑料绝缘平行软线	RVB		
铜芯塑料绝缘绞形软线	RVS		
铜芯塑料绝缘护套软线	RVV		该导线用途与RV等导线相同，该导线可用于潮湿和机械防护要求较高，以及经常移动和弯曲的场合
铜芯耐热105℃塑料绝缘软线	RV-105	105	该导线用途与RV等导线相同，不过该导线可用于45℃以上的高温环境
铜芯塑料绝缘护套平行软线	RVVB	70	用于各种交流、直流移动电气、仪表等设备接线用，也可用于动力及照明设置的连接，安装环境温度不低于-15℃

8 铜芯塑料绝缘安装导线的选用

铜芯塑料绝缘安装导线的型号以AV系列为主，多应用于交流额定电压为300V或500V及以下的电气或仪表、电子设备和自动化装置的安装导线。与塑料绝缘导线相比，AV系列铜芯塑料绝缘安装导线多用于电气设备中。常见AV系列铜芯塑料绝缘安装导线的型号、性能及其应用见表1-16。

表1-16　常见AV系列铜芯塑料绝缘安装导线的型号、性能及其应用

名　称	型　号	允许最大工作温度/℃	应　用
铜芯塑料绝缘安装导线	AV		
铜芯耐热105℃塑料绝缘安装导线	AV-105		
铜芯塑料绝缘安装软导线	AVR	AV-105、AVR-105型号的安装导线应不超过105℃；其他规格导线应不超过70℃	适用于交流额定电压300V或500V及以下的电气、仪表和电子设备以及自动化装置中作安装用导线
铜芯耐热105℃塑料绝缘安装软导线	AVR-105		
铜芯塑料安装平行软导线	AVRB		
铜芯塑料安装绞形软导线	AVRS		
铜芯塑料绝缘护套安装软导线	AVVR		

⑨》橡胶绝缘导线的选用

橡胶绝缘导线主要是由天然丁苯橡胶绝缘层和导线线芯构成的。常见的电工用橡胶绝缘导线多为黑色、较粗（成品线径为4.0～39mm）的电线。多用于企业电工、农村电工中的动力线敷设，也可用于照明装置的固定敷设等。常见橡胶绝缘导线的型号、性能及其应用见表1-17。

表1-17　常见橡胶绝缘导线的型号、性能及其应用

名　称	型　号	允许的最大工作温度	应　用
铜芯橡胶绝缘导线	BX		适用于交流电压500V及以下或直流1000V及以下的电气装置及动力、照明装置的固定敷设
铝芯橡胶绝缘导线	BLX		
铜芯橡胶绝缘软导线	BXR	允许长期工作温度不超过65℃，环境温度不超过25℃	适用于室内安装及要求柔软的场合
铜芯氯丁橡胶导线	BXF		适用于交流500V及以下或直流1000V及以下的电气设备及照明装置用
铝芯氯丁橡胶导线	BLXF		
铜芯橡胶绝缘护套导线 铝芯橡胶绝缘护套导线	BXHF BLXHF		适用于敷设在较潮湿的场合，可用于明敷和暗敷

⑩》塑料绝缘屏蔽导线的选用

塑料绝缘屏蔽导线由于其屏蔽层的特殊功能，被广泛应用于要求防止相互干扰的各种电气、仪表、电信设备、电子仪器及自动化装置等线路中。常见塑料绝缘屏蔽导线的型号、性能及其应用见表1-18。

表1-18 常见塑料绝缘屏蔽导线的规格型号、性能及其应用

名　称	型　号	允许最大工作温度/℃	应　用
铜芯塑料绝缘屏蔽导线	AVP	65	固定敷设，适用于300 V或500 V及以下电气、仪表、电子设备等线路中；安装使用时环境温度不低于-15 ℃
铜芯耐热105 ℃塑料绝缘屏蔽导线	AVP-105	105	
铜芯塑料绝缘屏蔽软线	RVP	65	移动使用，也适用于300 V或500 V及以下电气、仪表、电子设备等线路中，而且可用于环境较潮湿或要求较高的场合使用
铜芯耐热105 ℃塑料绝缘屏软线	RVP-105	105	
铜芯塑料绝缘屏蔽塑料护套软导线	RVVP	65	

11》 电缆的选用

电缆线路适用于有腐蚀性气体和易燃易爆物的场所。电缆的种类有很多，按其结构及作用可分为电力电缆、控制电缆、通信电缆和同轴电缆等。

其中，电力电缆主要用于电力传输；控制电缆主要用于配电装置中连接电气仪表、继电保护装置和自动控制设备，以传导操作电流或信号；通信电缆主要用于通信信号的传输；同轴电缆则多用于有线电视系统中电视信号的传输。

1.3 磁性材料

1.3.1 磁性材料的种类

磁性材料是由铁磁性物质或亚铁磁性物质组成的，现已广泛用于人们的日常生活中，如变压器中的铁芯，计算机用磁记录软盘等使用的都是磁性材料。

电工常用磁性材料按其特性及应用范围可分为软磁性材料、硬磁性材料和特殊磁性材料三大类，其具体分类如图1-33所示。

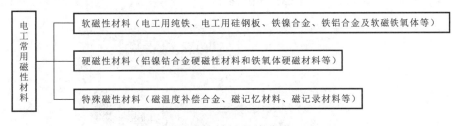

图1-33 磁性材料具体分类

1》 软磁性材料

软磁性材料是一种导磁材料，这种材料在较弱的外界磁场作用下也能传导磁性，并随外界磁场的增强而增强，还能快速达到磁饱和的状态；同样地，它也会随外界磁场的减弱而减弱，如果撤掉外界磁场，其磁性基本也会消失。

如图1-34所示，电工材料中常见的软磁性材料主要有电工用纯铁、电工用硅钢板、铁镍合金、铁铝合金及软磁铁氧体等。

图1-34　软磁性材料

2 ▶ 硬磁性材料

硬磁性材料又称永磁性材料，该材料在外界磁场的作用下也能产生较强的磁感应强度，但当它达到磁饱和状态时，即便去掉外界磁场，也能在较长时间内保持较强和稳定的磁性。如图1-35所示，常见的硬磁性材料主要有铝镍钴合金硬磁性材料和铁氧体硬磁材料等。

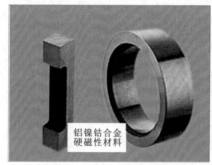

图1-35　硬磁性材料

3 ▶ 特殊磁性材料

特殊磁性材料是指具有特殊用途及性能的一类磁性材料，如磁温度补偿合金、磁记忆材料和磁记录材料等，如图1-36所示。

图1-36　特殊磁性材料

1.3.2 磁性材料的选用

1 软磁性材料的选用

根据软磁性材料的特性，它通常应用在电动机、扬声器、变压器中作为铁芯导磁体，或在变压器、扼流圈、继电器中作为铁芯，如图1-37所示。

软磁性材料在电动机中的应用

软磁性材料在扬声器中的应用

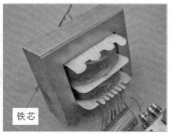
软磁性材料在变压器中的应用

图1-37 软磁性材料的选用案例

补充说明

电工用纯铁、电工用硅钢板、铁镍合金、铁铝合金和软磁铁氧体等，是电工材料中常见的软磁性材料，其具体应用如下：

（1）电工用纯铁

电工用纯铁一般轧制成厚度不超过4mm的板材，其饱和磁感应强度高，冷加工性好，但电阻率较低，一般只能用于直流磁场或低频条件下。

（2）电工用硅钢板

电工用硅钢板的电阻率比电工用纯铁高很多，但导热率降低，硬度提高，适用于各种交变磁场的环境。它是电动机、仪表、电信等工业部门广泛使用的重要磁性材料，多作为铁芯用于交直流电动机、变压器、继电器、互感滤波器及开关等产品中。

（3）铁镍合金

铁镍合金俗称坡莫合金，与上述两种软磁性材料相比，其导磁率高，适用于工作在频率为1MHz以下的弱磁场中。

（4）铁铝合金和软磁铁氧体

铁铝合金多用于弱磁场和中等磁场环境下工作的器件中。软磁铁氧体是一种复合氧化物烧结体，其硬度高、耐压性好、电阻率也较高，但饱和磁感应强度低、温度热稳定性也较差，适用于高频或较高频范围内的电磁元件。

2 硬磁性材料的选用

根据硬磁性材料的特性，它常作为储存和提供磁能的永久磁铁，如磁带、磁盘和微电动机的磁钢等，如图1-38所示。

硬磁性材料应用于磁带中

硬磁性材料应用于磁盘中

硬磁性材料应用于微电动机中

图1-38 硬磁性材料的选用案例

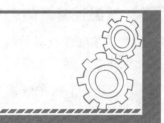

第2章

电工计算

2.1 电工常用计算公式

2.1.1 基础电路计算公式

1 ▶▶ 欧姆定律

如图2-1所示，导体中的电流，跟导体两端的电压成正比，跟导体的电阻成反比。计算公式为：

$$I=U/R$$

式中：I—电路中的电流，单位为A（安培）；

U—电路两端的电压，单位为V（伏特）；

R—电路中的电阻，单位为Ω（欧姆）。

视频：欧姆定律

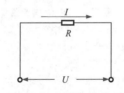

图2-1 欧姆定律电路

2 ▶▶ 全电路欧姆定律

如图2-2所示，全电路欧姆定律研究的是整个闭合电路。在整个闭合电路中，电流跟电源的电动势成正比，跟内、外电路的电阻之和成反比。

计算公式为：

$$I=E/(R+r)$$

常用的变形式有：

$$E=I\times(R+r)；E=U_{外}+U_{内}；U_{外}=E-I\times r。$$

式中：E—电源的电动势，单位为V；

I—电路中的电流，单位为A；

r—电源的内阻，单位为Ω；

R—电路中的负载电阻，单位为Ω。

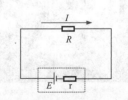

图2-2 全电路欧姆定律电路

3 >> 电阻串联计算公式

如图2-3所示，两个或两个以上的电阻器首尾连接（没有分支）构成一个串联电路。在这个串联电路中，电流处处相等；串联电路的总电压等于各处电压之和；串联电阻的等效电阻（总电阻）等于各电阻之和。串联电路的总功率等于各功率之和。

电阻串联导体中的电流，跟导体两端的电压成正比，跟导体的电阻成反比。

计算公式为：

$$I_1=I_2=I_3 \text{；} R_{总}=R1+R2+R3 \text{；} U_{总}=U1+U2+U3 \text{；} P_{总}=P1+P2+P3$$

式中：$R_{总}$—电路中的总电阻（各电阻之和），单位为Ω；

$R1$、$R2$、$R3$—串联电路中的分电阻，单位为Ω；

$U_{总}$—串联电路的总电压，单位为V；

$U1$、$U2$、$U3$—串联电路各电阻的分电压，单位为V。

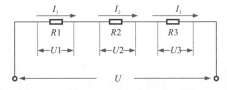

图2-3 电阻串联电路

4 >> 电阻并联计算公式

如图2-4所示，两个或两个以上的电阻器首首相连，同时尾尾亦相连构成一个并联电路。在这个并联电路中，各支路电压相等，总电流等于各支路电流之和。总电阻的倒数等于各分电阻的倒数之和。

计算公式为：

$$I_{总}=I_1+I_2+I_3 \text{；} 1/R_{总}=1/R1+1/R2+1/R3 \text{；} U1=U2=U3$$

式中：$R_{总}$—电路中的总电阻（各电阻之和），单位为Ω；

$R1$、$R2$、$R3$—并联电路中的分电阻，单位为Ω；

$U1$、$U2$、$U3$—串联电路各电阻的分电压，单位为V。

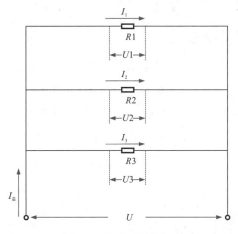

图2-4 电阻并联电路

5 >> 电阻混联计算公式

混联电路是串联、并联混用的电路。在这种电路中，可先按纯串联和纯并联电路部分的特点计算等效电阻、电压、电流，然后逐步合成，求得整个混联电路的等效电阻、电流和电压。

如图2-5所示，在由3个电阻器构建的简单混联电路模型中，计算公式为：

$$R_总=R1+(R2 \times R3)/(R2+R3)；\ I_总=U_总/R_总；\ U1=I_总 \times R1；$$
$$U2=U3=I_总 \times (R2 \times R3)/(R2+R3)$$

式中：$R_总$—电路中的总电阻（各串联和并联电路等效电阻之和），单位为Ω；

$R1$、$R2$、$R3$—混联电路中的分电阻，单位为Ω；

$U_总$—串联电路总电压，单位为V；

$U1$、$U2$、$U3$—串联电路各电阻的分电压，单位为V；

$I_总$—混联电路总电流，单位为A。

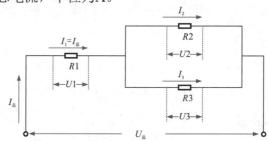

图2-5 电阻混联电路

6 >> 电阻阻值与导体属性的关系计算公式

电阻阻值与导体属性的关系计算公式为：

$$R=P \times (L/S)$$

式中：R—导体电阻，单位为Ω；

P—电阻率，单位为Ω·m；

L—导体长度，单位为m；

S—导体的横截面积，单位为m^2。

7 >> 电容串联总容量计算公式

如图2-6所示，在电容串联方式的电路中，总电容的计算公式为：

$$1/C_总=1/C1+1/C2+1/C3$$

式中：$C_总$—电路中的总电容量，单位为F（法拉，简称法）；

$C1$、$C2$、$C3$—电路中各分电容的电容量，单位为F。

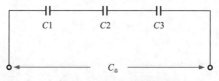

图2-6 电容串联电路

8 >> 电容并联总容量计算公式

如图2-7所示，在电容并联方式的电路中，总电容的计算公式为：

$$C_总=C1+C2+C3$$

式中：$C_总$—电路中的总电容量，单位为F；

$C1$、$C2$、$C3$—电路中各分电容的电容量，单位为F。

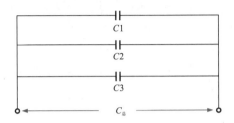

图2-7 电容并联电路

9 >> 电感串联总容量计算公式

如图2-8所示，在电感串联方式的电路中，总电感量的计算公式为：

$$L_总=L1+L2+L3$$

式中：$L_总$—电路中的总电感量，单位为H（亨利，简称亨）；

$L1$、$L2$、$L3$—电路中各分电感的电感量，单位为H。

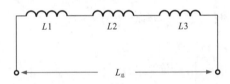

图2-8 电感串联电路

10 >> 电感并联总容量计算公式

如图2-9所示，在电感并联方式的电路中，总电感量的计算公式为：

$$1/L_总=1/L1+1/L2+1/L3$$

式中：$L_总$—电路中的总电感量，单位为H；

$L1$、$L2$、$L3$—电路中各分电感的电感量，单位为H。

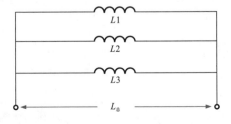

图2-9 电感并联电路

11 >> **电阻星形与三角形连接变换的计算公式**

图2-10所示为电阻星形与三角形连接方式。

电阻由星形连接转换成三角形连接的计算公式为：

$$R23=R2+R3+(R2×R3)/R1;$$
$$R12=R1+R2+(R1×R2)/R3;$$
$$R31=R3+R1+(R3×R1)/R2$$

电阻由三角形连接转换成星形连接的计算公式为：

$$R1=(R12×R31)/(R12+R23+R31);$$
$$R2=(R23×R12)/(R12+R23+R31);$$
$$R3=(R31×R23)/(R12+R23+R31)$$

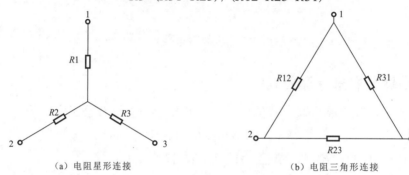

（a）电阻星形连接　　　　　　　　（b）电阻三角形连接

图2-10　电阻星形与三角形连接方式

12 >> **电容星形与三角形连接变换的计算公式**

图2-11所示为电容星形与三角形连接方式。

电容由星形连接转换成三角形连接的计算公式为：

$$C12=(C1×C2)/(C1+C2+C3);$$
$$C23=(C2×C3)/(C1+C2+C3);$$
$$C31=(C1×C3)/(C1+C2+C3)$$

电容由三角形连接转换成星形连接的计算公式为：

$$C1=C12+C31+(C12×C31)/C23;$$
$$C2=C23+C12+(C23×C12)/C31;$$
$$C3=C31+C23+(C31×C23)/C12$$

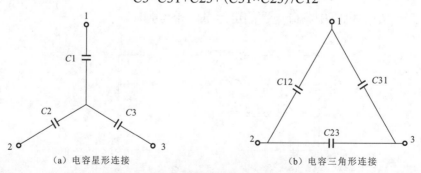

（a）电容星形连接　　　　　　　　（b）电容三角形连接

图2-11　电容星形与三角形连接方式

2.1.2 | 交流电路计算公式

1 >> 周期公式

周期是指交流电完成一次周期性变化所需的时间。

计算公式为：

$$T=1/f=2\pi/\omega$$

式中：T—周期，单位为s（秒）；

f—频率，单位为Hz（赫兹）；

ω—角频率，单位为rad/s（弧度/秒）。

2 >> 频率公式

频率是指单位时间（1s）内交流电流变化所完成的循环（或周期），用英文字母f表示。

计算公式为：

$$f=1/T=\omega/2\pi$$

3 >> 角频率公式

角频率相当于一种角速度，它表示了交流电每秒变化的弧度，角频率用希腊字母ω表示。

计算公式为：

$$\omega=2\pi f=2\pi/T$$

4 >> 正弦交流电电流瞬时值公式

正弦交流电的数值是在不断变化的，在任一瞬间的电流称为正弦交流电电流瞬时值，用小写字母i表示。

计算公式为：

$$i=I_{max}\times\sin(\omega t+\varphi)$$

式中：I_{max}—电流最大值，单位为A；

t—时间，单位为s；

ω—角频率，单位为rad/s；

φ—初相位或初相角，简称初相，单位为rad。在电工学中，用度（°）作为相位的单位，1rad=57.2958°。

5 >> 正弦交流电电压瞬时值公式

正弦交流电的数值是在不断变化的，在任一瞬间的电压称为正弦交流电电压瞬时值，用小写字母u表示。

计算公式为：

$$u=U_{max}\times\sin(\omega t+\varphi)$$

式中：U_{max}—电压最大值，单位为V。

其他字母的含义与上相同，以后凡是第一次出现过的字母，如果含义相同，则不再重述。

6 ≫ 正弦交流电电动势瞬时值公式

正弦交流电的数值是在不断变化的，在任一瞬间的电动势称为正弦交流电电动势瞬时值，用小写字母e表示。

计算公式为：$e=E_{max}\times\sin(\omega t+\varphi)$

式中：E_{max}—电动势最大值，单位为V。

7 ≫ 正弦交流电电流最大值公式

在正弦交流电电流的瞬时值中的最大值（或振幅）称为正弦交流电电流的最大值或振幅值，用大写字母I并在右下角标注max表示。

计算公式为：$I_{max}=\sqrt{2}\times I=1.414\times I$

式中：I—电流有效值，单位为A。

8 ≫ 正弦交流电电压最大值公式

在正弦交流电电压的瞬时值中的最大值（或振幅）称为正弦交流电电压的最大值或振幅值，用大写字母U并在右下角标注max表示。

计算公式为：$U_{max}=\sqrt{2}\times U=1.414\times U$

式中：U—电压有效值，单位为V。

9 ≫ 正弦交流电电动势最大值公式

在正弦交流电电动势的瞬时值中的最大值（或振幅）称为正弦交流电电动势的最大值或振幅值，用大写字母E并在右下角标注max表示。

计算公式为：$E_{max}=\sqrt{2}\times E=1.414\times E$

式中：E—电动势有效值，单位为V。

10 ≫ 正弦交流电电流有效值公式

正弦交流电电流的有效值等于它的最大值的0.707倍。电流有效值用大写字母I表示。

计算公式为：$I=I_{max}/\sqrt{2}=0.707\times I_{max}$

11 ≫ 正弦交流电电压有效值公式

正弦交流电电压的有效值等于它的最大值的0.707倍。电压有效值用大写字母U表示。

计算公式为：$U=U_{max}/\sqrt{2}=0.707\times U_{max}$

12 ≫ 正弦交流电电动势有效值公式

正弦交流电电动势的有效值等于它的最大值的0.707倍。电动势有效值用大写字母E表示。

计算公式为：$E=E_{max}/\sqrt{2}=0.707\times E_{max}$

13 >> 正弦交流电阻抗公式

当交变电流流过具有电阻、电容、电感的电路时，电阻、电容、电感三者具有阻碍电流流过的作用，这种阻碍作用就称为阻抗，通常用英文字母Z表示。阻抗是电压有效值与电流有效值的比值。

计算公式为：

$$Z=\sqrt{R^2+(X_L-X_C)^2}=U/I$$

式中：R—电阻值，单位为Ω；

$\quad$ X_L—感抗，单位为Ω；

$\quad$ X_C—容抗，单位为Ω；

$\quad$ U—阻抗两端的电压有效值，单位为V；

$\quad$ I—电路中的电流有效值，单位为A。

14 >> 感抗公式

交流电通过具有电感线圈的电路时，电感有阻碍交流电通过的作用，这种阻碍作用就称为感抗，用英文字母X_L表示。

计算公式为：

$$X_L=\omega L=2\pi fL$$

式中：L—电感，单位为H。

15 >> 容抗公式

交流电通过具有电容的电路时，电容有阻碍交流电通过的作用，这种阻碍作用就称为容抗，用英文字母X_C表示。

计算公式为：

$$X_C=1/(\omega\times C)=1/(2\pi fC)$$

式中：C—电容，单位为F。

16 >> 电阻与电感并联的阻抗公式

电阻与电感并联电路连接方式如图2-12（a）所示。这种电路的阻抗可采用以下公式计算：

$$\frac{1}{Z}=\sqrt{\left(\frac{1}{R}\right)^2+\left(\frac{1}{X_L}\right)^2}$$

17 >> 电阻与电容并联的阻抗公式

电阻与电容并联电路连接方式如图2-12（b）所示。这种电路的阻抗可采用以下公式计算：

$$\frac{1}{Z}=\sqrt{\left(\frac{1}{R}\right)^2+\left(\frac{1}{X_C}\right)^2}$$

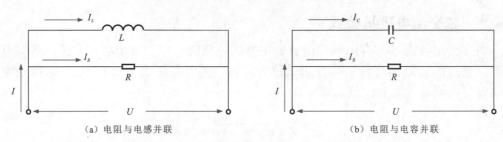

（a）电阻与电感并联   （b）电阻与电容并联

图2-12 电阻与电感或电容并联电路连接方式

18 电阻与电感串联的阻抗公式

电阻与电感串联电路连接方式如图2-13（a）所示。这种电路的阻抗可采用以下公式计算：

$$Z = \sqrt{R^2 + X_L^2}$$

19 电阻与电容串联的阻抗公式

电阻与电容串联电路连接方式如图2-13（b）所示。这种电路的阻抗可采用以下公式计算：

$$\frac{1}{Z} = \sqrt{R^2 + X_C^2}$$

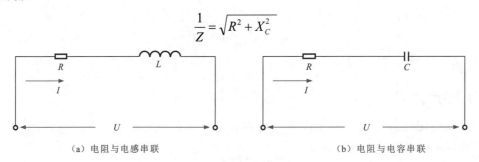

（a）电阻与电感串联   （b）电阻与电容串联

图2-13 电阻与电感或电容串联电路连接方式

20 电阻、电容、电感三者并联的阻抗公式

电阻、电容与电感三者并联电路连接方式如图2-14（a）所示。这种电路的阻抗可采用以下公式计算：

$$\frac{1}{Z} = \sqrt{\left(\frac{1}{R}\right)^2 + \left(\frac{1}{X_L - X_C}\right)^2}$$

$$= \sqrt{\left(\frac{1}{R}\right)^2 + \left(\frac{1}{X}\right)^2}$$

式中：X——电抗，单位为Ω，且$X = X_L - X_C$；

当$X_L > X_C$时，电路呈电感性；

当$X_L < X_C$时，电路呈电容性。

21 电阻、电容、电感三者串联的阻抗公式

电阻、电容与电感三者串联电路连接方式如图2-14（b）所示。

这种电路的阻抗可采用以下公式计算：

$$Z = \sqrt{R^2 + \left(X_L - X_C\right)^2} = \sqrt{R^2 + X^2}$$

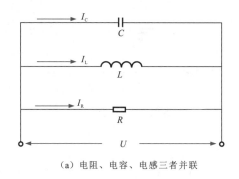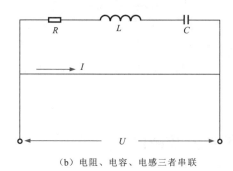

（a）电阻、电容、电感三者并联　　　　　　（b）电阻、电容、电感三者串联

图2-14　电阻、电容与电感三者并联或三者串联电路连接方式

22 相电压公式

三相交流电路负载的星形连接方式如图2-15（a）所示。在三相交流电路中，三相输电线（相线）与中性线之间的电压称为相电压，通常用符号U_φ表示。

计算公式为：

$$U_\varphi = U_1/\sqrt{3}$$

式中：U_φ—相电压，单位为V（伏）；

U_1—线电压，单位为V（伏）。

23 相电流公式

在三相交流电路负载的星形连接方式中，每相负载中流过的电流就称为相电流，用符号I_φ表示。

计算公式为：

$$I_\varphi = I_1$$

式中：I_φ—相电流，单位为A；

I_1—线电流，单位为A。

24 线电压公式

三相交流电路负载的三角形连接方式如图2-15（b）所示。在三相交流电路中，三相输电线（相线）与各线之间的电压就称为线电压，通常用符号U_1表示。

计算公式为：

$$U_1 = U_\varphi$$

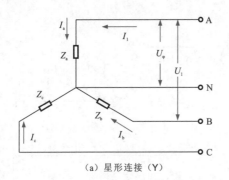
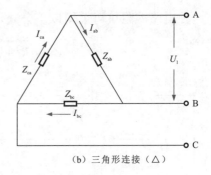

（a）星形连接（Y）　　　　　　　　　　（b）三角形连接（△）

图2-15 三相交流电路负载的星形或三角形连接方式

25 ▶ 线电流公式

在三相交流电路负载的三角形连接方式中，三相输电线（相线）及各线中流过的电流称为线电流，用符号I_1表示。

计算公式为：

$$I_1 = \sqrt{3}\, I_\varphi$$

2.1.3 | 电动机计算公式

1 ▶ 三相异步电动机空载电流计算公式

三相异步电动机空载电流计算公式如下：

公式1：$I_0 = K\left[(1-\cos\varphi_e)\sqrt{1-3\cos^2\varphi_e}\right]I_e$

公式2：$I_0 = kI_e$

公式3：$I_0 = I_e\cos\varphi_e(2.26-\xi\cos\varphi_e)$

式中：K—系数；

　　　k—系数（根据电动机极数的不同，K、k的值也不同，详情可核查电动机的具体型号参数表）；

　　　ξ—系数（当$\cos\varphi_e \leq 0.85$时，ξ取2.1；当$\cos\varphi_e > 0.85$时，ξ取2.15）。

2 ▶ 根据电动机额定功率计算电流的公式

已知电动机额定功率时，可通过公式计算电动机的额定电流。计算公式为：

$$P = 1.732 \times U \times I \times \cos\varphi$$

则

$$I = P / (1.732 \times U \times \cos\varphi)$$

式中：P—电动机的额定功率；

　　　1.732—常数，即为$\sqrt{3}$的取值，线电压与相电压之间的关系；

　　　U—工作电压；

　　　$\cos\varphi$—功率因数。

根据计算出的电流值，可对照载流量表选择电线电缆的规格。

3 >> 电动机负荷率计算公式

电动机在任意负荷下的负荷率公式如下：

$$\beta=\frac{P}{P_e}\times100\%; \qquad \beta\approx\sqrt{\frac{I_1^2-I_0^2}{I_e^2-I_0^2}}$$

式中：P—电动机实际负荷功率，单位为kW；

P_e—电动机额定功率，单位为kW；

I_1—电动机定子电流，单位为A；

I_e—电动机额定电流，单位为A；

I_0—电动机空载电流，单位为A。

4 >> 电动机效率计算公式

电动机在任意负荷下的效率公式如下：

$$\eta=\frac{P_2}{P_1}\times100\%=\frac{P_2}{P_2+\sum\Delta P}\times100\%=\frac{\beta P_e}{\beta P_e+\left[\left(\frac{1}{\eta_e}-1\right)P_e-P_0\right]\beta^2+P_0}\times100\%$$

式中：P_1，P_2—电动机输入和输出功率，单位为kW；

$\sum\Delta P$—电动机所有损耗之和，单位为kW；

P_0—电动机空载损耗，单位为kW；

η_e—电动机额定效率，一般为80%～90%。

5 >> 电动机功率因数计算公式

电动机功率因数计算公式如下：

$$\cos\varphi=\frac{P_2}{\sqrt{3}U_1I_1\eta}\times10^3=\frac{\beta P_e}{\sqrt{3}U_1I_1\eta}\times10^3$$

式中：U_1—电动机定子电压，单位为V；

I_1—电动机定子电流，单位为A；

P_2—电动机输出功率，单位为kW；

P_e—电动机额定功率，单位为kW；

η—电动机效率；

β—电动机负荷率。

6 >> 电动机额定转矩计算公式

电动机额定转矩计算公式如下：

$$M=9555P/n$$

式中：M—电动机额定转矩，单位为N·M；

P—电动机额定功率，单位为kW；

n—电动机转速，单位为r/min。

7 ➤ 电动机输入/输出功率计算公式

输入功率：

$$P_1 = \sqrt{3}\, UI\cos\varphi \times 10^{-3}$$

输出功率：

$$P_2 = \sqrt{3}\, UI\eta\cos\varphi \times 10^{-3}$$

$$P_2 = \beta P_e = \sqrt{\frac{I_1^2 - I_0^2}{I_e^2 - I_0^2}}\; P_e$$

式中：U—加在电动机接线端子上的线电压，单位为V；

　　　I—负荷电流，单位为A。

　　　其他参数同上。

8 ➤ 三相异步电动机定子线电流（额定电流）计算公式

额定电流：

$$I_e = \frac{P_e \times 10^3}{\sqrt{3}\, U_e \eta_e \cos\varphi_e}$$

实际工作电流：

$$I = \frac{P_2 \times 10^3}{\sqrt{3}\, U\eta\cos\varphi}$$

式中：$\cos\varphi_e$—电动机额定功率因数，一般为0.82~0.88；

　　　其他参数同上。

9 ➤ 三相异步电动机非额定电压下输出功率计算公式

三相异步电动机非额定电压下输出功率计算公式如下：

$$P = P_e\sqrt{(I_1^2 + I_e^2)/(I_1'^2 + I_o'^2)}$$

式中：P_e—电动机铭牌上的额定功率，单位为kW；

　　　I_o'—在电源实际电压U时用钳形电流表测得的空载电流，单位为A；

　　　I_1—用钳形电流表测得的电动机负载电流，单位为A；

　　　I_e'—额定电流换算到电源实际电压U时的电流，其表达式为

$$I_e' = P_e\sqrt{\left(\frac{U}{U_e}\right)^2(I_e^2 - I_o^2) + (I_o')^2}$$

　　　I_o—在电源额定电压U_e（电动机铭牌上的电压）时的空载电流，其值为

$$I_o \approx I_o' \times U_e / U \;(\text{A})$$

　　　I_e—电动机铭牌上的额定电流，单位为A。

10 三相异步电动机输入功率的计算公式

三相异步电动机输入功率的计算公式如下：

$$P_{1e}=P_{2e}/\eta$$

式中：P_{1e}—电动机的输入功率，单位为W或kW；

P_{2e}—电动机铭牌上或产品样本中标出的电动机的额定输出功率（轴功率）；

η—电动机的效率。

11 三相异步电动机能耗制动直流电压和电流的计算公式

三相异步电动机能耗制动直流电压U_z和电流I_z可按以下公式计算：

$$I_z=K_1\times I_x$$
$$U_z=I_z\times R=K_1\times I_x\times R$$

式中：I_x—电动机仅带有传动装置时的电流，该值接近空载电流值；

R—电动机三根进线中任意两根进线之间的阻值；

K_1—系数，一般取值为3.5～5。

R的值可用万用表测得。由于I_x的值接近空载电流值，因此可根据电动机铭牌标明的额定电流（I）与结合系数K_2（见表2-1）进行估算，其公式为：

$$I_x=I\times K_2$$

表2-1 电动机能耗制动时的结合系数表

电动机容量（kW）		0.125	0.125～0.5	0.5～2	2～10	10～50	>50
2极		70～90	45～70	40～55	30～45	23～35	18～30
4极	K_2/%	80～96	65～85	45～60	35～55	25～40	20～30
6极		85～98	70～90	50～65	35～65	30～45	22～33

12 异步电动机转差率的计算公式

根据异步电动机的工作原理，转子转动的基本条件是定子旋转磁场必须切割转子绕组，从而使转子绕组获得电磁转矩而旋转。如果转子的旋转速率等于旋转磁场的同步转速，就等于转子和旋转磁场没有相对运动，转子绕组也就不会产生感应电势，电磁转矩就等于零，电动机便停止转动。因此，异步电动机只有在转子转速小于旋转磁场的同步转速时才能运转。转子转速n和旋转磁场的同步转速n_1之差，称为转速差。转速差是转速与同步转速之比，用百分数表示：

$$S=\frac{(n_1-n)}{n_1}\times 100\%$$

常用电动机在额定负载时，S应为1.5%～6%。

13 》三相异步电动机转速的计算公式

三相异步电动机定子绕组旋转磁场的旋转速率，取决于电源频率和异步电动机的磁极对数。三者之间的关系可用下式表示：

$$n=60f/P$$

式中：n—旋转磁场的转速，又称为同步速率，单位为r/min；

f—电动机工作电源频率，单位为Hz；

P—磁极对数，如2极时$P=1$，4极时$P=2$。

14 》重绕电动机绕组后相电流的计算公式

对于无铭牌或铭牌标记不清的电动机，重绕线圈后相电流的计算公式如下：

$$I_\varphi=j×S$$

式中：I_φ—电动机的相电流，单位为A；

j—电动机重绕线圈所用导线的电流密度，单位为A/mm^2，采用A级绝缘时，
电流密度见表2-2；

S—电动机重绕线圈所用导线的截面积，单位为mm^2。

当使用E级绝缘时，应把表2-2所列的数据增大10%～20%；当使用铝线时，应把表2-2所列的数据乘以0.6。

表2-2　A级绝缘铜线系列电动机电流密度值

极数	2	4	6	8
封闭式电动机	4～4.5	4.5～5.5	4.5～5.5	4～5
防护式电动机	5～6	5.5～6.5	5.5～6.5	5～6
计算时，小功率电动机取表中大值，大功率电动机取表中小值				

15 》重绕电动机绕组后额定功率的计算公式

对于无标记或标记不清的电动机在重绕线圈时，除了需要计算其绕组的各项参数外，还要对其额定功率进行计算。

计算公式为：

$$P=3U_\varphi×I_\varphi×\eta×\cos\varphi×10^{-3}$$

由$I_\varphi=j×S$，可得：

$$P=3U_\varphi×j×S×\eta×\cos\varphi×10^{-3}$$

式中：P—电动机额定输出功率，单位为kW；

U_φ—电动机的相电压，单位为V；

η—电动机效率，可参考同类型、同极数或同容量的电动机进行选取；

$\cos\varphi$—电动机的功率因数，可参考同类型、同极数或同容量的电动机进行选取。

16 >> 并励式直流电动机转速的计算公式

并励式直流电动机转速n的计算公式如下：

$$n = \frac{U}{C_E \times \Phi} - \frac{R_a}{C_E \times C_M \times \Phi^2} \times M$$

式中：U—加至电动机上的电压；

$\quad\quad C_E$—电动势常数；

$\quad\quad \Phi$—磁通；

$\quad\quad R_a$—电枢电阻；

$\quad\quad C_M$—转矩常数；

$\quad\quad M$—电动机转矩。

17 >> 判断直流伺服电动机是否退磁的计算公式

要想判断直流伺服电动机是否退磁，可用一个转速表配合万用表来检测，具体连接电路如图2-16所示。图中C与B两端接直流伺服电动机电枢的两端；A为万用表直流电流挡；V为万用表直流电压挡（或直流电压表）；M为直流伺服电动机；N为转速表。

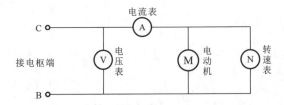

图2-16 用转速表配合万用表检测直流伺服电动机是否退磁的电路

检测时，在电动机低、中、高速时，测得三组V、A、N的值，然后用公式分别进行衡量：

$$V = I \times R_m = K_e \times N/100$$

式中：R_m—电动机电枢直流电阻值，单位为Ω；

$\quad\quad N$—电动机转速，单位为r/min；

$\quad\quad K_e$—电动机反电动势系数，单位为V/（1000r/min），该系数可以查电动机手册或咨询厂家。

如果将数据代入上式后基本能够平衡，就说明电动机未退磁。

例如，某电动机的R_m=25、K_e=80，运转中测得V=1200V、I=480A、N=1500r/min，代入上式可得：

$$1200 = 480 \times 25 = 80 \times 1500/100$$

$$1200 = 1200 = 1200$$

由于能够平衡，因此说明该电动机未退磁。

18 **电动机绝缘电阻的计算公式**

电动机的绝缘电阻可用兆欧表进行测量，尤其是重绕绕组后，其绕组与地（即与机壳）之间的绝缘电阻和各绕组之间的绝缘电阻，应不低于按下式求出的值：

$$R_g = \frac{U_e}{1000 + P_e/100}$$

式中：U_e—电动机的额定电压，单位为V；

P_e—电动机的额定功率，单位为kW。

2.1.4 其他电气计算公式

1 **用电设备的利用率计算公式**

用电设备的利用率是指用电设备实际承担的综合最高负荷与其额定容量之比，可由以下计算公式表示：

$$n = P_1/P_2$$

式中：n—用电设备的利用率；

P_1—实际综合最高负荷，单位为kW；

P_2—用电设备额定容量之和，单位为kW。

2 **电压合格率的计算公式**

计算电压合格率时，首先应根据实际电压波动幅度，然后对照允许的电压变动范围来进行，计算公式为：

$$U_合(\%) = \frac{h_u}{h} \times 100\% = 1 - \frac{T_u}{T_总} \times 100\%$$

$$U_合(\%) = U'_合 \times 100/h$$

式中：$U_合$—监测点的电压合格率；

h_u—电压合格小时数；

h—运行的小时数；

T_u—累计超过偏差的时间；

$T_总$—总运行时间；

$U'_合$—各监测点的合格率。

对于城市电网，电压合格率$U'_合$的计算公式为：

$$U'_合 = 0.6A + 0.2B + 0.2C$$

式中：A—城市变电所6～10kV母线电压的合格率；

B—高压用户电压的合格率；

C—低压用户电压的合格率。

3 >> 电压波动幅度的计算公式

电压波动幅度是指实际电压偏移值的大小，通常可由以下公式计算：

$$\Delta U = U - U_n$$

式中：ΔU—电压实际偏移率，单位为kV或V；

U—实际运行电压，单位为kV；

U_n—电网额定电压，单位为kV。

对于电压波动幅度，通常采用相对值来表示，即：

$$U(\%) = \frac{\Delta U}{U_n} \times 100\% = \frac{U - U_n}{U_n} \times 100\%$$

当电压变动在下列范围内时，即可判定电压质量符合规定。

（1）35kV及其以上供电和对电压质量有特殊要求的用户：±5%。

（2）10kV供电和低压电力用户：±7%。

（3）低压照明用户：+5%，−10%。

（4）使用动力和照明混合供电的低压用户：+5%，−7%。

4 >> 变压器的利用率计算公式

变压器的利用率可用变压器实际最高负荷与其额定容量之比来衡量，其计算公式为：

$$H = T_1 / T_2$$

式中：H—变压器的利用率；

T_1—变压器实际综合最高负荷，单位为kW；

T_2—变压器额定容量，单位为kV·A。

另外，变压器的利用率还可定义为运行变压器的实际输出功率与其额定输出功率的比值（通常用百分数表示），其计算公式如下：

$$K = \frac{A_P}{S_P \times \cos\varphi \times T} \times 100\%$$

式中：K—变压器的利用率；

A_P—变压器输出的有功电量，单位为kW·h；

S_P—运行变压器的平均容量，单位为kV·A；

$\cos\varphi$—变压器的平均功率因数，一般取值0.8；

T—变压器的运行时间，单位为h。

5 >> 变压器的效率计算公式

变压器的输出功率与输入功率之比，称为变压器的效率η，其计算公式为：

$$\eta = \frac{P_2}{P_1} \times 100\%$$

若忽略变压器中阻抗电压的影响，则有：

$$\eta = \frac{\beta S_e \cos\varphi_2}{\beta P S_e \cos\varphi_2 + P_0 + \beta^2 P_d} \times 100\%$$

$$= \frac{\sqrt{3} U_2 I_2 \cos\varphi_2}{\sqrt{3} U_2 I_2 \cos\varphi_2 + P_0 + \beta^2 P_d} \times 100\%$$

式中：P_2—变压器输出有功功率，单位为kW；

P_1—变压器输入有功功率，单位为kW；

P_0—变压器空载损耗，即铁损（或铁耗），单位为kW；

P_d—变压器短路损耗，即铜损（或铜耗），单位为kW。

补充说明

大型变压器的效率一般在99%以上，中小型变压器的效率一般在95%～98%之间。

变压器的输入功率与输出功率之差称为变压器的功率损失，即铜损和铁损之和，其计算公式为：

$$\Delta P_{ti} + \Delta P_{to} = P_2 - P_1$$

式中：ΔP_{ti}—变压器铁损；

ΔP_{to}—变压器铜损。

于是有：

$$\eta = \frac{P_2}{P_1} \times 100\% = \frac{P_2}{P_2 + \Delta P_{ti} + \Delta P_{to}} \times 100\%$$

当电压一定时，铁损为常数，所以变压器的效率与铜损有关，而铜损为：

$$\Delta P_{to} = I_1^2 R_1 + I_2^2 R_2$$

式中：I_1、R_1—分别为高压侧电流和高压侧绕组电阻；

I_2、R_2—分别为低压侧电流和低压侧绕组电阻。

6 变压器的负荷率计算公式

变压器的负荷率是指变压器所带的实际负荷与其额定容量的比值。其计算公式为：

$$\beta = \frac{S}{S_e} = \frac{I_2}{I_{2e}} = \frac{P_2}{S_e \cos\varphi_2}$$

式中：S—变压器的计算容量，单位为V·A或kV·A；

S_e—变压器的额定容量，单位为V·A或kV·A；

$$单相变压器： S_e = U_{2e} I_{2e};$$

$$三相变压器： S_e = \sqrt{3} U_{2e} I_{2e};$$

式中：U_{2e}——变压器二次侧额定电压，单位为kV；

I_{2e}——变压器二次侧额定电流，单位为A；

I_2——实测变压器二次侧电流，单位为A；

P_2——变压器输出有功功率，单位为kW。

补充说明

当测量I_2困难时，可用I_1/I_{1e}（变压器一次侧测量电流和一次侧额定电流之比）近似计算变压器的负荷率。

7 >> 变压器相、线电流和相、线电压的计算公式

以一台10/0.4kV、Y/Y_{0-12}接线、额定容量为400kV·A的变压器为例，其相、线电流和相、线电压计算公式如下：

$$S_e = \sqrt{3} U_e \times I_e 或 S_e = 3 U_\varphi \times I_\varphi$$

式中：S_e——变压器额定容量，单位为kV·A；

U_e——线电压，单位为kV；

I_e——线电流，单位为A；

U_φ——相电压，单位为kV；

I_φ——相电流，单位为A。

根据上式可算出：

一次线电流 $I_{e1} = \dfrac{S_e}{\sqrt{3} U_e} = \dfrac{400}{\sqrt{3} \times 10} = 23.1$（A）

由于是星形接线，相、线电流相等，即$I_e = I_\varphi$，一次相电流$I_{\varphi1} = 23.1$A。一次线电压$U_{e1} = 10$kV，则一次相电压为：

$$U_{\varphi1} = \dfrac{U_{e1}}{\sqrt{3}} = 10/\sqrt{3} = 5.8（kV）$$

二次线电流 $I_{e2} = \dfrac{S_e}{\sqrt{3} U_{e2}} = \dfrac{400}{\sqrt{3} \times 0.4} = 578$（A）

二次相电流 $I_{\varphi2} = I_{e2} = 578$（A）

二次线电压 $U_{e2} = 400$（V）

二次相电压 $U_{\varphi2} = \dfrac{U_{e2}}{\sqrt{3}} = 400/\sqrt{3} = 231$（V）

8 >> 电容器补偿容量的计算公式

电容器补偿容量的大小，取决于电力负荷的大小和功率因数的高低。补偿容量可按以下公式进行计算：

$$Q=P\left(\tan\varphi_1-\tan\varphi_2\right)$$

式中：Q—补偿容量，单位为kvar（千乏）；

P—平均有功负荷，单位为kW；

$\tan\varphi_1$—补偿前功率因数角的正切值；

$\tan\varphi_2$—补偿后功率因数角的正切值。

例如，某用户的有功负荷为150kW，补偿前功率因数为0.6，现要将功率因数提高到0.88，需要装设多大补偿容量的电容器？

通过计算器和查三角函数表可知，当$\cos\varphi=0.6$时，$\tan\varphi=1.33$；当$\cos\varphi=0.88$时，$\tan\varphi=0.53$。代入上式可得：

$$Q=150\times\left(1.33-0.53\right)=150\times0.8=120\left(\text{kvar}\right)$$

故需要装设补偿容量为120kvar（千乏）的电容量。

9 >> 移相电容器有功功率损耗的计算公式

对于运行中的电容器，其有功损耗包括介质损耗、极板和载流部分的电阻损耗，以及由集肤效应产生的附加损耗。通常，介质损耗占电容器总有功损耗的98%以上，介质损耗的大小与介质的性能和状态有关，一般可按下式计算：

$$P_\text{S}=Q\times\tan\delta\times10^3=2\pi\times f\times C\times U^2\times\tan\delta\times10^6\ \left(\text{W}\right)$$

式中：Q—电容器的无功功率，单位为kvar；

$\tan\delta$—介质损耗角正切值；

U—电容器运行电压，单位为V；

C—电容器的容量，单位为μF；

f—电压的频率，单位为Hz。

◈ 补充说明

介质损耗的大小直接影响电容器的温升。随着$\tan\delta$的增大，介质损耗增大，电容器内部绝缘发热温度升高，从而加速了绝缘老化、降低了绝缘寿命。

10 >> 电容器组零序电压保护装置保护整定值的计算公式

选择零序电压保护装置时，可按以下公式计算保护整定值：

$$U_\text{dz}=\frac{U_\text{nφ}}{K_\text{L}\times n_\text{y}}\times\frac{\varepsilon-1}{n-z}$$

式中：$U_{n\varphi}$—电容器组的相电压，单位为V；

      K_L—灵敏系数，一般取值为1.1～1.2；

      n_y—电压互感器的变压比；

      ε—单台电容器允许长期运行电压与正常运行电压之比；

      n—每相电容器的串联组数；

      z—电路中的阻抗，单位为Ω。

11 >> 电容器组零序电流保护装置保护整定值的计算公式

选择零序电流保护装置时，可按以下公式计算保护整定值：

$$I_{dz} = \frac{\Delta I_g}{K_L \times n_L} = \frac{I_n\left(\dfrac{\lambda}{1-\lambda}\right)}{K_L \times n_L}$$

式中：ΔI_g—一台电容器内部50%～70%串联元件被击穿时，故障相电流的增量，单位为A；

      n_L—电流互感器的变流比；

      λ—击穿系数，$\lambda = \dfrac{m}{n}$（m为击穿元件数，n为电容器内部元件数）；

      K_L—灵敏系数，一般取值为1.25～1.5。

12 >> 电容器组相间过电流保护装置保护整定值电流的计算公式

电容器组相间过电流保护装置保护整定值电流的计算公式如下：

$$I_{dz} = \frac{K_k \times K_j \times I_n}{n_L}$$

式中：I_{dz}—继电器的动作电流整定值，单位为A；

      K_k—可靠系数，通常取值为1.5～2；

      K_j—接线系数，当电流互感器接成星形和不完全星形时取值1；

      I_n—电容器组长期允许的最大电流值（额定电流），单位为A；

      n_L—电流互感器的变流比。

13 >> 电容器组相间失压保护装置保护整定值电压的计算公式

电容器组相间失压保护装置保护整定值电压的计算公式如下：

$$U_{dz} = \frac{0.25U_n}{n_y}$$

式中：U_n—电网额定电压，单位为V；

      n_y—电压互感器的变压比。

2.2 电气线缆安全载流量的计算

电气线缆的载流量是指一条线路在输送电能时所通过的电流量。安全载流量是指在规定条件下，导体能够连续承载而不致使其稳定温度超过规定值的最大电流。

电气线缆的载流量受多个因素的影响，如横截面积、绝缘材料、电气线缆中的导体数、安装或敷设方法、环境温度等，计算起来较为复杂。

2.2.1 电气线缆安全载流量的常规计算

1 ▶▶ 根据功率计算安全载流量

根据功率计算安全载流量时，一般根据负载的不同分为电阻性负载和电感性负载。

可将通过电阻类的元件进行工作的纯阻性负载称为电阻性负载，如白炽灯（靠电阻丝发光）、电阻炉、烤箱和电热水器等。

电阻性负载安全载流量的计算公式为：

$$I=P/U$$

式中：I—安全载流量；

$\quad P$—负载功率；

$\quad U$—负载输入电压。

注：

（1）计算时，电气线缆最高的工作温度，塑料绝缘线为70℃，橡皮绝缘线为65℃。

（2）电气线缆周围环境温度为30℃，当实际温度不等于30℃时，电气线缆的安全电流应为安全载流量乘以表2-3和表2-4中的校正系数：

$$安全电流I = 安全载流量×校正系数$$

> **补充说明**
>
> 根据《民用建筑电气设计标准》（GB 51348—2019）导体敷设的环境温度与载流量校正系数应符合下列规定：
>
> （1）当沿敷设路径各部分的散热条件不相同时，电缆载流量应按最不利的部分选取。
>
> （2）导体敷设处的环境温度，应满足下列规定：
>
> ① 对于直接敷设在土壤中的电缆，应采用深埋处历年最热月的平均地温；
>
> ② 敷设在室外空气中或电缆沟中时，应采用敷设地区最热月的日最高温度的平均值；
>
> ③ 敷设在室内空气中时，应采用敷设地点最热月的日最高温度的平均值，有机械通风的应采用通风设计温度；
>
> ④ 敷设在室内电缆沟和无机械通风的电缆竖井中时，应采用敷设地点最热月的日最高温度的平均值加5℃。
>
> （3）导体的允许载流量，应根据敷设处的环境温度进行校正，校正系数应按现行国家标准《低压电气装置 第5-52部分：电气设备的选择和安装 布线系统》（GB/T 16895.6—2014）的有关规定确定（见表2-3和表2-4）。
>
> （4）当土壤热阻系数与载流量对应的热阻系数不同时，应对敷设在土壤中的电缆的载流量进行校正，其校正系数应按现行国家标准《低压电气装置 第5-52部分：电气设备的选择和安装 布线系统》（GB/T 16895.6—2014）的有关规定确定（见表2-3和表2-4）。

表2-3 环境空气温度不等于30℃时的校正系数（用于敷设在空气中的电缆的载流量）

环境温度/℃	绝缘材料			
	PVC	XLPE或EPR	矿物绝缘	
			PVC外护套和易于接触的裸护套70℃	不允许接触的裸护套105℃
10	1.22	1.15	1.26	1.14
15	1.17	1.12	1.20	1.11
20	1.12	1.08	1.14	1.07
25	1.06	1.04	1.07	1.04
30	1.00	1.00	1.00	1.00
35	0.94	0.96	0.93	0.96
40	0.87	0.91	0.85	0.92
45	0.79	0.87	0.78	0.88
50	0.71	0.82	0.67	0.84
55	0.61	0.76	0.57	0.80
60	0.50	0.71	0.45	0.75
65	—	0.65	—	0.70
70	—	0.58	—	0.65
75	—	0.50	—	0.60
80	—	0.41	—	0.54
85	—	—	—	0.47
90	—	—	—	0.40
95	—	—	—	0.32

表2-4 地下温度不等于20℃时的校正系数（用于埋地管槽中的电缆的载流量）

地下温度/℃	绝缘材料	
	PVC	XLPE或EPR
10	1.10	1.07
15	1.05	1.04
20	1.00	1.00
25	0.95	0.95
30	0.89	0.93
35	0.84	0.89
40	0.77	0.85
45	0.71	0.80
50	0.63	0.76
55	0.55	0.71
60	0.45	065
65	—	0.60
70	—	0.53
75	—	0.46
80	—	0.38

电感性负载是指带有电感参数的负载，即负载电流滞后负载电压一个相位差特性的为感性负载，如日光灯（靠气体导通发光）、高压钠灯、变压器和电动机等。

电感性负载安全载流量的计算公式为：

$$I=P/U\cos\varphi$$

式中：I—安全载流量，单位为A；

P—负载功率，单位为W；

U—负载输入电压，单位为V；

$\cos\varphi$—功率因数。

不同电感性负载的功率因数也不同，一般日光灯负载的功率因素$\cos\varphi$为0.5，统一计算家用电器时，功率因数$\cos\varphi$一般取值0.8。

需要注意的是，计算家庭电气安全载流量时，因为家用电器一般不会同时使用，所以计算式需要乘以公用系数0.5，即计算应为：

$$I=P×公用系数/U\cos\varphi$$

例如，一个家庭所有家用电器的总功率为5000W，则安全载流量$I= P×公用系数/U\cos\varphi$=5000×0.5/（220×0.8）≈14（A）。

2 >> 根据横截面积计算电气电缆的安全载流量

根据横截面积计算电气电缆的安全载流量的公式如下：

$$I = a × S^{m} - b × S^{n}$$

式中：I—载流量，单位为A；

S—导体标称横截面积，单位为mm^{2}；

a、b—系数；

m、n—敷设方法和电缆类型有关的指数。

补充说明

　　系数和指数的值可查GB/T 16895.6—2014/IEC60364-5-52附录D。载流量不超过20A的小数值宜就近取0.5A，大于20A的值宜就近取安培整数值。

　　计算所得有效位数的多少不能说明载流量值的精确度。

　　一般情况下，计算时只需上述公式中的第一项（$a×S^{m}$），只有横截面积较大的单芯电缆的八种情况才需要上述公式中的第二项。

　　当导体横截面积在附录D的给定范围以外时，不推荐使用这些系数和指数。

2.2.2 电气线缆安全载流量的估算口诀

电气电缆安全载流量是根据所允许的线芯最高温度、冷却条件、敷设条件来确定的。

一般铜导线的安全载流量为5～8A/mm²，铝导线的安全载流量为3～5A/mm²。

例如，2.5 mm² BVV铜导线安全载流量的推荐值为2.5×8A/mm²=20A；4mm²BVV铜导线安全载流量的推荐值为4×8A/mm2=32A （最大值）。

1 绝缘导线安全载流量估算口诀1

10下五，100上二，25、35四三界，70、95，两倍半。

穿管、温度，八、九折。

裸线加一半。

铜线升级算。

口诀说明：

口诀中的阿拉伯数字表示导线横截面积（单位为mm²），汉字数字表示倍数。

常用的导线标称横截面积（单位为mm²）排列如下：1.5、 2.5、 4、 6、 10、16、 25、 35、 50、 70、 95、 120、 150、 185……

（1）"10下五"是指导线横截面积在10mm²以下的，其安全载流量是横截面积数值的五倍，即1.5mm²、2.5mm²、4mm²、6mm²、10mm²的铝芯绝缘导线安全载流量等于其横截面积数乘以五倍。

例如，铝芯绝缘导线，环境温度不大于25℃时的安全载流量的计算：

横截面积为2.5mm²的铝芯绝缘导线，安全载流量为2.5×5=12.5（A）。

横截面积为6mm²的铝芯绝缘导线，安全载流量为6×5=30（A）。

（2）"100上二"（读作"百上二"）是指横截面积在100mm²以上的，其安全载流量是横截面积数值的二倍。

例如，横截面积为150mm²的铝芯绝缘导线，其安全载流量为150×2=300（A）。

（3）"25、35四三界"是指横截面积为25mm²与35mm²时，其安全载流量是横截面积数值的四倍和三倍的分界处，即对于16mm²、25mm²的铝芯绝缘导线，其安全载流量是将其横截面积数乘以四倍；对于35mm²、50 mm²的铝芯绝缘导线，其安全载流量是将其横截面积数乘以三倍。

例如，横截面积为16mm²的铝芯绝缘导线，其安全载流量为16×4=64（A）。

横截面积为25mm²的铝芯绝缘导线，其安全载流量为25×4=100（A）。

横截面积为35mm²的铝芯绝缘导线，其安全载流量为35×3=105（A）。

横截面积为50mm²的铝芯绝缘导线，其安全载流量为50×3=150（A）。

从以上示例可知：倍数随截面的增大而减小，在倍数转变的交界处，误差会稍大一些。例如，横截面积为25mm²与35mm²是四倍与三倍的分界处，25mm²属四倍的范围，按口诀算为100A，查载流量表略小于该数值；而35mm²则相反，按口诀算为105A，查载流量表大于该数值，这种误差对日常使用的影响不大。

（4）"70、95，两倍半"是指横截面积为70mm^2、95mm^{2}时，其安全载流量是横截面积数值的2.5倍。

例如，横截面积为70mm^{2}的铝芯绝缘导线，其安全载流量为70×2.5=175（A）。

横截面积为95mm^{2}的铝芯绝缘导线，其安全载流量为95×2.5=237.5（A）。

从上面的示例可以看出：除10mm^{2}以下及100mm^{2}以上之外，横截面积为中间数值的导线，每两种规格同属于一种倍数。

（5）"穿管、温度，八、九折"是指：若导线采用穿管敷设（包括槽板等敷设，即导线加有保护套层，不明露的），安全载流量根据前面口诀计算后，再打八折（乘以系数0.8）；若环境温度超过25℃，安全载流量根据前面口诀计算后再打九折（乘以系数0.9）；若既采用穿管敷设，温度又超过25℃，则打八折后再打九折，或简单按一次打七折（乘以系数0.7）计算。

例如，横截面积为16mm^{2}的铝芯绝缘导线穿管时，则安全载流量为16×4×0.8=51.2（A）；若为高温（85℃以内），则安全载流量为16×4×0.9=57.6（A）；若是穿管又高温，则安全载流量为16×4×0.7=44.8（A）。

（6）"裸线加一半"是指裸导线（如架空裸线）横截面积乘以相应倍率后再乘以1.5。

例如，横截面积为16mm^{2}的裸铝线，其安全载流量为16×4×1.5=96（A），若在高温下，则安全载流量为16×4×1.5×0.9=86.4（A）。

（7）"铜线升级算"是指上述（1）～（6）均是铝导线的估算方法，若为铜导线，则将铜导线的横截面积排列顺序提升一级，再按相应的铝导线的条件计算。

例如，环境温度为25℃时，横截面积为16mm^{2}的铜芯绝缘导线，其安全载流量可按升级为25mm^{2}的铝芯绝缘导线计算，即25×4=100（A）；

环境温度为25℃时，横截面积为25mm^{2}的铜芯穿管裸导线，其安全载流量为按升级为50mm^{2}的铝芯裸导线计算，即50×3×0.8×1.5=180（A）。

需要注意的是，上述估算口诀是对导线的估算方法，对于电缆，口诀中没有介绍。

一般直接埋地的高压电缆，都可采用第一句口诀中的倍数进行计算。例如，35mm^{2}高压铠装铝芯电缆埋地敷设的安全载流量为35×3=105（A）。95mm^{2}的高压铠装铝芯电缆埋地敷设的安全载流量约为95×2.5≈238（A）。

2 ▶▶ 绝缘导线安全载流量估算口诀2

二点五下乘以九，往上减一顺号走。
三十五乘三点五，双双成组减点五。
条件有变加折算，高温九折铜升级。
穿管根数二三四，八七六折满载流。

口诀说明：

（1）"二点五下乘以九，往上减一顺号走"是指2.5mm^{2}及以下的各种横截面积的铝芯绝缘线，其安全载流量约为横截面积数值的九倍。4mm^{2}及以上横截面积导线的安全载流量的倍数关系是顺着线号往上排，倍数逐次减1。

例如，$1.5mm^2$的铝芯绝缘线，安全载流量为$1.5×9=13.5$（A）；$2.5mm^2$的铝芯绝缘线，安全载流量为$2.5×9=22.5$（A）；$4mm^2$的铝芯绝缘线，安全载流量为$4×8=32$（A）；$6mm^2$的铝芯绝缘线，安全载流量为$6×7=42$（A）；$10mm^2$的铝芯绝缘线，安全载流量为$10×6=60$（A）；$16mm^2$的铝芯绝缘线，安全载流量为$16×5=80$（A）；$25mm^2$的铝芯绝缘线，安全载流量为$25×5=125$（A）。

（2）"三十五乘三点五，双双成组减点五"是指$35mm^2$的导线的安全载流量为横截面积的3.5倍。$50mm^2$及以上的导线，其安全载流量与横截面积之间的倍数关系变为两个两个线号成一组，倍数依次减0.5。

例如，$35mm^2$的铝芯绝缘线，安全载流量为$35×3.5=122.5$（A）。

$50mm^2$和$70mm^2$的铝芯绝缘线，安全载流量分别为$50×3=150$（A）、$70×3=210$（A）。

$95mm^2$和$120mm^2$的铝芯绝缘线，安全载流量分别为$95×2.5=237.5$（A）、$120×2.5=300$（A）。

$150mm^2$和$185mm^2$的铝芯绝缘线，安全载流量分别为$150×2=300$（A）、$185×2=370$（A）。

（3）"条件有变加折算，高温九折铜升级"是指铝芯绝缘线、明敷在环境温度25℃的条件下的估算口诀。若铝芯绝缘线明敷在环境温度长期高于25℃，导线载流量可按上述口诀计算后再乘以系数0.9；当导线为铜芯绝缘线时，它的安全载流量升一级计算。

例如，$16mm^2$的铜芯绝缘线，安全载流量可按$25mm^2$的铝线口诀计算，即$25×5=125$（A）。

（4）"穿管根数二三四，八七六折满载流"是指如果导线采用穿管安装，一根管两条线就按八折算（乘以系数0.8），一根管三根线就按七折算（乘以系数0.7），一根管四根线就按六折算（乘以系数0.6）。

例如，家庭用电中的相线、零线和地线均采用$2.5mm^2$的铜芯绝缘导线，且采用穿管安装，其安全载流量为$4mm^2$（铜线升级$2.5mm^2$的按$4mm^2$计算）$×8=32$（A），三根线穿管需要乘以系数0.7，则最后计算出的安全载流量为$32×0.7=22.4$（A）。

补充说明

需要注意的是，通过以上估算口诀得出的结果都不是精确数值。

目前，计算铜芯导线安全载流量除根据上述估算口诀计算外，还可根据铜芯导线的安全载流量推荐值进行计算。

国家标准对铜芯导线安全载流量的推荐值为$5\sim8A/mm^2$。

例如，$2.5mm^2$BVV铜芯导线安全载流量的推荐值为$2.5×8A/mm^2=20A$；$4mm^2$BVV铜芯导线安全载流量的推荐值为$4×8A/mm^2=32A$（最大值）。

2.2.3 电气电缆安全载流量的对照表

根据我国标准GB 5226.1-2019、GB/T 16895.6-2014/IEC 60364-5-52，电气电缆的安全载流量可在表2-5～表2-16中查询。

> **补充说明**
>
> 表2-5～表2-16提供了在正常工作情况下，持续负荷导致热效应时，不影响导体和绝缘的正常使用寿命的载流量。
>
> 表2-5～表2-16适用于标称电压不超过交流1kV或直流1.5kV的无铠装电缆和绝缘导体，也适用于多芯铠装电缆，但不可用于单芯铠装电缆。
>
> 表2-5～表2-16选取载流量时，参考的环境温度如下。
>
> ——暴露在空气中的绝缘导体与电缆（与敷设方式无关）：30℃；
>
> ——埋地电缆（直埋在土壤中或敷设在埋地管槽中）：20℃。

表2-5 PVC绝缘、二根带负荷导体，铜或铝芯电缆的载流量值（A）
导体温度70℃，在空气中环境温度30℃，埋地环境温度20℃

导体标称截面/mm²	敷设方式						
	A1	A2	B1	B2	C	D	D2
	绝缘导体（单芯电缆）敷设在隔热墙中的导管内	多芯电缆敷设在隔热墙中的导管内	绝缘导体（单芯电缆）敷设在木质墙上的导管内	多芯电缆敷设在木质墙上的导管内	单芯或多芯电缆敷设在木质墙上	多芯电缆敷设在埋地的管槽内	带护套的单芯或多芯电缆直埋在土壤中
铜							
1.5	14.5	14	17.5	16.5	19.5	22	22
2.5	19.5	18.5	24	23	27	29	28
4	26	25	32	30	36	37	38
6	34	32	41	38	46	46	48
10	46	43	57	52	63	60	64
16	61	57	76	69	85	78	83
25	80	75	101	90	112	99	110
35	99	92	125	111	138	119	132
50	119	110	151	133	168	140	156
70	151	139	192	168	213	173	192
95	182	167	232	201	258	204	230
120	210	192	269	232	299	231	261
150	240	219	300	258	344	261	293
185	273	248	341	294	392	292	331
240	321	291	400	344	461	336	382
300	367	334	458	394	530	379	427

导体标称截面/mm²	敷设方式						
	A1	A2	B1	B2	C	D	D2
	绝缘导体（单芯电缆）敷设在隔热墙中的导管内	多芯电缆敷设在隔热墙中的导管内	绝缘导体（单芯电缆）敷设在木质墙上的导管内	多芯电缆敷设在木质墙上的导管内	单芯或多芯电缆敷设在木质墙上	多芯电缆敷设在埋地的管槽内	带护套的单芯或多芯电缆直埋在土壤中
铝							
2.5	15	14.5	18.5	17.5	21	22	—
4	20	19.5	25	24	28	29	—
6	26	25	32	30	36	36	—
10	36	33	44	41	49	47	—
16	48	44	60	54	66	61	63
25	63	58	79	71	83	77	82
35	77	71	97	86	103	93	98
50	93	86	118	104	125	109	117
70	118	108	150	131	160	135	145
95	142	130	181	157	195	159	173
120	164	150	210	181	226	180	200
150	189	172	234	201	261	204	224
185	215	195	266	230	298	228	255
240	252	229	312	269	352	262	298
300	289	263	358	308	406	296	336

注：第3、5、6、7和8列中，截面小于或等于16mm²的导体为圆形，大于此截面者为扇形，其载流量也可安全应用于圆形导体

表2-6 XLPE或EPR绝缘、二根带负荷导体，铜或铝芯电缆的载流量值（A）导体温度90℃，在空气中环境温度30℃，埋地环境温度20℃

导体标称截面/mm²	敷设方式						
	A1	A2	B1	B2	C	D	D2
	绝缘导体（单芯电缆）敷设在隔热墙中的导管内	多芯电缆敷设在隔热墙中的导管内	绝缘导体（单芯电缆）敷设在木质墙上的导管内	多芯电缆敷设在木质墙上的导管内	单芯或多芯电缆敷设在木质墙上	多芯电缆敷设在埋地的管槽内	带护套的单芯或多芯电缆直埋在土壤中
铜							
1.5	19	18.5	23	22	24	25	27

续表

导体标称截面/mm²	敷设方式						
	A1	A2	B1	B2	C	D	D2
	绝缘导体（单芯电缆）敷设在隔热墙中的导管内	多芯电缆敷设在隔热墙中的导管内	绝缘导体（单芯电缆）敷设在木质墙上的导管内	多芯电缆敷设在木质墙上的导管内	单芯或多芯电缆敷设在木质墙上	多芯电缆敷设在埋地的管槽内	带护套的单芯或多芯电缆直埋在土壤中
铜							
2.5	26	25	31	30	33	33	35
4	35	33	42	40	45	43	46
6	45	42	54	51	58	53	58
10	61	57	75	69	80	71	77
16	81	76	100	91	107	91	100
25	106	99	133	119	138	116	129
35	131	121	164	146	171	139	155
50	158	145	198	175	209	164	183
70	200	183	253	221	269	203	225
95	241	220	306	265	328	239	270
120	278	253	354	305	382	271	306
150	318	290	393	334	441	306	343
185	362	329	449	384	506	343	387
240	424	386	528	459	599	395	448
300	486	442	603	532	693	446	502
铝							
2.5	20	19.5	25	23	26	26	—
4	27	26	33	31	35	33	—
6	35	33	43	40	45	42	—
10	48	45	59	54	62	55	—
16	64	60	79	72	84	71	76
25	84	78	105	94	101	90	98
35	103	96	130	115	126	108	117
50	125	115	157	138	154	128	139
70	158	145	200	175	198	158	170
95	191	175	242	210	241	186	204
120	220	201	281	242	280	211	233
150	253	230	307	261	324	238	261
185	288	262	351	300	371	267	296
240	338	307	412	358	439	307	343
300	387	352	471	415	508	346	386

注：第3、5、6、7和8列中，截面小于或等于16mm²的导体为圆形，大于此截面者为扇形，其载流量也可安全应用于圆形导体

表2-7 PVC绝缘、三根带负荷导体，铜或铝芯电缆的载流量值（A）
导体温度70℃，在空气中环境温度30℃，埋地环境温度20℃

导体标称截面/mm²	敷设方式						
	A1	A2	B1	B2	C	D	D2
	绝缘导体（单芯电缆）敷设在隔热墙中的导管内	多芯电缆敷设在隔热墙中的导管内	绝缘导体（单芯电缆）敷设在木质墙上的导管内	多芯电缆敷设在木质墙上的导管内	单芯或多芯电缆敷设在木质墙上	多芯电缆敷设在埋地的管槽内	带护套的单芯或多芯电缆直埋在土壤中
铜							
1.5	13.5	13	15.5	15	17.5	18	19
2.5	18	17.5	21	20	24	24	24
4	24	23	28	27	32	30	33
6	31	29	36	34	41	38	41
10	42	39	50	46	57	50	54
16	56	52	68	62	76	64	70
25	73	68	89	80	96	82	92
35	89	83	110	99	119	98	110
50	108	99	134	118	144	116	130
70	136	125	171	149	184	143	162
95	164	150	207	179	223	169	193
120	188	172	239	206	259	192	220
150	216	196	262	225	299	217	246
185	245	223	296	255	341	243	278
240	286	261	346	297	403	280	320
300	328	298	394	339	464	316	359
铝							
2.5	14	13.5	16.5	15.5	18.5	18.5	—
4	18.5	17.5	22	21	25	24	—
6	24	23	28	27	32	30	—
10	32	31	39	36	44	39	—
16	43	41	53	48	59	50	53
25	57	53	70	62	73	64	69
35	70	65	86	77	90	77	83
50	84	78	104	92	110	91	99
70	107	98	133	116	140	112	122
95	129	118	161	139	170	132	148
120	149	135	186	160	197	150	169
150	170	155	204	176	227	169	189
185	194	176	230	199	259	190	214
240	227	207	269	232	305	218	250
300	261	237	306	265	351	247	282

注：第3、5、6、7和8列中，截面小于等于16mm²的导体为圆形，大于此截面者为扇形，其载流量也可安全应用于圆形导体

表2-8　XLPE或EPR绝缘、三根带负荷导体，铜或铝芯电缆的载流量值（A）
导体温度90℃，在空气中环境温度30℃，埋地环境温度20℃

导体标称截面/mm²	敷设方式						
	A1	A2	B1	B2	C	D	D2
	绝缘导体（单芯电缆）敷设在隔热墙中的导管内	多芯电缆敷设在隔热墙中的导管内	绝缘导体（单芯电缆）敷设在木质墙上的导管内	多芯电缆敷设在木质墙上的导管内	单芯或多芯电缆敷设在木质墙上	多芯电缆敷设在埋地的管槽内	带护套的单芯或多芯电缆直埋在土壤中
铜							
1.5	17	16.5	20	19.5	22	21	23
2.5	23	22	28	26	30	28	30
4	31	30	37	35	40	36	39
6	40	38	48	44	52	44	49
10	54	51	66	60	71	58	65
16	73	68	88	80	96	75	84
25	95	89	117	105	119	96	107
35	117	109	144	128	147	115	129
50	141	130	175	154	179	135	153
70	179	164	222	194	229	167	188
95	216	197	269	233	278	197	226
120	249	227	312	268	322	223	257
150	285	259	342	300	371	251	287
185	324	295	384	340	424	281	324
240	380	346	450	398	500	324	375
300	435	396	514	455	576	365	419
铝							
2.5	19	18	22	21	24	22	—
4	25	24	29	28	32	28	—
6	32	31	38	35	41	35	—
10	44	41	52	48	57	46	—
16	58	55	71	64	76	59	64
25	76	71	93	84	90	75	82
35	94	87	116	103	112	90	98
50	113	104	140	124	136	106	117
70	142	131	179	156	174	130	144
95	171	157	217	188	211	154	172
120	197	180	251	216	245	174	197
150	226	206	267	240	283	197	220
185	256	233	300	272	323	220	250
240	300	273	351	318	382	253	290
300	344	313	402	364	440	286	326

注：第3、5、6、7和8列中，截面小于或等于16mm²的导体为圆形，大于此截面者为扇形，其载流量也可安全应用于圆形导体

表2-9 单芯或多芯电缆敷设在木质墙上（敷设方式C）的载流量值（A）

矿物绝缘，铜导体和铜护套，PVC外护套或允许接触的裸铜护套

金属护套温度70℃，参考环境温度30℃

导体标称截面/mm²	单芯或多芯电缆敷设在木质墙上		
	二根负荷导体	三根负荷导体	
	二芯或单芯电缆	多芯或三角形排列的单芯电缆	平排的单芯电缆
500V			
1.5	23	19	21
2.5	31	26	29
4	40	35	38
750V			
1.5	25	21	23
2.5	34	28	31
4	45	37	41
6	57	48	52
10	77	65	70
16	102	86	92
25	133	112	120
35	163	137	147
50	202	169	181
70	247	207	221
95	296	249	264
120	340	286	303
150	388	327	346
185	440	371	392
240	514	434	457

注：

（1）回路中单芯电缆护套两端相互连接；

（2）对于允许接触的裸护套电缆，载流量宜乘以0.9系数；

（3）电缆的额定电压是500V和750V

表2-10 单芯或多芯电缆敷设在木质墙上（敷设方式C）的载流量值（A）

矿物绝缘，铜导体和铜护套，不允许与人和易燃材料相接触的裸护套电缆

金属护套温度105℃，环境温度30℃

导体标称截面 /mm²	单芯或多芯电缆敷设在木质墙上		
	二根负荷导体 二芯或单芯电缆	三根负荷导体	
		多芯或三角形排列的单芯电缆	平排的单芯电缆
500V			
1.5	28	24	27
2.5	38	33	36
4	51	44	47
750V			
1.5	31	26	30
2.5	42	35	41
4	55	47	53
6	70	59	67
10	96	81	91
16	127	107	119
25	166	140	154
35	203	171	187
50	251	212	230
70	307	260	280
95	369	312	334
120	424	359	383
150	485	410	435
185	550	465	492
240	643	544	572

注：
（1）回路中单芯电缆护套两端相互连接；
（2）成束敷设时，电缆载流量不需要校正；
（3）此表中参考敷设方式C是指对砖石墙而言，因为木质墙通常不能耐受电缆护套的高温；
（4）电缆的额定电压是500V和750V

表2-11 敷设方式E、F和G的载流量值（A）

矿物绝缘，铜导体和铜护套，PVC外护套或允许接触的裸护套电缆

金属护套温度70℃，环境温度30℃

导体 标称截面 /mm²	二根负荷导体 二芯或单芯电缆	三根带负荷导体			
		多芯或三角形排列 的单芯电缆	相互接触的单芯电 缆	单芯电缆垂直平行 敷设留有间距	单芯电缆水平排列 敷设留有间距
	敷设方式E和F	敷设方式E和F	敷设方式F	敷设方式G	敷设方式G
	敷设方式E：多芯电缆敷设在自由空气中与墙间距不小于一根电缆直径的0.3倍 敷设方式F：单芯电缆相互接触敷设在与墙间距不小于一根电缆的直径 敷设方式G：单芯电缆有间距敷设在自由空气中				
500V					
1.5	25	21	23	26	29
2.5	33	28	31	34	39
4	44	37	41	45	51
750V					
1.5	26	22	26	28	32
2.5	36	30	34	37	43
4	47	40	45	49	56
6	60	51	57	62	71
10	82	69	77	84	95
16	109	92	102	110	125
25	142	120	132	142	162
35	174	147	161	173	197
50	215	182	198	213	242
70	264	223	241	259	294
95	317	267	289	309	351
120	364	308	331	353	402
150	416	352	377	400	454
185	472	399	426	446	507
240	552	466	496	497	565

注：

(1) 回路中单芯电缆护套两端相互连接；

(2) 允许接触的裸护套电缆，载流量值应乘以0.9；

(3) D_e 指电缆外径；

(4) 电缆的额定电压是500V和750V

表2-12 矿物绝缘，铜导体和铜护套，不允许接触裸护套电缆
的载流量值（A）
金属护套温度105℃，环境温度30℃

导体标称截面/mm²	二根负荷导体	三根带负荷导体			
	二芯或单芯电缆	多芯电缆或三角形排列的单芯电缆	相互接触的单芯电缆	单芯电缆垂直平行敷设留有间距	单芯电缆水平排列敷设留有间距
	敷设方式E和F	敷设方式E和F	敷设方式F	敷设方式G	敷设方式G
	敷设方式E：多芯电缆敷设在自由空气中与墙间距不小于一根电缆直径的0.3倍 敷设方式F：单芯电缆相互接触敷设在与墙间距不小于一根电缆的直径 敷设方式G：单芯电缆有间距敷设在自由空气中				
500V					
1.5	31	26	29	33	37
2.5	41	35	39	43	49
4	54	46	51	56	64
750V					
1.5	33	28	32	35	40
2.5	45	38	43	47	54
4	60	50	56	61	70
6	76	64	71	78	89
10	104	87	96	105	120
16	137	115	127	137	157
25	179	150	164	178	204
35	220	184	200	216	248
50	272	228	247	266	304
70	333	279	300	323	370
95	400	335	359	385	441
120	460	385	411	441	505
150	526	441	469	498	565
185	596	500	530	557	629
240	697	584	617	624	704

注：
（1）回路中单芯电缆护套两端相互连接；
（2）成束敷设时，载流量不需要校正；
（3）D_e指电缆外径；
（4）电缆的额定电压是500V和750V

表2-13 PVC绝缘，铜导体的载流量值（A）
导体温度70℃，环境温度30℃

导体标称截面/mm²	多芯电缆		单芯电缆				
	二芯负荷导体	三芯负荷导体	相互接触的二根负荷导体	三角形排列的三根负荷导体	扁平敷设的三根负荷导体		
					相互接触	有间距	
						水平	垂直
	敷设方式E	敷设方式E	敷设方式F	敷设方式F	敷设方式F	敷设方式G	敷设方式G
1.5	22	18.5	—	—	—	—	—
2.5	30	25	—	—	—	—	—
4	40	34	—	—	—	—	—
6	51	43	—	—	—	—	—
10	70	60	—	—	—	—	—
16	94	80	—	—	—	—	—
25	119	101	131	110	114	146	130
35	148	126	162	137	143	181	162
50	180	153	196	167	174	219	197
70	232	196	251	216	225	281	254
95	282	238	304	264	275	341	311
120	328	276	352	308	321	396	362
150	379	319	406	356	372	456	419
185	434	364	463	409	427	521	480
240	514	430	546	485	507	615	569
300	593	497	629	561	587	709	659
400	—	—	754	656	689	852	795
500	—	—	868	749	789	982	920
630	—	—	1005	855	905	1138	1070

敷设方式E：多芯电缆敷设在自由空气中与墙间距不小于一根电缆直径的0.3倍
敷设方式F：单芯电缆相互接触敷设在与墙间距不小于一根电缆的直径
敷设方式G：单芯电缆有间距敷设在自由空气中

注：
（1）导体截面小于或等于16mm²为圆形，大于此截面者为扇形，其载流量可安全应用于圆形导体；
（2）D_e指电缆外径

表2-14 PVC绝缘，铝导体的载流量值（A）
导体温度70℃，环境温度30℃

导体标称截面/mm²	多芯电缆		单芯电缆				
	二芯负荷导体	三芯负荷导体	相互接触的二根负荷导体	三角形排列的三根负荷导体	扁平敷设的三根负荷导体		
					相互接触	有间距 水平	有间距 垂直
	敷设方式E	敷设方式E	敷设方式F	敷设方式F	敷设方式F	敷设方式G	敷设方式G
2.5	23	19.5	—	—	—	—	—
4	31	26	—	—	—	—	—
6	39	33	—	—	—	—	—
10	54	46	—	—	—	—	—
16	73	61	—	—	—	—	—
25	89	78	98	84	87	112	99
35	111	96	122	105	109	139	124
50	135	117	149	128	133	169	152
70	173	150	192	166	173	217	196
95	210	183	235	203	212	265	241
120	244	212	273	237	247	308	282
150	282	245	316	274	287	356	327
185	322	280	363	315	330	407	376
240	380	330	430	375	392	482	447
300	439	381	497	434	455	557	519
400	—	—	600	526	552	671	629
500	—	—	694	610	640	775	730
630	—	—	808	711	746	900	852

敷设方式E：多芯电缆敷设在自由空气中与墙间距不小于一根电缆直径的0.3倍
敷设方式F：单芯电缆相互接触敷设在与墙间距不小于一根电缆的直径
敷设方式G：单芯电缆有间距敷设在自由空气中

注：
（1）导体截面小于或等于16mm²为圆形，大于此截面者为扇形，其载流量可安全应用于圆形导体；
（2）D_e指电缆外径

表2-15 XLPE或EPR绝缘，铜导体的载流量值（A）
导体温度90℃，环境温度30℃

导体标称截面/mm²	多芯电缆		单芯电缆				
	二芯负荷导体	三芯负荷导体	相互接触的二根负荷导体	三角形排列的三根负荷导体	扁平敷设的三根负荷导体		
					相互接触	有间距	
						水平	垂直
	敷设方式E	敷设方式E	敷设方式F	敷设方式F	敷设方式F	敷设方式G	敷设方式G
1.5	26	23	—	—	—	—	—
2.5	36	32	—	—	—	—	—
4	49	42	—	—	—	—	—
6	63	54	—	—	—	—	—
10	86	75	—	—	—	—	—
16	115	100	—	—	—	—	—
25	149	127	161	135	141	182	161
35	185	158	200	169	176	226	201
50	225	192	242	207	216	275	246
70	289	246	310	268	279	353	318
95	352	298	377	328	342	430	389
120	410	346	437	383	400	500	454
150	473	399	504	444	464	577	527
185	542	456	575	510	533	661	605
240	641	538	679	607	634	781	719
300	741	621	783	703	736	902	833
400	—	—	940	823	868	1085	1008
500	—	—	1083	946	998	1253	1169
630	—	—	1254	1088	1151	1454	1362

敷设方式E：多芯电缆敷设在自由空气中与墙间距不小于一根电缆直径的0.3倍
敷设方式F：单芯电缆相互接触敷设在与墙间距不小于一根电缆的直径
敷设方式G：单芯电缆有间距敷设在自由空气中

注：
（1）导体截面小于或等于16mm²为圆形，大于此截面者为扇形，其载流量可安全应用于圆形导体；
（2）D_e指电缆外径

表2-16　XLPE或EPR绝缘，铝导体的载流量值（A）

导体温度90℃，环境温度30℃

导体标称截面 /mm²	多芯电缆		单芯电缆				
	二芯负荷导体	三芯负荷导体	相互接触的二根负荷导体	三角形排列的三根负荷导体	扁平敷设的三根负荷导体		
					相互接触	有间距	
						水平	垂直
	敷设方式E	敷设方式E	敷设方式F	敷设方式F	敷设方式F	敷设方式G	敷设方式G
2.5	28	24	—	—	—	—	—
4	38	32	—	—	—	—	—
6	49	42	—	—	—	—	—
10	67	58	—	—	—	—	—
16	91	77	—	—	—	—	—
25	108	97	121	103	107	138	122
35	135	120	150	129	135	172	153
50	164	146	184	159	165	210	188
70	211	187	237	206	215	271	244
95	257	227	289	253	264	332	300
120	300	263	337	296	308	387	351
150	346	304	389	343	358	448	408
185	397	347	447	395	413	515	470
240	470	409	530	471	492	611	561
300	543	471	613	547	571	708	652
400	—	—	740	663	694	856	792
500	—	—	856	770	806	991	921
630	—	—	996	899	942	1154	1077

敷设方式E：多芯电缆敷设在自由空气中与墙间距不小于一根电缆直径的0.3倍
敷设方式F：单芯电缆相互接触敷设在与墙间距不小于一根电缆的直径
敷设方式G：单芯电缆有间距敷设在自由空气中

注：
（1）导体截面小于或等于16mm²为圆形，大于此截面者为扇形，其载流量可安全应用于圆形导体；
（2）D_e指电缆外径

使用表2-5～表2-16时，若绝缘导体或电缆预计敷设地点的环境温度不同于参考环境温度，应将表2-5～表2-16中给出的载流量值乘以表2-17和表2-18中合适的校正系数。对于埋地电缆，若土壤温度一年当中只有几个星期超过了选定温度5℃，则不须校正。

表2-17　环境温度不等于30℃时的校正系数
（敷设在空气中的电缆的载流量）

环境温度/℃	绝　　缘			
	PVC	XLPE或EPR	矿物绝缘	
			PVC外护套和易于接触的裸护套70℃	不允许接触的裸护套105℃
10	1.22	1.15	1.26	1.14
15	1.17	1.12	1.20	1.11
20	1.12	1.08	1.14	1.07
25	1.06	1.04	1.07	1.04
30	1.00	1.00	1.00	1.00
35	0.94	0.96	0.93	0.96
40	0.87	0.91	0.85	0.92
45	0.79	0.87	0.78	0.88
50	0.71	0.82	0.67	0.84
44	0.61	0.76	0.57	0.80
60	0.50	0.71	0.45	0.75
65	—	0.65	—	0.70
70	—	0.58	—	0.65
75	—	0.50	—	0.60
80	—	0.41	—	0.54
85	—	—	—	0.47
90	—	—	—	0.40
95	—	—	—	0.32
注：环境温度若高于表列值，则需咨询制造商				

表2-18　地下温度不等于20℃时的校正系数
（埋在地管槽中的电缆的载流量）

地下温度/℃	绝　　缘	
	PVC	XLPE和EPR
10	1.10	1.07
15	1.05	1.04
20	1.00	1.00
25	0.95	0.96
30	0.89	0.93
35	0.84	0.89
40	0.77	0.85

续表

地下温度/℃	绝　缘	
	PVC	XLPE和EPR
45	0.71	0.80
50	0.63	0.76
55	0.55	0.71
60	0.45	0.65
65	—	0.60
70	—	0.53
75	—	0.46
80	—	0.38

补充说明

　　表2-17和表2-18中的校正系数未考虑太阳及红外辐射的影响。若电缆或绝缘导体受到此类辐射，其载流量可采用IEC 60287系列标准给定的方法进行计算。

　　表2-5～表2-16中的埋地电缆载流量值，适用的土壤热阻系数为2.5K·m/W。当实际土壤热阻系数大于2.5K·m/W时，应适当降低载流量或用恰当的材料更换贴近电缆附近的土壤。土壤热阻系数不等于2.5K·m/W时直埋或埋在地管槽中电缆的载流量校正系数（敷设方式为D）见表2-19。

表2-19　土壤热阻系数不等于2.5K·m/W时直埋或埋在地管槽中
电缆的载流量校正系数（敷设方式为D）

土壤热阻系数/K·m/W	0.5	0.7	1	1.5	2	2.5	3
埋地管槽中电缆的校正系数	1.28	1.20	1.18	1.1	1.05	1	0.96
直埋电缆的校正系数	1.88	1.62	1.5	1.28	1.12	1	0.90

　　注：
　　（1）给出的校正系数是表2-5～表2-8中所包括的导体截面和敷设方式范围内的平均值。校正系数的综合误差在±5%以内；
　　（2）校正系数适用于敷设于埋地管槽中的电缆；对于直埋电缆，当土壤热阻系数小于2.5K·m/W时，校正系数会高一些。需要更精确数值时，可采用IEC 60287系列标准的计算法得出；
　　（3）校正系数适用于管槽埋地深度不大于0.8m；
　　（4）假定土壤的性质是均一的，没有考虑可能发生的水分迁移导致电缆周围区域的土壤热阻系数增大的影响。如果可以预见土壤局部变干燥，容许载流量值应根据IEC 60287系列标准的计算法得出

　　表2-5～表2-10（敷设方式A～D）所列为含有两根绝缘导体或两根单芯电缆，或一根两芯电缆；三根绝缘导体或三根单芯电缆，或一根三芯电缆的导体数的单回路载流量数据。若有更多绝缘体或电缆敷设在同一线束内（除不让接触的裸矿物绝缘电缆外），应使用表2-20～表2-22中的成束电缆降低系数来校正。

补充说明

　　成束电缆降低系数是基于束中所有导体长期稳态100%负荷率运行的，由于装置运行条件的变化，因此负荷率小于100%时，电缆束的降低系数可高一些。

表2-20 多回路或多根电缆成束敷设时的降低系数
（结合表2-5～表2-16使用）

排列（电缆相互接触）	回路数或多芯电缆数量												使用的载流量表和参数敷设方式
	1	2	3	4	5	6	7	8	9	12	16	20	
成束敷设在空气中，沿墙、嵌入或封闭式敷设	1.00	0.80	0.70	0.65	0.60	0.57	0.54	0.52	0.50	0.45	0.41	0.38	表2-5～表2-16（敷设方式A～F）
单层敷设在墙上、地板或无孔托盘上	1.00	0.85	0.79	0.75	0.73	0.72	0.72	0.71	0.70	多于9个回路或9根多芯电缆，就不再减小降低系数			表2-5～表2-10（敷设方式C）
单层直接固定在天花板下	0.95	0.81	0.72	0.68	0.66	0.64	0.63	0.62	0.61				
单层敷设在水平或垂直的有孔托盘上	1.00	0.88	0.82	0.77	0.75	0.73	0.73	0.72	0.72				表2-11～表2-16（敷设方式E～F）
单层敷设在梯架或线夹上	1.00	0.87	0.82	0.80	0.80	0.79	0.79	0.78	0.78				

注：
（1）这些系数适用于尺寸和负荷相同的线缆束；
（2）相邻电缆水平间距超过了2倍电缆外径时，则不需要降低系数；
（3）由二根或三根单芯电缆组成的线缆束或多芯电缆使用同一系数；
（4）若系统中同时有两芯和三芯电缆，以电缆总数作为回路数，两芯电缆作为两根负荷导体，三芯电缆作为三根负荷导体查取表中相应系数；
（5）若线缆束中含有n根单芯电缆，可考虑为n/2回两根负荷导体回路数，或n/3回三根负荷导体回路数；
（6）本表给出的降低系数值是表2-5～表2-16所包括的导体截面和敷设方式范围内的平均值。表中各值的综合误差在±5%以内；
（7）对于某些敷设方式和本表中没有提及的特殊方式，可针对具体情况适当使用计算得出的校正系数

表2-21 多回路直埋电缆的降低系数
（表2-5～表2-8中的敷设方式为D2单芯或多芯电缆）

回路数	电缆间的间距				
	无间距（电缆相互接触）	一根电缆外径	0.125m	0.25m	0.5m
2	0.75	0.80	0.85	0.90	0.90
3	0.65	0.70	0.75	0.80	0.85
4	0.60	0.60	0.70	0.75	0.80
5	0.55	0.55	0.65	0.70	0.80
6	0.50	0.55	0.60	0.70	0.80
7	0.45	0.51	0.59	0.67	0.76
8	0.43	0.48	0.57	0.65	0.75
9	0.41	0.46	0.55	0.63	0.74
12	0.36	0.42	0.51	0.59	0.71
16	0.32	0.38	0.47	0.56	0.68
20	0.29	0.35	0.44	0.53	0.66

注：
（1）本表的值适用于埋地深度0.7m，土壤热阻系数为2.5K·m/W时的情况；
（2）在土壤热阻系数小于2.5K·m/W时，校正系数一般会增加，可采用IEC 60287-2-1给出的方法进行计算；
（3）若回路中每相包含m根并联导体，确定降低系数时，该回路应认为是m个回路

多芯电缆

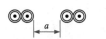

单芯电缆

表2-22 敷设在埋地管槽内多回路电缆的降低系数
（表2-5～表2-8中的敷设方式为D）

单路管槽内的多芯电缆				
电缆根数	管槽之间距离ᵃ			
	无间距（相互接触）	0.25m	0.5m	1.0m
2	0.85	0.90	0.95	0.95
3	0.75	0.85	0.90	0.95
4	0.70	0.80	0.85	0.90
5	0.65	0.80	0.85	0.90
6	0.60	0.80	0.80	0.90
7	0.57	0.76	0.80	0.88
8	0.54	0.74	0.78	0.88
9	0.52	0.73	0.77	0.87
10	0.49	0.72	0.76	0.86
11	0.47	0.70	0.75	0.86
12	0.45	0.69	0.74	0.85
13	0.44	0.68	0.73	0.85
14	0.42	0.68	0.72	0.84
15	0.41	0.67	0.72	0.84
16	0.39	0.66	0.71	0.83
17	0.38	0.65	0.70	0.83
18	0.37	0.65	0.70	0.83
19	0.35	0.64	0.69	0.82
20	0.34	0.63	0.68	0.82
非磁性单路管槽内的单芯电缆				
由两根或三根单芯电缆组成的回路数	管槽之间距离ᵇ			
	无间距（相互接触）	0.25m	0.5m	1.0m
2	0.80	0.90	0.90	0.95
3	0.70	0.80	0.85	0.90
4	0.65	0.75	0.80	0.90
5	0.60	0.70	0.80	0.90
6	0.60	0.70	0.80	0.90
7	0.53	0.66	0.76	0.87
8	0.50	0.63	0.74	0.87
9	0.47	0.61	0.73	0.86
10	0.45	0.59	0.72	0.85
11	0.43	0.57	0.70	0.85
12	0.41	0.56	0.69	0.84
13	0.39	0.54	0.68	0.84
14	0.37	0.53	0.68	0.83
15	0.35	0.52	0.67	0.83

续表

非磁性单路管槽内的单芯电缆				
由两根或三根单芯电缆组成的回路数	管槽之间距离[b]			
	无间距（相互接触）	0.25m	0.5m	1.0m
16	0.34	0.51	0.66	0.83
17	0.33	0.50	0.65	0.82
18	0.31	0.49	0.65	0.82
19	0.30	0.48	0.64	0.82
20	0.29	0.47	0.63	0.81

注：
（1）本表中的值适于埋地深度0.7m，土壤热阻系数为2.5K·m/W。这些值是引用表2-5～表2-8中各种电缆截面和类型得出的平均值。在平均时进行约整，有些情况下的误差会达到±10%（假如需要更精确的数据，可采用IEC 60287系列标准给出的方法进行计算）；
（2）在土壤热阻系数小于2.5K·m/W时，校正系数一般会增加，可采用IEC60287-2-1给出的方法进行计算；
（3）若回路中每相包含m根平行导体，确定降低系数时，该回路应认为是m个回路

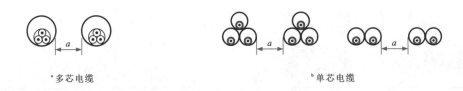

[a]多芯电缆　　　　　　　　　　[b]单芯电缆

表2-11～表2-16（敷设方式E和F）中有安装在有孔托盘、线夹之类的敷设方式，对于单回路和成束线缆的载流量，应用自由空气中的绝缘导体或电缆的载流量乘以表2-23和表2-24中与敷设方式相对应的成束降低系数才能得出。对于不让接触的裸矿物绝缘电缆，则不需要乘以成束降低系数（见表2-10和表2-13）。

补充说明

电缆束降低系数是考虑了导体尺寸、电缆类型和敷设条件等计算得到的平均值。注意表2-20～表2-24中的标注，在某些特殊情况下需要更精确的计算方法。
电缆束降低系数是基于束中含有类同负荷的绝缘导体和电缆计算得出的，当电缆束内含不同导体截面的绝缘导体或电缆时，应注意小截面电缆所承载的负荷电流（见表2-8）。

补充说明

表2-16～表2-20中给出的电缆束降低系数适用于束中包含类同负荷的线缆。当含有相同负荷不同截面的绝缘导体或电缆时，其成束电缆降低系数是根据束中电缆总数和混合尺寸来计算的，不适用表2-16～表2-20中的数据，应对每一线缆束进行分别计算。
例如，敷设在导管、电缆管槽或电缆槽盒中的线缆束，束内有不同截面的绝缘导体或电缆，相对安全的成束降低系数计算公式如下：

$$F = \frac{1}{\sqrt{n}}$$

式中：F—成束降低系数；
　　　n—线缆束中多芯电缆数或回路数。
采用这一公式得到的电缆束降低系数会减少小截面线缆的过负荷危险，但可能导致大截面线缆未充分利用。

表2-23 敷设在自由空气中多根多芯线缆束的降低系数
（表2-11～表2-16中的敷设方式为E）

敷设方式		托盘或梯架数	每个托盘中的电缆数					
			1	2	3	4	6	9
多芯电缆在水平的有孔托盘上敷设	接触 ≥300mm ≥20mm	1	1.00	0.88	0.82	0.79	0.76	0.73
		2	1.00	0.87	0.80	0.77	0.73	0.68
		3	1.00	0.86	0.79	0.76	0.71	0.66
		6	1.00	0.84	0.77	0.73	0.68	0.64
	有间距 D_e ≥20mm	1	1.00	1.00	0.98	0.95	0.91	—
		2	1.00	0.99	0.96	0.92	0.87	—
		3	1.00	0.98	0.95	0.91	0.85	—
多芯电缆在垂直的有孔托盘上敷设（接触）	接触 ≥225mm 接触	1	1.00	0.88	0.82	0.78	0.73	0.72
		2	1.00	0.88	0.81	0.76	0.71	0.70
多芯电缆在垂直的有孔托盘上敷设（有间距）	有间距 ≥225mm 有间距 D_e	1	1.00	0.91	0.89	0.88	0.87	—
		2	1.00	0.91	0.88	0.87	0.85	—
多芯电缆在水平的无孔托盘上敷设	接触 ≥300mm ≥20mm	1	0.97	0.84	0.78	0.75	0.71	0.68
		2	0.97	0.83	0.76	0.72	0.68	0.63
		3	0.97	0.82	0.75	0.71	0.66	0.61
		6	0.97	0.81	0.73	0.69	0.63	0.58
多芯电缆水平敷设在支架或金属网格托盘或梯架、线夹等	接触 ≥300mm ≥20mm	1	1.00	0.87	0.82	0.80	0.79	0.78
		2	1.00	0.86	0.80	0.78	0.76	0.73
		3	1.00	0.85	0.79	0.76	0.73	0.70
		6	1.00	0.84	0.77	0.73	0.68	0.64
	有间距 D_e ≥20mm	1	1.00	1.00	1.00	1.00	1.00	—
		2	1.00	0.99	0.98	0.97	0.96	—
		3	1.00	0.98	0.97	0.96	0.93	—

注：
（1）表中的值为表2-11～表2-16中给出的各种导体截面和电缆型号得出的平均值，这些值的误差一般小于5%；
（2）表中降低系数适用于单层电缆束敷设，不适用于电缆多层相互接触敷设。该敷设方式的数值会显著变小，应由适当的方法确定。
（3）表中的数值用于两个托盘间垂直距离为300mm，且托盘与墙之间距离不小于20mm的情况。小于这一距离时降低系数应当减小；
（4）表中的数值为托盘背靠背安装，水平间距为225mm，小于这一距离时降低系数应当减小

表2-24 敷设在自由空气中单芯电缆单回路或多回路成束敷设降低系数
（表2-11～表2-16中的敷设方式为F）

敷设方式		托盘或梯架数	每个托盘或梯架内的三相回路数			载流量系数适用于以下排列
			1	2	3	
单芯电缆在水平有孔托盘上敷设	相互接触 ≥300mm ≥20mm	1	0.98	0.91	0.87	水平排列的三根电缆
		2	0.96	0.87	0.81	
		3	0.95	0.85	0.78	
单芯电缆在垂直安装的有孔托盘上敷设	相互接触 相互接触 ≥225mm	1	0.96	0.86	—	垂直排列的三根电缆
		2	0.95	0.84	—	
单芯电缆在支架或金属网格托盘或梯架、线夹等上敷设	相互接触 ≥300mm ≥20mm	1	1.00	0.97	0.96	水平排列的三根电缆
		2	0.98	0.93	0.89	
		3	0.97	0.90	0.86	
单芯电缆在水平安装的有孔托盘上敷设	$2D_e$ D_e 有间距 ≥300mm ≥20mm	1	1.00	0.98	0.96	三角形排列的三根电缆
		2	0.97	0.93	0.89	
		3	0.96	0.92	0.86	
单芯电缆在垂直安装的有孔托盘上敷设	有间距 ≥225mm ≥$2D_e$ D_e	1	1.00	0.91	0.89	
		2	1.00	0.90	0.86	
单芯电缆在支架或金属网格托盘或梯架、线夹等上敷设	$2D_e$ D_e ≥300mm ≥20mm	1	1.00	1.00	1.00	
		2	0.97	0.95	0.93	
		3	0.96	0.94	0.90	

注：
（1）表中的值为表2-11～表2-16中给出的各种导体截面和电缆型号得出的平均值，这些值的误差一般小于5%；
（2）表中降低系数适用于电缆单层敷设（或三角形成束敷设），不适用于电缆多层相互接触敷设。该敷设方式的数值会显著变小，应由适当的方法确定；
（3）表中的数值用于两个托盘间垂直距离为300mm，且托盘与墙之间距离不小于20mm的情况。小于这一距离时降低系数应当减小。
（4）表中的数值为托盘背靠背安装，水平间距为225mm，小于这一距离时降低系数应当减小；
（5）对于回路中每相有多根电缆并联时，每三相一组作为一个回路使用本表；
（6）如果回路的每相包含m根平行导体，确定降低系数时，这个回路应当认为是m个回路

2.2.4 电气线缆规格的选取计算

1 ▶▶ 根据安全载流量计算铜导线的截面积

利用铜导线的安全载流量的推荐值$5\sim8A/mm^2$，可计算出所选取铜导线截面积S的上下范围（已知负载电流计算选择电线规格）：

$$S = <I/(5\sim8)> = 0.125I\sim0.2I\,(mm^2)$$

式中：S—铜导线截面积，单位为mm^2；

　　　I—负载电流，单位为A。

例如，在环境温度为25℃的条件下，最大电流约为32A，选取铜导线的截面积应为$S=0.125\times32\sim0.2\times32=4\sim6.4\,(mm^2)$。

补充说明

注意：导体的载流量不应小于预期负荷的最大计算电流和按保护条件所确定的电流，并应按敷设方式和环境条件进行修正。

线路电压的损失不应超过规定的允许值。

导体应满足动稳定与热稳定的要求。

导体最小截面积应满足机械强度的要求，配电线路每一相导体截面积都不能小于表2-25中的规定。

表2-25　导体最小截面积

布线系统形式	线路用途	导体最小截面积/mm²	
		铜	铝/铝合金
固定敷设的电缆和绝缘电线	电力和照明线路	1.5	10
	信号和控制线路	0.5	—
固定敷设的裸导体	电力（供电）线路	10	16
	信号和控制线路	4	—
软导体及电缆的连接	任何用途	0.75	—
	特殊用途的特低压电路	0.75	—

2 ▶▶ 根据允许电压降选择导线的截面积

根据允许电压降选择导线的截面积的公式如下：

$$S = \sum(PL)/C\Delta U$$

式中：S—导线截面积，单位为mm^2；

　　　$\sum(PL)$—负荷力矩的总和，单位为$kW\cdot m$，P为有功功率，L为线路长度；

　　　ΔU—容许电压降，一般规定用电设备的容许电压降为$\pm5\%$，照明为$\pm6\%$，个别远端为$8\%\sim12\%$；

　　　C—计算系数。在三相四线制供电线路中，铜线的计算系数$C_{CU}=77$，铝线的计算系数$C_{AL}=46.3$；在单相220V供电时，铜线的计算系数$C_{CU}=12.8$，铝线的计算系数为$C_{AL}=7.75$。

选用时，一般先按安全载流量进行计算，初步选择后再进行电压降核算，直到符合要求为止。

2.3 电气设备电流参数的估算

2.3.1 根据口诀估算用电设备的电流

工厂用电设备多为380V/220V三相四线系统中的三相设备，根据以下口诀可计算电流。

口诀：

电力加倍，电热加半。

220V单相，每千瓦，4.5安。

380V单相，每千瓦，电流两安半。

口诀说明：

（1）"电力加倍"中的电力专指电动机在380V三相时（功率因数约为0.8），电动机每千瓦的电流约为2A，即将千瓦数加倍就是电动机的电流。

例如，5.5kW的电动机，其电流$I=5.5\times2=11$（A）。

（2）"电热加半"中的电热是指用电阻加热的380V三相电热设备，每千瓦的电流为1.5A，即将千瓦数加一半（乘以1.5）。

例如，3千瓦的电热器，按口诀估算其电流$I=3\times1.5=4.5$（A）。

（3）"220V单相，每千瓦，4.5安"是指在380V/220V三相四线系统中，采用一条相线、一条零线的设备为单相220V用电设备，这种设备的功率因数一般为1，计算时将"千瓦数乘以4.5"即可得到电流数。

例如，220V电源的1千瓦灯，按口诀估算其电流$I=1\times4.5=4.5$（A）。

（4）"380V单相，每千瓦，电流两安半"是指在380V/220V三相四线系统中，单相设备的两条线都连在相线上，称为单相380V用电设备，这种设备（以千瓦为单位）的功率因数一般为1，计算时将"千瓦数乘以2.5"即可得到电流数。

例如，26千瓦电阻炉接单相380V时，其电流$I=26\times2.5=65$（A）。

2.3.2 根据口诀估算电动机的电流

口诀：

容量除以千伏数，商乘系数零点七六。

口诀说明：

（1）在口诀中，容量的单位为kW，电压的单位为kV，电流的单位为A。

（2）该口诀适用于任何电压等级的三相电动机额定电流的计算。

（3）根据口诀可计算出容量千瓦与电流安培的关系。

三相二百二电机，千瓦三点五安培。

常用三百八电机，一个千瓦两安培。

低压六百六电机，千瓦一点二安培。

高压三千伏电机，四个千瓦一安培。

高压六千伏电机，八个千瓦一安培。

（4）口诀系数0.76是在电动机功率因数为0.85、效率为0.9时得出的。因此在计算不同功率因数、效率的电动机额定电流时会存在一定误差。

2.3.3 电动机空载电流的估算口诀

已知异步电动机的容量，可根据以下口诀估算其空载电流。

口诀：

电动机空载电流，容量八折左右求。

新大极数少六折，旧小极多千瓦数。

口诀说明：

（1）"电动机空载电流，容量八折左右求"是指一般电动机的空载电流值是电动机额定容量千瓦数的0.8倍。一般而言，中型、4极或6极电动机的空载电流，就是电动机容量千瓦数的0.8倍。

（2）"新大极数少六折"是指新系列、大容量、极数偏小的2级电动机，其空载电流值是电动机额定容量千瓦数的0.6倍。

（3）"旧小极多千瓦数"是指对旧的、老式系列、较小容量、极数偏大的8极以上电动机，其空载电流值近似等于容量千瓦数，但一般是小于千瓦数。

> **补充说明**
>
> 一般小型电动机的空载电流约为额定电流的30%～70%，大中型电动机的空载电流约为额定电流的20%～40%。在不明确其额定电流时，可根据上述口诀由电动机容量估算其空载电流的大小。

运用口诀估算出的电动机空载电流与电动机说明书中标注的实测值有一定的误差，但用口诀估算的值完全能满足电工日常工作所需。

2.3.4 电动机热继电器元件额定电流和整定电流估算口诀

口诀：

电机过载的保护，热继电器热元件。

号流容量两倍半，两倍千瓦数整定。

口诀说明：

（1）对于容易过负荷工作的电动机，因可能的启动失败，或需要限制启动时间的，应装置过载保护。长时间运行无人监视的电动机或3kW及以上的电动机，也须装置过载保护。过载保护装置一般采用热继电器或断路器中的延时过电流脱扣器。

（2）热继电器过载保护装置的结构及原理简单，选配热元件需严格，若等级选择偏大，则可能会造成电动机突停；若等级选择偏小，则可能造成电动机过载时不动作，甚至烧毁电动机。

（3）要正确计算和选配380V三相电动机的过载保护热继电器：热元件整定电流按"两倍千瓦数整定"计算和选择；热元件额定电流按"号流容量两倍半"计算和选择。热继电器额定电流值应大于等于热元件额定电流值。

2.3.5 电动机供电设备最小容量、负荷开关、保护熔体电流值的估算口诀

已知小型380V三相笼型电动机的容量，可根据以下口诀估算电动机供电设备的最小容量、负荷开关、保护熔体电流值。

口诀：

直接启动电动机，容量不超十千瓦。

六倍千瓦选开关，五倍千瓦配熔体。

供电设备千伏安，需大三倍千瓦数。

口诀说明：

上述口诀适用于小型380V三相笼型电动机。

（1）"直接启动电动机，容量不超十千瓦"是指用负荷开关直接启动的电动机容量不应超过10kW，一般以4.5kW以下为宜，且开启式负荷开关（胶盖瓷底隔离开关）一般用于5.5kW及以下的小容量电动机作不频繁的直接启动，封闭式负荷开关（铁壳开关）一般用10kW以下的电动机作不频繁的直接启动。

（2）"六倍千瓦选开关，五倍千瓦配熔体"是指为了避免电动机启动时的大电流，负荷开关的容量，即额定电流（A），按额定功率的六倍选择；作短路保护的熔体额定电流（A），按额定功率的五倍选配。

（3）"供电设备千伏安，需大三倍千瓦数"是指应选择适当的电源，电源的输出功率不能小于三倍的额定功率。

2.3.6 电动机控制用断路器脱扣器整定电流的估算口诀

已知笼型电动机的容量，可根据以下口诀估算控制它的断路器脱扣器的整定电流。

口诀：

断路器的脱扣器，整定电流容量倍。

瞬时一般是二十，较小电机二十四。

延时脱扣三倍半，热脱扣器整两倍。

口诀说明：

（1）"断路器的脱扣器，整定电流容量倍；瞬时一般是二十，较小电机二十四"是指控制保护一台380V三相笼型电动机的自动断路器，其电磁脱扣器瞬时动作整定电流可按"千瓦"数的20倍选用，较小的电动机则可按"千瓦"数的24倍选用。

（2）"延时脱扣三倍半，热脱扣器整两倍"是指作为过载保护的自动断路器，其延时脱扣器的电流整定值可按所控制电动机额定电流的1.7倍选择，即3.5倍千瓦数选择。热脱扣器电流整定值应等于或略大于电动机的额定电流，即按电动机容量千瓦数的2倍选择。

2.3.7 | 变压器电流的估算口诀

已知变压器的容量，估算其电压等级侧额定电流。

口诀：

容量除以电压值，其商乘六除以十。

口诀说明：

本口诀适用于任何电压等级。

在已知变压器的容量时，电压等级侧额定电流就等于其容量除以电压值，所得商再乘六除以十。

例如，一台10kV变压器的容量为1000kVA，则根据口诀可估算其电压等级侧额定电流为：$I=1000\text{kVA}/10\text{kV}\times 6/10=60$（A）。

2.3.8 | 电力变压器所载负荷容量的估算口诀

已知或测知电力变压器二次侧电流时，可根据以下口诀估算其所载负荷容量。

口诀：

已知配变二次压，测得电流求千瓦。电压等级四百伏，一安零点六千瓦。

电压等级三千伏，一安四点五千瓦。电压等级六千伏，一安整数九千瓦。

电压等级十千伏，一安一十五千瓦。电压等级三万五，一安五十五千瓦。

口诀说明：

（1）"已知配变二次压，测得电流求千瓦"是指在电力变压器二次侧电流时，可根据电流值估算其所载负荷容量。

（2）"电压等级四百伏，一安零点六千瓦"是指当电力变压器的电压等级为400V时，测得负荷电流后，将安培数值乘以系数0.6便得到了负荷功率千瓦数。

（3）"电压等级三千伏，一安四点五千瓦"是指当电力变压器的电压等级为3kV时，测得负荷电流后，将安培数值乘以系数4.5便得到了负荷功率千瓦数。

（4）"电压等级六千伏，一安整数九千瓦"是指当电力变压器的电压等级为6kV时，测得负荷电流后，将安培数值乘以系数9便得到了负荷功率千瓦数。

（5）"电压等级十千伏，一安一十五千瓦"是指当电力变压器的电压等级为10kV时，测得负荷电流后，将安培数值乘以系数15便得到了负荷功率千瓦数。

（6）"电压等级三万五，一安五十五千瓦"是指当电力变压器的电压等级为35kV时，测得负荷电流后，将安培数值乘以系数55便得到了负荷功率千瓦数。

> **补充说明**
>
> 电力变压器常见的规格型号按电压等级可分为：1000kV、750kV、500kV、330kV、220kV、110kV、66kV、35kV、20kV、10kV、6kV等。
>
> 按容量来说，我国现在电力变压器的额定容量是按照R10优先系数（即按10的开10次方的倍数）来计算的，如50kVA、80kVA、100kVA、125kVA、160kVA、200kVA、250kVA、315kVA、400kVA、500kVA、630kVA、800kVA、1000kVA、1250kVA、1600kVA、2000kVA、2500kVA、3150kVA、4000kVA、5000kVA等。

2.4 电缆工程量的计算

电缆是由几根或几组相互绝缘的导体和外包高度绝缘的保护层制成的,将电力或信息从一处传输到另一处的导线。电缆具有内通电、外绝缘的特征。

电缆工程量是指电缆安装工程中的用量。

补充说明

电缆适用于有腐蚀性气体和易燃易爆物的场所。电缆的基本结构主要由三部分组成:一是导电线芯,用于传输电能;二是绝缘层,使线芯与外界隔离,保证电流沿线芯传输;三是保护层,主要起保护、密封的作用,使绝缘层不被潮气侵入、不受外界损伤,保持其绝缘性能。某些电缆的保护层中还会加入钢带或钢丝(铝带或铝丝)铠装。

电缆的种类有很多,按其结构及作用可分为电力电缆、控制电缆、通信电缆和同轴电缆等。

(1)电力电缆

电力电缆不易受外界风、雨、冰雹的影响和人为损伤,供电可靠性高,但其材料和安装成本也较高。电力电缆通常按一定电压等级制造出厂,其中1kV电压等级的电力电缆使用最为普遍,3~35kV电压等级的电力电缆常用于大、中型建筑内的主要供电线路。

(2)控制电缆

控制电缆主要用在配电装置中连接电气仪表、继电保护装置和自动控制设备,以传导操作电流或信号。控制电缆属于低压电缆,线芯多且较细,工作电压一般在500V以下。

(3)通信电缆

通信电缆按结构可分为对称式和同轴式通信电缆。

对称式通信电缆的传输频率较低(一般在几百赫兹以内),其线对的两根绝缘线结构相同,而且对称于线对的纵向轴线。

同轴式通信电缆的传输频率可达几十兆赫兹,主要用于距离几百千米以上的通信线路,它的线对是同轴的,两根绝缘线分别为内导线和外导线,内导线在外导线的轴心上。

(4)同轴电缆

同轴电缆又称为射频电缆,常用于电视系统中传输电视信号。它由同轴的内外两个导体组成,内导体是单股实心导线,外导体是金属丝网,内外导体之间充有高频绝缘介质,外面还包有塑料护套。

2.4.1 电缆安装工程量的计算公式

电缆安装工程量的计算公式如下:

电缆长度$L=\Sigma$(水平长度+垂直长度+各种预留长度)×(1+2.5%电缆曲折折弯余系数)

根据《全国统一安装工程预算工程量计算规则》(GYDGZ-201—2000)的规定,各种电缆的预留长度见表2-26。

表2-26 各种电缆的预留长度

序 号	项目名称	预留长度	说 明
1	电缆敷设驰度、弯度、交叉	2.5%	按全长计算
2	电缆进入建筑物	2.0m	规程规定最小值
3	电缆进入沟内或吊架时引上余值	1.5m	规程规定最小值
4	变电所进线、出线	1.5m	规程规定最小值
5	电力电缆终端头	1.5m	检修余量
6	电缆中间接头盒	两端各留2.0m	检修余量

序　号	项目名称	预留长度	说　　明
7	电缆进控制及保护屏	高+宽	按盘面尺寸
8	高压开关柜及低压动力配电盘	2.0m	盘下进出线
9	电缆至电动机	0.5m	不包括接线盒至地坪间距离
10	厂用变压器	3.0m	从地坪起算
11	车间动力箱	1.5m	从地坪起算
12	电梯电缆与电缆架固定点	每处0.5m	规范最小值

2.4.2 | 电缆工程量的计算规则

（1）直埋电缆挖、填土（石）方量的简化计算见表2-27。

表2-27　直埋电缆挖、填土（石）方量的简化计算

项　目	电缆根数	
	1~2	每增一根
每米沟长挖方量/（m³/m）	0.45	0.153

说明：
（1）两根以内的电缆沟，上宽度按600mm，下宽度400mm，深度按900mm计算；
（2）每增加一根电缆，其宽度增加170mm；
（3）以上土方量系按埋深从自然地坪起算，如设计埋深超过900mm时，多挖的土方量另行计算

（2）电缆沟盖板揭盖，按每揭或每盖一次以延长米（延长米是指工程量的统计单位，又称延米）计算。例如，又揭又盖按两次计算。

（3）电缆保护管按材质可分为铸铁管、混凝土管、石棉水泥管和钢管。电缆保护管的长度，除按设计规定长度计算外，遇到有下列情况，还应按以下规定增加保护管长度：

①横穿道路，按路基宽度两端各加2m；垂直敷设时，管口距地面加2m；

②穿过建筑物外墙时，按基础外缘以外加1m；

③穿过排水沟时，按沟壁外缘以外加1m。

（4）电缆保护管埋地敷设时，填土方量的计算：凡施工图有注明的，按施工图的规定计算；施工图没有标注的，一般按沟深0.9m，沟宽按最外边的保护管两侧边缘外各增加0.3m工作面计算，计算公式如下：

$$V=(D+2\times0.15)hL$$

式中：D——保护管外径，单位为m；

h——沟深，单位为m；

L——沟长，单位为m；

0.15——工作面尺寸，单位为m。

（5）电缆敷设按单根以延长米计算，一个沟内（或架上）敷设三根长100m的电缆，应按300m计算，以此类推。

（6）电缆敷设长度应根据敷设路径的水平和垂直敷设长度，按表2-27中的规定增加附加长度。

（7）电缆敷设后，需借助终端头连接两末端的接头，使其成为一个连续的线路，即使其连接为一个整体。10kV以下按电缆横截面积规格的不同，电缆终端头及中间头均以"个"为计量单位。电力电缆和控制电缆均按一根电缆有两个终端头考虑。电缆中间头有图示的，按设计确定；设计没有规定的，按实际情况计算（或按平均250m一个中间头考虑）。

（8）桥架安装，以10m为计量单位，不扣除弯头、三通、四通等所占的长度。

（9）吊电缆的钢索及拉紧装置，应按相应项目另行计算。

（10）电缆在钢索上敷设时，钢索的计算长度以两端固定点的距离为准，不扣除拉紧装置的长度。

（11）电缆敷设及桥架安装，应按定额说明的范围计算。

（12）竖直通道电缆敷设适用于铁塔或高层建筑中设有专门全封闭电缆井的电缆敷设工程，它按电缆横截面积划分项目，以100m为计量单位。

2.5 电功率的计算

2.5.1 电功率的基本计算公式

电功率是指电流在单位时间内（秒）所做的功，以字母P标识，即

$$P = W/t = UIt/t = UI$$

式中：U—电压，单位为V；

　　I—电流，单位为A；

　　P—电功率，单位为W（瓦特）。

电功率也常用千瓦（kW）、毫瓦（mW）来表示。例如，某电极的功率标识为2kW，表示其耗电功率为2千瓦，也可用马力（h）来表示（非标准单位），它们之间的关系如下：

$$1kW = 10^3W$$
$$1mW = 10^{-3}W$$
$$1h = 0.735kW$$
$$1kW = 1.36h$$

根据欧姆定律，电功率的表达式还可转化为：

由$P = W/t = UIt/t = UI$，$U=IR$，可得

$$P=I^2R$$

由$P = W/t = UIt/t = UI$，$I =U/R$，可得

$$P=U^2/R$$

由上述公式可以看出：

（1）当流过负载电阻的电流一定时，电功率与电阻值成正比。

（2）当加在负载电阻两端的电压一定时，电功率与电阻值成反比。

大多数电力设备都标有电瓦数或额定功率，如电烤箱上标有"220V 1200W"字样，说明1200W为其额定电功率。额定电功率即是电气设备正常工作时的最大电功率。电气设备正常工作时的最大电压叫作额定电压。

在额定电压下的电功率叫作额定功率。实际加在电气设备两端的电压叫作实际电压，在实际电压下的电功率叫作实际功率。只有在实际电压与额定电压相等时，实际功率才等于额定功率。

在一个电路中，额定功率的设备实际消耗的功率不一定大，实际消耗的功率应由设备两端的实际电压和流过设备的实际电流决定。

2.5.2 电功率的相关计算公式

在电网中，由电源供给负载的电功率有两种：一种是有功功率；另一种是无功功率。

1 ▶ 有功功率的计算公式

有功功率是指能直接转化成其他能量形式的电功率，也是能保持用电设备正常运行所需要的电功率，即能将电能转换为其他形式能量（如机械能、光能、热能）的电功率。

有功功率通常用英文字母P表示，它分为单相交流电路的有功功率和对称三相交流电路的有功功率。

单相交流电路的有功功率的计算公式为：

$$P=U\times I\times\cos\varphi$$

对称三相交流电路的有功功率的计算公式为：

$$P=3U_\varphi\times I_\varphi\times\cos\varphi=\sqrt{3}U_1\times I_1\times\cos\varphi$$

式中：P—有功功率，单位为W或kW；

U—交流电压的有效值，单位为V；

I—交流电流的有效值，单位为A。

2 ▶ 无功功率的计算公式

无功功率是指用于电路内电场与磁场的交换，并用来在电气设备中建立和维持磁场的电功率。它不对外做功，而是转变为其他形式的能量。凡是有电磁线圈的电气设备，要建立磁场，就要消耗无功功率。例如，电动机需要建立和维持旋转磁场，使转子转动，从而带动机械运动，电动机的转子磁场就是靠从电源取得无功功率建立的。

无功功率通常用英文字母Q表示，它分为单相交流电路的无功功率和对称三相交流电路的无功功率。

单相交流电路的无功功率的计算公式为：

$$Q=U\times I\times\sin\varphi$$

对称三相交流电路的无功功率的计算公式为：

$$Q=3U_\varphi\times I_\varphi\times\sin\varphi=\sqrt{3}U_1\times I_1\times\sin\varphi$$

式中：Q—无功功率，单位为var（乏）；

φ—相电压与相电流的相位差。

补充说明

> 无功功率并不是无用功率，它的用处有很多。电动机的转子磁场就是靠从电源取得无功功率建立的。变压器也同样需要无功功率，才能使变压器的一次线圈产生磁场，从二次线圈感应出电压。没有无功功率，则电动机不会转动，变压器不能变压，交流接触器不会吸合。

3 ▶▶ 视在功率的计算公式

视在功率是指电路中总电压的有效值与电流的有效值的乘积。对于电源来说，视在功率是由有功功率和无功功率混合而成的，如变压器提供的功率既包含有功功率也包含无功功率，所以变压器的容量单位就是视在功率。

视在功率通常用英文字母S表示，它分为单相交流电路的视在功率和对称三相交流电路的视在功率。

单相交流电路的视在功率的计算公式为：

$$S=U \times I$$

对称三相交流电路的视在功率的计算公式为：

$$S=3U_\varphi \times I_\varphi = \sqrt{3}\,U_1 \times I_1$$

式中：S—视在功率，单位为VA。

> **补充说明**
>
> 从公式可以看出，有功功率、无功功率和视在功率之间的关系：$S^2=P^2+Q^2$。

4 ▶▶ 功率因数的计算公式

在交流电路中，电压与电流之间的相位差（φ）的余弦叫作功率因数，用符号$\cos\varphi$表示，在数值上，功率因数是有功功率和视在功率的比值。

计算公式为：

$$\cos\varphi = P/S$$

式中：$\cos\varphi$—功率因数；

P—有功功率，单位为W。

5 ▶▶ 用电压、电流与瓦特表读数计算功率因数的计算公式

采用电压表、电流表与瓦特表在同一时间读数后，再按以下公式即可计算出功率因数。

计算公式为：

$$\cos\varphi = P/(\sqrt{3} \times U \times I)$$

式中：P—瓦特表的读数；

U—电压表的读数；

I—电流表的读数。

6 ▶▶ 用有功与无功电度表读数计算平均功率因数的计算公式

采用有功与无功电度表在某一段时间（如一个星期等）读数后，再按以下公式即可计算出平均功率因数。

计算公式为：

$$\cos\varphi = P/\sqrt{P^2+Q^2} = 1/\sqrt{1+(Q/P)^2}$$

式中：P—有功电量；

Q—无功电量。

2.5.3 | 电功率互相换算的口诀

已知功率因数和有功功率后，可根据估算口诀换算出视在功率。

口诀：

九、八、七、六、五；

一、二、四、七、十。

口诀说明：

（1）"九、八、七、六、五"是把功率因数按0.9、0.8、0.7、0.6、0.5排列出来，口诀中省略了小数点。

（2）"一、二、四、七、十"表示将千瓦换算成千伏安时，每千瓦应增大的成数，它与口诀第一句的各种功率因数数值——对应。例如，"一"对应第一句口诀中的"九"，即功率因数为0.9时，将千瓦换算成千伏安应加大一成；"七"对应第一句口诀中的"六"，即功率因数为0.6时，将千瓦换算成千伏安应加大六成。

例如，已知电气设备的有功功率为26kW，功率因数为0.5，求其视在功率。

根据口诀可知，功率因数0.5对应的增大成数为"十"，即增大一倍，因此视在功率估算为$S=26×2=52$（kVA）。

再如，已知电气设备的有功功率为12kW，功率因数为0.7，求其视在功率。

根据口诀可知，功率因数0.7对应的增大成数为"四"，即增大四成，因此视在功率估算为$S=12×1.4=16.8$（kVA）。

2.5.4 | 电能的计算公式

电能是指使用电以各种形式做功（即产生能量）的能力。在直流电路中，当已知设备的功率为P时，t时间内消耗或产生的电能为：

$$W=Pt$$

在国际单位制中，电能的单位为焦耳（J）。在日常生活中，常用千瓦时（kW·h）表示电能的单位，日常生活中人们常说的1度电就是1kW·h。结合欧姆定律，电能计算公式还可表示为：

$$W=Pt=UIt=I^2Rt=\frac{U^2}{R}t$$

式中：W—电能，单位为kW·h；

P—功率；

t—设备工作的时间。

例如，一台工业电炉的额定功率为10kW，连续工作8个小时所消耗的电能就是$10×8=80$kW·h。

2.6 耗电量的计算

耗电量即用电负荷的计算，根据《民用建筑电气设计标准》（GB 51348—2019）中的规定，负荷计算一般包括下列内容：

（1）有功功率、无功功率、视在功率和无功补偿。

（2）一级、二级及三级负荷容量。

（3）季节性负荷容量。

2.6.1 使用需要系数法计算用电负荷

用电负荷（容量）计算起来比较复杂，通常可采用比较简便的需要系数法来确定。需要系数是一种考虑了设备是否满负荷、是否同时运行及设备工作效率等因素而确定的一种综合系数。

1 >> 用电设备组的计算负荷公式

根据需要系数确定计算用电设备组负荷（容量）的计算公式如下。

有功功率P_c（kW）： $P_c = K_x \times P_e$

无功功率Q_c（kvar）： $Q_c = P_c \times \tan\varphi$

视在功率S_c（kVA）： $S_c = \sqrt{P_c^2 + Q_c^2}$

计算电流I_c（A）： $I_c = \dfrac{S_c}{\sqrt{3}\,U_r}$

式中：P_c—用电设备组的设备功率，单位为kW；

K_x—需要系数，其值见表2-28～表2-35；

$\tan\varphi$—用电设备功率因数角相对应的正切值，其值见表2-28～表2-36；

U_r—用电设备的额定电压（线电压），单位为kV。

2 >> 配电干线或车间变电所的计算负荷公式

根据需要系数确定配电干线或车间变电所负荷（容量）的计算公式如下。

有功功率P_c（kW）： $P_c = K_{\Sigma p}\sum(K_x \times P_e)$

无功功率Q_c（kvar）： $Q_c = K_{\Sigma q}\sum(K_x P_c \times \tan\varphi)$

视在功率S_c（kVA）： $S_c = \sqrt{P_c^2 + Q_c^2}$

式中：$K_{\Sigma p}$—有功功率同时系数，取值0.8～1.0；

$K_{\Sigma q}$—无功功率同时系数，取值0.93～1.0。

表2-28 各种工厂的全厂需要系数及最大负荷时功率因数参考表

工厂类别名称	需要系数K_x		最大负荷时功率因数$\cos\varphi$	
	取值范围	推荐值	取值范围	推荐值
汽轮机制造厂	0.38～0.49	0.38	—	0.88
锅炉制造厂	0.26～0.33	0.27	0.73～0.75	0.73
柴油机制造厂	0.32～0.34	0.32	0.74～0.84	0.74
重型机械制造厂	0.25～0.47	0.35	—	0.79
机床制造厂	0.13～0.3	0.2	—	—
重型机床制造厂	0.32	0.32	—	0.71
工具制造厂	0.34～0.35	0.34	—	—
仪表仪器制造厂	0.31～0.42	0.37	0.8～0.82	0.81
滚珠轴承制造厂	0.24～0.34	0.28	—	—
量具刀具制造厂	0.26～0.35	0.26	—	—
电动机制造厂	0.25～0.38	0.33	—	—
石油机械制造厂	0.45～0.5	0.45	—	0.78
电线电缆制造厂	0.35～0.36	0.35	0.65～0.8	0.73
电气开关制造厂	0.3～0.6	0.35	—	0.75
阀门制造厂	0.38	0.38	—	—
铸管厂	—	0.5	—	0.78
橡胶厂	0.5	0.5	0.72	0.72
通用机器厂	0.34～0.43	0.4	—	—
小型造船厂	0.32～0.5	0.33	0.6～0.8	0.7
中型造船厂	0.35～0.45	有电炉时取最大值	0.7～0.8	有电炉时取最大值
大型造船厂	0.35～0.4	有电炉时取最大值	0.7～0.8	有电炉时取最大值
有色冶金企业	0.6～0.7	0.65	—	—
化学工厂	0.17～0.38	0.28	—	—
纺织工厂	0.32～0.6	0.5	—	—
水泥工厂	0.5～0.84	0.71	—	—
锯木工厂	0.14～0.3	0.19	—	—
各种金属加工厂	0.19～0.27	0.21	—	—
钢结构工厂	0.35～0.4	—	—	0.6
混凝土桥梁厂	0.3～0.45	—	—	0.55
混凝土轨枕厂	0.35～0.45	—	—	—

表2-29 各种车间的低压负荷需要系数及功率因数参考表

车间名称	需要系数K_x	$\cos\varphi$	$\tan\varphi$
铸钢车间（不包括电炉）	0.3～0.4	0.65	1.17
铸铁车间	0.35～0.4	0.7	1.02
锻压车间（不包括高压水泵）	0.2～0.3	0.55～0.65	1.52～1.17
热处理车间	0.4～0.6	0.65～0.7	1.17～1.02
焊接车间	0.25～0.3	0.45～0.5	1.98～1.73
金工车间	0.2～0.3	0.55～0.65	1.52～1.17
木工车间	0.28～0.35	0.6	1.33
工具车间	0.3	0.65	1.17
修理车间	0.2～0.25	0.65	1.17
落锤车间	0.2	0.6	1.33
废钢铁处理车间	0.45	0.68	1.08
电镀车间	0.4～0.62	0.85	0.62
中央实验室	0.4～0.6	0.6～0.8	1.33～0.75
充气站	0.6～0.7	0.8	0.75
煤气站	0.5～0.7	0.65	1.17
氧气站	0.75～0.85	0.8	0.75
冷冻站	0.7	0.75	0.88
水泵站	0.5～0.65	0.8	0.75
锅炉房	0.65～0.75	0.8	0.75
压缩空气站	0.7～0.85	0.75	0.88
乙炔站	0.7	0.9	0.48
试验站	0.4～0.5	0.8	0.75
发电机车间	0.29	0.6	1.32
变压器车间	0.35	0.65	1.17
电容器车间（机械化运输）	0.41	0.98	0.19
高压开关车间	0.3	0.7	1.02
绝缘材料车间	0.41～0.5	0.8	0.75
漆包线车间	0.8	0.91	0.48
电磁线车间	0.68	0.8	0.75
线圈车间	0.55	0.87	0.51
扁线车间	0.47	0.75～0.78	0.88～0.8
圆线车间	0.43	0.65～0.7	1.17～1.02
压延车间	0.45	0.78	0.8
辅助性车间	0.3～0.35	0.65～0.7	1.17～1.02
电线厂主厂房	0.44	0.75	0.88
电瓷厂主厂房（机械化运输）	0.47	0.75	0.88
电表厂主厂房	0.4～0.5	0.8	0.75
电刷厂主厂房	0.5	0.8	0.75

表2-30　配电干线及低压母线上负荷需要系数

应用范围	$K_P=K_Q$
确定车间变电所母线的最大负荷时，所采用的有功功率同时系数	0.7～0.8
冷加工车间	0.7～0.9
动力站	0.8～1.0
确定配电所母线最大负荷时，所采用的有功负荷同时系数 计算负荷小于5000kW	0.9～1.0
计算负荷为5000～10000kW	0.85
计算负荷超过10000kW	0.8

表2-31　工业用电设备组的需要系数、$\cos\varphi$、$\tan\varphi$

用电设备组名称		需要系数K_x	$\cos\varphi$	$\tan\varphi$
单独传动的金属加工机床	小批生产的金属冷加工机床	0.12～0.16	0.50	1.73
	大批生产的金属冷加工机床	0.17～0.20	0.50	1.73
	小批生产的金属热加工机床	0.20～0.25	0.55～0.60	0.51～1.33
	大批生产的金属热加工机床	0.25～0.28	0.65	1.17
锻锤、压床、剪床及其他锻工机械		0.25	0.60	1.33
木工机械		0.20～0.30	0.50～0.60	1.73～1.33
液压机		0.30	0.60	1.33
生产用通风机		0.75～0.85	0.80～0.85	0.75～0.62
卫生用通风机		0.65～0.70	0.80	0.75
泵、活塞型压缩机、空调设备送风机、电动发电机组		0.75～0.85	0.80	0.75
冷冻机组		0.85～0.90	0.80～0.90	0.75～0.48
球磨机、破碎机、筛选机、搅拌机等		0.75～0.85	0.80～0.85	0.75～0.62
非自动装料电阻炉（带调压器或变压器）		0.60～0.70	0.95～0.98	0.33～0.20
自动装料电阻炉（带调压器或变压器）		0.70～0.80	0.95～0.98	0.33～0.20
干燥箱、电加热器等		0.40～0.60	1.00	0
工频感应电炉（不带无功补偿装置）		0.80	0.35	2.68
高频感应电炉（不带无功补偿装置）		0.80	0.60	1.33
焊接和加热用高频加热设备		0.50～0.65	0.70	1.02
熔炼用高频加热设备		0.80～0.85	0.80～0.85	0.75～0.62
电动发电机		0.65	0.70	1.02
真空管振荡器		0.80	0.85	0.62
中频电炉（中频机组）		0.65～0.75	0.80	0.75
氢气炉（带调压器或变压器）		0.40～0.50	0.85～0.90	0.62～0.48
真空炉（带调压器或变压器）		0.55～0.65	0.85～0.90	0.62～0.48

用电设备组名称	需要系数K_x	$\cos\varphi$	$\tan\varphi$
电弧炼钢炉变压器	0.90	0.85	0.62
电弧炼钢炉的辅助设备	0.15	0.50	1.73
点焊机、缝焊机	0.35	0.60	1.33
对焊机	0.35	0.70	1.02
自动弧焊变压器	0.50	0.50	1.73
单头手动弧焊变压器	0.35	0.35	2.68
多头手动弧焊变压器	0.7～0.9	0.5	1.73
单头直流弧焊机	0.35	0.60	1.33
多头直流弧焊机	0.70	0.70	1.02
金属、机修、装配车间、锅炉房用起重机	0.10～0.15	0.50	1.73
铸造车间用起重机	0.15～0.30	0.50	1.73
联锁的连续运输机械	0.65	0.75	0.88
非联锁的连续运输机械	0.50～0.60	0.75	0.88
一般工业用硅整流装置	0.50	0.70	1.02
电镀用硅整流装置	0.50	0.75	0.88
电解用硅整流装置	0.70	0.80	0.75
红外线干燥设备	0.85～0.90	1.00	0
电火花加工装置	0.50	0.60	1.33
超声波装置	0.70	0.70	1.02
X光设备	0.30	0.55	1.52
电子计算机主机	0.60～0.70	0.80	0.75
电子计算机外部设备	0.40～0.50	0.50	1.73
试验设备（电热为主）	0.20～0.40	0.80	0.75
试验设备（仪表为主）	0.15～0.20	0.70	1.02
磁粉探伤机	0.20	0.40	2.29
铁屑加工机械	0.40	0.75	0.88
陶瓷隧道窑	0.80～0.90	0.95	0.33
拉单晶炉	0.70～0.75	0.90	0.48
真空浸渍设备	0.70	0.95	0.33
机床试验台	0.1	0.5	1.73
拔丝机、绞线机、包纱机、包纸机、铠装机	0.4	0.7	1.02
压延机及其辅助机械	0.5	0.7	1.02
制漆及漆包线机械绕线机	0.4	0.65	1.17
熔铜车间的重型机床用电动机	0.4	0.65	1.17

表2-32 照明用电设备的需要系数

建筑类别	K_x	建筑类别	K_x
生产厂房（有天然采光）	0.80～0.90	综合商业服务楼	0.75～0.85
生产厂房（无天然采光）	0.90～1.00	体育馆	0.70～0.80
办公楼	0.70～0.80	医院	0.50
设计室	0.90～0.95	食堂，餐厅	0.80～0.90
科研楼	0.80～0.90	商店	0.85～0.90
仓库	0.50～0.70	学校	0.60～0.70
锅炉房	0.90	展览馆	0.70～0.80
宿舍区	0.60～0.80	旅馆	0.60～0.70
托儿所，幼儿园	0.80～0.90	室外照明	1.0

表2-33 照明用电设备的$\cos\varphi$、$\tan\varphi$

光源类别	$\cos\varphi$	$tg\varphi$	光源类别	$\cos\varphi$	$\tan\varphi$
白炽灯、卤钨灯、荧光灯	1.00	0.00	高压汞灯	0.40～0.55	2.29～1.52
电感镇流器（无补偿）	0.50	1.73	高压钠灯、霓虹灯	0.40～0.50	2.29～1.73
电感镇流器（有补偿）	0.90	0.48	金属卤化物灯	0.40～0.55	2.29～1.52
电子镇流器	0.95～0.98	0.33～0.20	氙灯	0.90	0.48

表2-34 民用建筑用电设备的需要系数、$\cos\varphi$、$\tan\varphi$

用电设备组名称	K_x	$\cos\varphi$	$\tan\varphi$
各种风机、空调器	0.70～0.80	0.80	0.75
恒温空调器	0.60～0.70	0.95	0.33
集中式电热器	1.00	1.00	0
分散式电热器	0.75～0.95	1.00	0
小型电热设备	0.30～0.50	0.95	0.33
各种水泵	0.60～0.80	0.80	0.75
电梯（交流）	0.18～0.50	0.5～0.6	1.73～1.33
输送带	0.60～0.65	0.75	0.88
起重机械	0.10～0.20	0.50	1.73
锅炉房用电	0.75～0.80	0.80	0.75
冷冻机	0.85～0.90	0.80～0.90	0.75～0.48
食品加工机械	0.50～0.70	0.80	0.75
电饭锅、电烤箱	0.85	1.00	0
电炒锅	0.70	1.00	0
电冰箱	0.60～0.70	0.70	1.02
热水器（淋浴用）	0.65	1.00	0
除尘器	0.30	0.85	0.62
移动式电动工具	0.20	0.50	1.73
打包机	0.20	0.60	1.33
洗衣房动力	0.30～0.50	0.70～0.90	1.02～0.48

第2章 电工计算

表2-35 3~10kV高压用电设备需要系数、$\cos\varphi$、$\tan\varphi$

高压用电设备组名称	需要系数K_x	$\cos\varphi$	$\tan\varphi$
电弧炉变压器	0.92	0.87	0.57
铜炉	0.90	0.87	0.57
转炉鼓风机	0.70	0.80	0.75
水压机	0.50	0.75	0.88
煤气站、排风机	0.70	0.80	0.75
空压站压缩机	0.70	0.80	0.75
轧钢设备	0.80	0.80	0.75
氧气压缩机	0.80	0.80	0.75
试验电动机组	0.50	0.75	0.88
高压给水泵（感应电动机）	0.50	0.80	0.75
高压输水泵（同步电动机）	0.80	0.90	0.48
引风机、送风机	0.80~0.90	0.85	0.62
有色金属轧机	0.15~0.20	0.70	1.02

表2-36 $\cos\varphi$与$\tan\varphi$、$\sin\varphi$的对应值

$\cos\varphi$	$\tan\varphi$	$\sin\varphi$	$\cos\varphi$	$\tan\varphi$	$\sin\varphi$
0.100	9.950	0.995	0.820	0.698	0.572
0.150	6.591	0.989	0.830	0.672	0.558
0.200	4.899	0.980	0.840	0.646	0.543
0.250	3.873	0.968	0.850	0.620	0.527
0.300	3.180	0.954	0.860	0.593	0.510
0.350	2.676	0.937	0.870	0.567	0.493
0.400	2.291	0.916	0.880	0.540	0.475
0.450	1.985	0.893	0.890	0.512	0.456
0.500	1.732	0.866	0.900	0.484	0.436
0.550	1.518	0.835	0.910	0456	0.415
0.600	1.333	0.800	0.920	0.426	0.392
0.650	1.169	0.760	0.930	0.395	0.367
0.680	1.078	0.733	0.940	0.363	0.341
0.700	1.020	0.714	0.950	0.329	0.312
0.720	0.964	0.694	0.960	0.292	0.280
0.750	0.882	0.661	0.970	0.251	0.243
0.780	0.802	0.626	0.980	0.203	0.199
0.800	0.750	0.600	0.990	0.142	0.141
0.810	0.724	0.586	1.000	0.000	0.000

2.6.2 │ 使用单位面积功率法计算民用住宅的用电负荷

根据《住宅设计规范》（GB 50096—2011）中的规定：每套住宅的用电负荷可以根据套内建筑面积和用电负荷来确定，且不应小于2.5kW。

使用单位面积功率（或负荷密度）法计算民用住宅的用电负荷时，可按以下公式进行计算：

$$P_e = \frac{P'_e S}{1000} \ (\text{kW})$$

式中：P_e—用单位面积功率法计算的有功功率，单位为kW；

P'_e—单位面积功率，单位为W/m²，见表2-37；

S—建筑面积，单位为m²。

表2-37 部分民用建筑的单位面积功率（负荷密度指标）

建筑类别	单位面积功率/（W/m²）	建筑类别	单位面积功率/（W/m²）
基本型住宅建筑	50	体育建筑	40～70
提高型住宅建筑	75	剧场建筑	50～80
先进型住宅建筑	100	医疗建筑	40～70
公寓建筑	30～50	大专院校	20～40
旅馆建筑	40～70	中小学校	12～20
办公建筑	30～70	展览建筑	50～80
一般商业建筑	40～80	演播室	250～500
大中型商业建筑	60～120	汽车库	8～15

2.6.3 │ 使用单位指标法计算民用住宅的用电负荷

使用单位指标法计算民用住宅的用电负荷时，可按以下公式进行计算。

1 ▶▶ 各户用电量比较接近的住宅

各户用电量比较接近的住宅用电负荷（耗电量）的估算公式为：

$$P_e = P'_e N \ (\text{kW})$$

式中：P'_e—单位用电指标，如kW/户、kW/人、kW/床，一般情况下，$P'_e = 1$kW，有电炊具的住宅，$P'_e = 3$kW，有电淋浴和空调的住宅，$P'_e = 6$kW；

N—单位数量，如户数、人数、床位数。

2 ▶▶ 各户用电量很不相同的住宅

各户用电量很不相同的住宅用电负荷（耗电量）的估算公式为：

$$P_e = P'_{e1} N_1 + P'_{e2} N_2 + P'_{e3} N_3 \ (\text{kW})$$

式中：N_1、N_2、N_3—对应用电设备为P'_{e1}、P'_{e2}、P'_{e3}的用电户数量。

2.6.4 施工现场临时用电的计算

施工现场临时用电的计算公式如下：

$$P=K\left(K_1\frac{\sum P_1}{\cos\varphi}+K_2\sum P_2+K_3\sum P_3+K_4\sum P_4\right)$$

式中：P—用电设备的总用电容量，单位为kW；

K—预计施工用电系数（1.05～1.1）；

P_1—电动机额定功率，单位为kW；

P_2—电焊机额定容量，单位为kVA；

P_3—室内照明容量，单位为kW；

P_4—室外照明容量，单位为kW；

$\cos\varphi$—电动机平均功率因数（施工现场最高为0.75～0.78，一般为0.65～0.75）；

K_1、K_2、K_3、K_4—需要系数，见表2-38。

表2-38 施工现场临时用电相关设备需要系数

用电设备	台 数	需要系数K_x	
电动机	3～10台	K_1	0.7
	11～30台		0.6
	30台以上		0.5
加工厂动力设备	—		0.5
电焊机	3～10台	K_2	0.6
	10台以上		0.5
室内照明	—	K_3	0.6
室外照明	—	K_4	1.0

注：若施工现场需用电加热时，应将其用电量计算进去，为使计算接近实际值，上面公式中的各项用电根据不同性质分别计算。

2.6.5 其他用电量或相关参数的计算

1 年最大负荷利用小时计算公式

年最大负荷利用小时是指年总用电量除以年最高实际负荷所得的小时数。计算公式如下：

$$H=P_1/P_2$$

式中：H—年最大负荷利用小时，单位为h；

P_1—全年总的用电量，单位为kW·h；

P_2—年最高负荷，单位为kW。

2 ≫ 用年最大负荷利用小时计算工厂年电能需要量

用年最大负荷确定工厂年电能需要量的计算公式如下：

$$A=P_{max} \times T_{max} \times P$$

$$A_Q=Q_{max} \times T_{max} \times Q$$

式中：A、A_Q—年有功电能需要量（kW·h）、年无功电能需要量（kvar·h）；

P_{max}、Q_{max}—年最大有功功率（kW）、年最大无功功率（kvar）；

$T_{max} \times P$、$T_{max} \times Q$—年最大有功功率利用小时数、年最大无功功率利用小时数。

3 ≫ 用年平均负荷计算工厂年电能需要量

用年平均负荷确定工厂年电能需要量的计算公式如下：

$$A=\alpha \times P_{max} \times T$$

$$A_Q=\beta \times Q_{max} \times T$$

式中：α、β—年平均有功负荷系数和无功负荷系数，一般情况下，α取值0.7～0.75，β取值0.76～0.82；

T—年实际工作小时数，通常一班制工厂可取值$T=2300h$，二班制工厂可取值$T=2600h$，三班制工厂可取值$T=8760h$。

4 ≫ 用单位产品耗电量确定工厂年电能需要量

用单位产品耗电量确定工厂年电能需要量的计算公式如下：

$$A=W \times m$$

$$A_Q=A \times \tan\varphi$$

式中：W—单位产品耗电量（kW·h/单位产品）；

m—产品年产量；

$\tan\varphi$—工厂年平均功率因数的正切值，考虑到补偿后的年平均功率因数，若$\cos\varphi$取值0.85～0.95，则相应的$\tan\varphi$应取值0.62～0.33。

5 ≫ 日耗电量的计算

日耗电量也就是日用电量，它是指电度表在24h内所累积的度数，根据使用电能计量表的形式不同，其计算方法如下。

（1）直通电度表

直通电度表未装变流装置时，其日用电量D可由下式计算：

$$D=D_1-D_2$$

式中：D_1—本日某一时刻的电度表读数；

D_2—前一日同一时刻的电度表读数。

（2）装变流倍率电度表

装变流倍率电度表后，其日用电量D可由下式计算：

$$D=D_3\times N$$

式中：D_3—电度表24h内累计数；

N—变流倍率。

（3）装电流互感器电度表

装电流互感器电度表后，其日用电量D可由下式计算：

$$D=D_3\times K_{CT}$$

式中：K_{CT}—电流互感器倍率（变流比）。

（4）装电流互感器、电压互感器（PT）电度表

装电流互感器、电压互感器电度表后，其日用电量D可由下式计算：

$$D=D_3\times K_{CT}\times K_{PT}$$

式中：K_{PT}—电压互感器倍率（变压比）。

6 ▶ 日平均负荷的计算公式

日平均负荷的计算公式如下：

$$R=D/24$$

式中：R—日平均负荷，单位为kW；

D—日用电量，单位为kW·h。

7 ▶ 用电流、电压表读数计算瞬间负荷

根据实测的电流和电压，计算瞬间负荷的公式如下：

$$P=\sqrt{3}\times I\times U\times Q/1000$$

式中：P—有功功率，单位为kW；

I—实测的电流，单位为A；

U—实测的电压，单位为V；

Q—功率因数。

8 ▶ 用秒表数计算瞬间负荷

根据用秒表测量的数据，计算瞬间负荷的公式如下：

$$P=3600\times R\times K_{CT}\times K_{PT}/N\times T$$

式中：P—有功功率，单位为kW；

R—用秒表在一定时间内测得的有功电度表圆盘的转数，通常测量10~20r（转）；

K_{CT}—电流互感器倍率（变流比），无电流互感器时，$K_{CT}=1$；

K_{PT}—电压互感器倍率（变压比），无电压互感器时，$K_{PT}=1$；

N—有功电度表铭牌上标明的常数，单位为r/kW·h；

T—秒表测量时间，单位为s。

9 电气系统容量计算

通常，电气系统或干线上虽然安装了许多用电设备，但是这些设备不一定都会满载运行，也不一定会同时工作，还有一些设备的工作是短暂的或间断的。因此，不能完全根据安装容量的大小来确定地线和开关设备的规格。在电气工程上可将每隔30min的负荷，绘制成负荷大小与实践关系的曲线，其中的负荷最大值称为计算容量，通常用P_{30}、S_{30}、Q_{30}或P_{js}、S_{js}、Q_{js}来表示，其对应的电流就称为计算电流，用I_{30}或I_{js}来表示。对于三相用电系统来说，其计算电流的表达式为：

$$I_{js}=S_{js}/(\sqrt{3}\,U_N)=P_{js}/(\sqrt{3}\,U_N)\times\cos\varphi\times n$$

式中：U_N——额定电压值，单位为V；

$\cos\varphi$——负荷的平均功率因数；

n——电气设备的平均效率。

10 电气系统安装容量的计算

安装容量是指某一电气系统或某一供电线路（干线）上安装的用电设备（包括暂时不用的设备，但不包括备用的设备）铭牌上所写的额定容量之和，通常用符号P或S表示，单位为kW或kVA。安装容量又称设备容量。

例如，某一企业有动力负载P_1=85.2kW，电热负载P_2=45kW，照明负载P_3=40kW，其他负载P_4=25kW，则该企业的电气系统的安装容量为：

$$P=P_1+P_2+P_3+P_4=85.2+45+40+25=195.2（kW）$$

若系统的平均功率因数为0.8，则安装容量为：

$$S=P/\cos\varphi=195.2/0.8=244（kVA）$$

11 负荷率的计算

负荷率是一定时间内的平均有功负荷与最高有功负荷之比的百分数，用以衡量平均有功负荷与最高有功负荷之间的差异程度。从经济运行方面考虑，负荷率越接近1，设备的利用程度越高，用电越经济。其计算公式为：

$$负荷率（\%）=\frac{平均有功负荷（kW）}{最高有功负荷（kW）}\times100\%$$

（1）日负荷率（%）

日负荷率（%）的计算公式为：

$$日负荷率（\%）=\frac{日有功负荷（kW）/24}{8\sim24时中某时最高负荷（kW）}\times100\%$$

（2）月平均日负荷率（%）

月平均日负荷率（%）的计算公式为：

月平均日负荷率（%）=（月内日负荷率之和/日负荷率天数）×100%（算术平均值）

（3）年平均日负荷率（%）

年平均日负荷率（%）的计算公式为：

年平均日负荷率（%）=（各月平均日负荷率之和/12）×100%（近似计算）

12 节约电量的计算

采用各种节电方法所节约的电量，可分别按以下方式计算。

（1）用电单耗同期对比法

节约电量（kW·h）=本期产量×（以前同期单耗-本期实际单耗）

（2）用电定额对比法

节约电量（kW·h）=本期产量×（单耗定额-实际用电单耗）

（3）单项措施节电效果

节约电量（kW·h）=（改进前所需功率-改进后实测功率）×使用时间×推广使用设备的台数

（4）劳动生产率提高时

节约电量（kW·h）=改进前产品实际单耗×计算期实际提高的产量

（5）用电设备容量减小时

节约电量（kW·h）=计算期实际运行时×（改进前实际用电容量-改进后实际用电容量）

（6）同期产值单位耗电计算法

节约电量（kW·h）=本期实际产值×[（以前同期单位产值耗电量（kW·h/万元）-本期单位产值耗电量（kW·h/万元）]

这种计算方法适用于产品品种多、不易计算产品单位耗电量的企业。如果计算结果为正数，则为节电，负数为多耗电。

13 用单位建筑面积法估算照明设备的容量

采用单位建筑面积法计算照明设备的容量时，白炽灯、碘钨灯的P_s（照明设备的容量）=P_e；荧光灯的P_s=1.2P_e；高压汞灯的P_s=（1.08～1.1）P_e。

P_e表示灯泡铭牌功率（kW），上面的系数是考虑了镇流器的损耗。在进行计算时，照明设备的容量计算公式为：

$$P_s=A×W$$

式中：A—建筑物的平面面积，单位为m²；

W—单位容量，单位为W/m²。

一般工厂车间及有关建筑物的照明容量见表2-39。

表2-39 单位建筑面积照明容量

房间名称	功率指标/（W/m²）	房间名称	功率指标/（W/m²）
金工车间	6	各种仓库	5

房间名称	功率指标/（W/m²）	房间名称	功率指标/（W/m²）
装配车间	9	生活间	8
工具修理间	8	锅炉房	4
金属结构车间	10	机车库	8
焊接车间	8	汽车库	8
锻工车间	7	住宅	4
热处理车间	8	学校	5
铸钢车间	8	办公楼	5
木工车间	11	单身宿舍	4
铸铁车间	8	食堂	4
试验室	10	托儿所	5
煤气站	7	商店	5
压缩空气站	5	浴室	5

14 >> 电力线路电压损失的计算

电力线路的电压损失是指线路始端与末端电压的代数差，一般用ΔU表示，计算方法如下。

（1）负荷集中的三相线路电压损失

① 线路电压损失公式：

$$\Delta U = \frac{P \times R + Q \times X}{U_e} \text{（V）}$$

② 电压损失百分数公式：

$$\Delta U \text{（%）} = \frac{\Delta U}{10 U_e} \times 100\%$$

式中：P—线路输送的有功功率，单位为kvar；

R—线路电阻（欧）$R = Y_o L$，其中，Y_o为线路单位长度的电阻（Ω/km），L为线路长度（km）；

Q—线路输送的无功功率，单位为kvar；

X—线路感抗（Ω）$X = X_o L$，其中X_o为线路单位长度的电抗（Ω/km），对一般架空线路取$X_o = 0.35 \sim 0.4\Omega$/km；

U_e—线路额定电压，单位为kV。

（2）低压架空线路电压损失

① 线路电压损失公式：

$$\Delta U = \frac{M}{C \times S} \text{ 或 } \Delta U = U_e \times \Delta U \text{（%）}$$

② 电压损失百分数公式：

$$\Delta U（\%）=\frac{M}{C\times S}\times100\%$$

式中：M—负荷矩（kW·m），$M=P\times L$；

C—电压损失计算常数，可从表2-40中查得；

S—导线横截面积，单位为mm^2。

表2-40　线路电压损失计数常数表

配电方式和电压	C值	
	铜导线	铝导线
三相四线制380V/220V	83	50
单相制	14	8.3

（3）单相制220V照明线路电压损失

电压损失百分数公式：

$$\Delta U（\%）=\frac{2Y_o\times M}{U_e^2}\times100\%=\frac{2\times P\times L}{\gamma\times S\times U_e^2}\times100\%$$

式中：γ—电导率，单位为m/（Ω·mm^2），$\gamma=\frac{1}{\rho}$，其中ρ为电阻率，单位为Ω·mm^2/m；

Y_o—线路单位长度电阻（Ω/km），$Y_o=1/\gamma\times S$，其中S为导线横截面积。

15 电力线路功率损耗的计算

电力线路的功率损耗，包括有功功率损耗和无功功率损耗，计算方法如下。

（1）有功功率损耗公式

$$\Delta P=\frac{P^2+Q^2}{U_e^2}\times R\times10^{-3}（kW）$$

或者

$$\Delta P=\frac{P^2}{U_e^2\times\cos^2\varphi}\times R\times10^{-3}（kW）$$

式中：P—线路输送的有功功率，单位为kW；

Q—线路输送的无功功率，单位为kvar；

R—线路电阻，单位为Ω；

U_e—线路额定电压，单位为kV；

$\cos^2\varphi$—线路功率因数平方值。

（2）无功功率损耗公式

$$\Delta Q=\frac{P^2+Q^2}{U_e^2}\times X\times10^{-3}（kvar）$$

或者

$$\Delta Q=\frac{P^2}{U_e^2\times\cos^2\varphi}\times X\times10^{-3}（kvar）$$

式中：X—线路感抗，单位为Ω。

16 ▶▶ 电力线路电能损耗的计算

电力线路电能损耗是指单位时间内线路损耗的平均功率所作的功，一般可按以下公式计算：

$$\Delta W = \Delta P_1 \times t \ (\text{kW} \cdot \text{h})$$

式中：ΔP_1—1h的平均功率损耗，单位为kW；

t—线路运行时间，单位为h。

17 ▶▶ 电力线路线损率的计算

电力线路线损率是指某线路中的功率损失占该线路传输功率的百分数，其计算公式为：

$$\Delta P \ (\%) = \frac{\Delta P}{P} \times 100\%$$

上式中的字母含义与前述相同。如果线路始末端都装有电度表，也可按以下公式计算：

$$\Delta P \ (\%) = \frac{W_1 - W_2}{W_1} \times 100\%$$

式中：W_1、W_2—相同时间内供电端、用电端的电度表读数。

受电端至用电设备的线损率一般为一次变压3.5%以下，二次变压5.5%以下，三次变压7%以下。

18 ▶▶ 电能表启动功率的计算

电能表启动功率的计算公式如下：

$$P_Q = U_{xg} \times I_Q = U_{xg} \times 0.005 I_b$$

式中：U_{xg}—使用的交流电源电压，家用电能表为220V交流电压；

I_Q—流过电能表的电流；

I_b—电能表的计算负载的基数电流值，又称为标定值。

例如，2.0级，2.5（10）A的单相电能表，其$C=1440r/$（kW·h），则启动功率为：

$$P_Q = 220 \times 0.005 \times 2.5 = 2.75 \ (\text{W})$$

此时可以2.75W的用电器作标准负载，如用户无2.75W的标准负荷，也可采用8W的标准白炽灯来判断电能表的启动性能，在接通负荷时，3min内电能表连续转动不少于1圈，就说明该电能表启动性能良好，否则就说明该电能表启动性能不良。

第3章
变频器与变频技术的应用

3.1 变频器的种类及结构

3.1.1 变频器的种类

变频器的种类有很多，其分类方式也是多种多样的，我们可根据需求，按照用途、频率变换方式、电源性质、变频控制方式等对其进行分类。

1 按用途分类

变频器按照用途可以分为通用变频器和专用变频器两类。

① 通用变频器

通用变频器是指在很多方面具有很强通用性的变频器。该类变频器简化了一些系统功能，并以节能为主要目的，多为中小容量变频器，一般应用于水泵、风扇、鼓风机等对于系统调速性能要求不高的场合。图3-1所示为几种常见的通用变频器的实物外形。

（a）三菱D700型通用变频器　　（b）安川J1000型通用变频器　　（c）西门子MM420型通用变频器

图3-1　几种常见的通用变频器的实物外形

② 专用变频器

专用变频器是指专门针对某一方面或某一领域设计研发的变频器。该类变频器针对性较强，具有适用于它所针对领域独有的功能和优势，从而能够更好地发挥变频调速的作用。

图3-2所示为几种常见的专用变频器的实物外形。

西门子MM430型水泵风机专用变频器　　风机专用变频器　　恒压供水（水泵）专用变频器

专用于对水泵、风机进行控制的
变频器，具有突出的节能特点

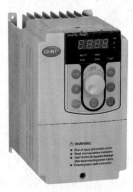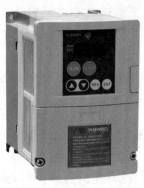

NVF1G-JR系列卷绕专用变频器　　LB-60GX系列线切割专用变频器　　电梯专用变频器

针对不同应用场合设计的专用变
频器，通用性较差

图3-2　几种常见的专用变频器的实物外形

2 按频率变换方式分类

变频器按照它工作时频率变换的方式，主要分为两类：交-直-交变频器和交-交变频器。

1 交-直-交变频器

交-直-交变频器又称间接式变频器，是指变频器工作时，首先将工频交流电通过整流电路转换成脉动的直流电，再经过中间电路的电容平滑滤波，为逆变电路供电；在控制系统的控制下，逆变电路再将直流电转换成频率和电压可调的交流电，然后提供给负载（电动机）进行变速控制。交-直-交变频器的结构如图3-3所示。

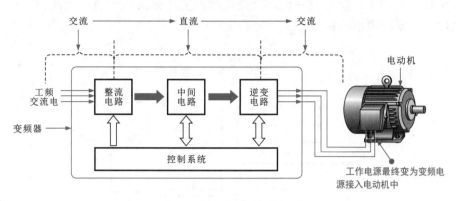

图3-3 交-直-交变频器的结构

② 交-交变频器

交-交变频器又称直接式变频器，是指变频器工作时，将工频交流电直接转换成频率和电压可调的交流电，提供给负载（电动机）进行变速控制。图3-4所示为交-交变频器的结构。

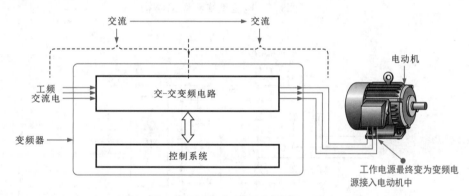

图3-4 交-交变频器的结构

③ >> 按电源性质分类

在上述交-直-交变频器中，根据其中间电路部分电源性质的不同，又可将变频器分为两大类：电压型变频器和电流型变频器。

① 电压型变频器

电压型变频器的特点是中间电路采用电容器作为直流储能元件，用以缓冲负载的无功功率。直流电压比较平稳，直流电源内阻较小，相当于电压源，故电压型变频器常用于负载电压变化较大的场合。图3-5所示为电压型变频器的结构。

② 电流型变频器

电流型变频器的特点是中间电路采用电感器作为直流储能元件，用以缓冲负载的无功功率，即遏制电流的变化，使电压接近正弦波，由于该直流电源内阻较大，可遏制负载电流频繁、急剧地变化，因此电流型变频器常用于负载电流变化较大的场合，适用于需要回馈制动和经常正反转的生产机械。图3-6所示为电流型变频器的结构。

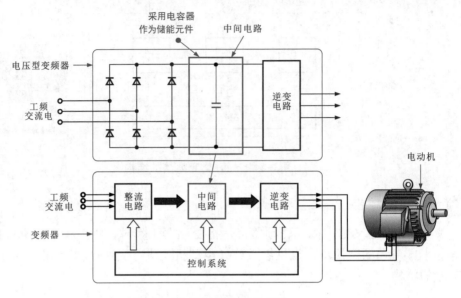

图3-5　电压型变频器的结构

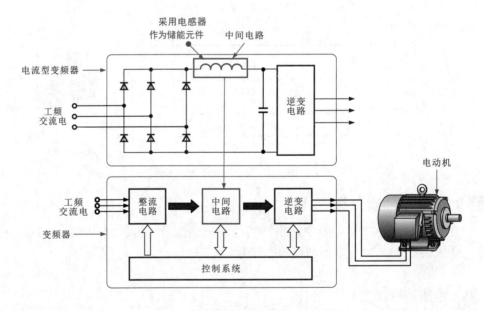

图3-6　电流型变频器的结构

补充说明

　　电压型变频器与电流型变频器不仅在电路结构上有所不同，其性能及使用范围也略有差别。表3-1所示为两种类型变频器的对比。

表3-1　电压型变频器与电流型变频器的对比

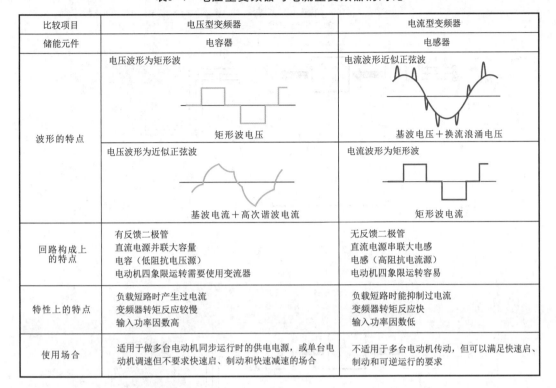

比较项目	电压型变频器	电流型变频器
储能元件	电容器	电感器
波形的特点	电压波形为矩形波 矩形波电压 电压波形为近似正弦波 基波电流＋高次谐波电流	电流波形近似正弦波 基波电压＋换流浪涌电压 电流波形为矩形波 矩形波电流
回路构成上的特点	有反馈二极管 直流电源并联大容量 电容（低阻抗电压源） 电动机四象限运转需要使用变流器	无反馈二极管 直流电源串联大电感 电感（高阻抗电流源） 电动机四象限运转容易
特性上的特点	负载短路时产生过电流 变频器转矩反应较慢 输入功率因数高	负载短路时能抑制过电流 变频器转矩反应快 输入功率因数低
使用场合	适用于做多台电动机同步运行时的供电电源，或单台电动机调速但不要求快速启、制动和快速减速的场合	不适用于多台电动机传动，但可以满足快速启、制动和可逆运行的要求

4　按变频控制方式分类

由于电动机的运行特性，使它对交流电源的电压和频率有一定的要求，变频器作为控制电源，需满足对电动机特性的最优控制，故可从不同的应用目的出发，采用多种变频控制方式，如压/频控制方式、转差频率控制方式、矢量控制方式、直接转矩控制方式等。

1　压/频控制方式

压/频控制方式又称为U/f控制方式，即通过控制逆变电路输出电源频率变化的同时也调节输出电压的大小（即U增大则f增大，U减小则f减小），从而调节电动机的转速。图3-7所示为典型的压/频控制电路框图。

2　转差频率控制方式

转差频率控制方式又称为SF控制方式，即采用测速装置来检测电动机的旋转速度，然后与设定转速频率进行比较，根据转差频率去控制逆变电路。图3-8所示为转差频率控制方式的工作原理框图。

3　矢量控制方式

矢量控制方式是一种仿照直流电动机的控制特点，将异步电动机的定子电流在理论上分成两部分：产生磁场的电流分量（磁场电流）和与磁场相垂直、产生转矩的电流分量（转矩电流），并分别加以控制。

矢量控制方式的变频器具有低频转矩大、响应快、机械特性好、控制精度高等特点。

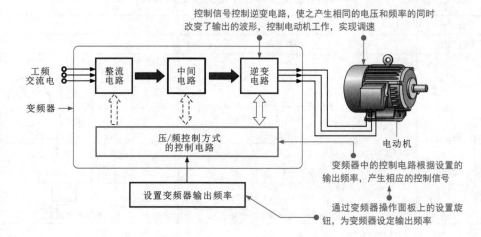

图3-7 典型的压/频控制电路框图

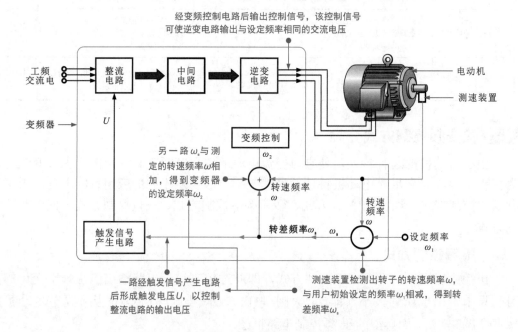

图3-8 转差频率控制方式的工作原理框图

4 直接转矩控制方式

直接转矩控制方式又称为DTC控制方式，是目前最先进的交流异步电动机控制方式。该方式不是间接地控制电流、磁链等量，而是把转矩直接作为被控制量来进行变频控制。

目前，该类方式多用于一些大型的变频器设备中，如重载、起重、电力牵引、惯性较大的驱动系统及电梯等设备中。

补充说明

除上述分类方式外，还可以按调压方法的不同将常用变频器分为PAM（Pulse Amplitude Modulation，脉冲幅度调制）变频器和PWM（Pulse Width Modulation，脉冲宽度调制）变频器。

PAM变频器可按照一定规律对脉冲列的脉冲幅度进行调制，控制其输出的量值和波形。实际上就是将能量的大小用脉冲的幅度来表示，在整流输出电路中增加开关管（门控管IGBT），通过对该IGBT的控制改变整流电路输出的直流电压幅度（140~390V），这样变频电路输出的脉冲电压不但宽度可变，而且幅度也可变。

PWM变频器同样可按照一定规律对脉冲列的脉冲宽度进行调制，控制其输出的量值和波形。实际上就是将能量的大小用脉冲的宽度来表示，使用此种驱动方式，整流电路输出的直流供电电压基本不变，变频器功率模块的输出电压幅度恒定，控制脉冲的宽度受微处理器控制。

另外，常用变频器按输入电流的相数还可以分为三进三出变频器和单进三出变频器。其中，三进三出是指变频器的输入侧和输出侧都是三相交流电（大多数变频器属于该类）。单进三出是指变频器的输入侧为单相交流电，输出侧是三相交流电（一般家用电器设备中的变频器属于该类）。

3.1.2 变频器的结构

1 变频器的外部结构

变频器的外形虽略有不同，但其外部的结构组成基本相同。图3-9所示为典型变频器的外部结构。

视频：变频器的结构特点

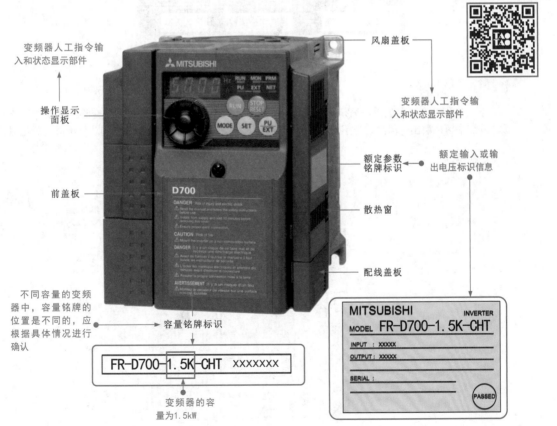

图3-9 典型变频器的外部结构

直接观察其外观，可以看到变频器的操作显示面板、容量铭牌标识、额定参数铭牌标识及各种盖板等部分。

① 操作显示面板

操作显示面板是变频器与外界进行交互的关键部分。目前，多数变频器都通过操作显示面板上的显示屏、操作按键或旋钮、指示灯等进行相关参数的设置及运行状态的监视。图3-10所示为典型变频器的操作显示面板。

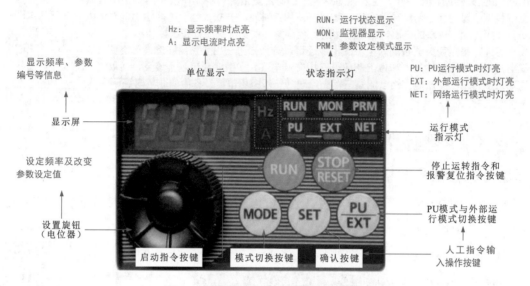

图3-10　典型变频器的操作显示面板

补充说明

　　不同类型的变频器的操作显示面板也不完全相同。图3-11所示为另一种常见变频器的操作显示面板，从图中可以看出，虽然它与图3-10中的按键功能及形式有些许区别，但基本的功能按键十分相似。

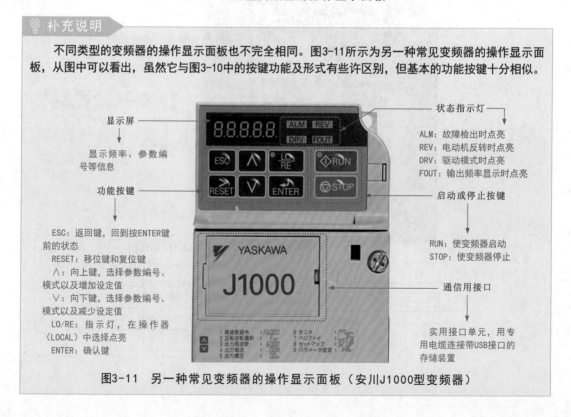

图3-11　另一种常见变频器的操作显示面板（安川J1000型变频器）

❷ 容量铭牌标识

变频器的容量铭牌标识一般印在变频器的前盖板上，与变频器的型号组合在一起，如图3-12所示。通过该标识可以区分同型号不同系列（参数不同）变频器的规格参数。

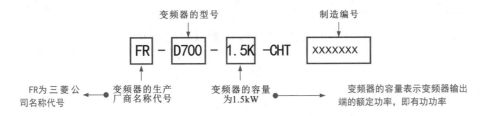

图3-12 变频器的容量铭牌标识

📝 补充说明

不同厂家生产的变频器的铭牌标识也略有区别，图3-13～图3-16所示为几种不同厂家生产的变频器的铭牌标识及其含义。

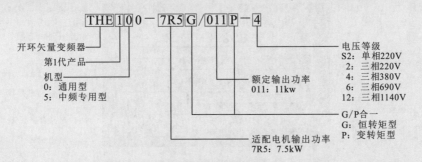

图3-13 台海变频器的铭牌标识及其含义

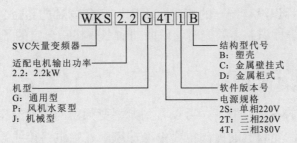

图3-14 威尔凯变频器的铭牌标识及其含义

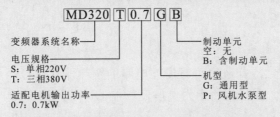

图3-15 汇川变频器的铭牌标识及其含义

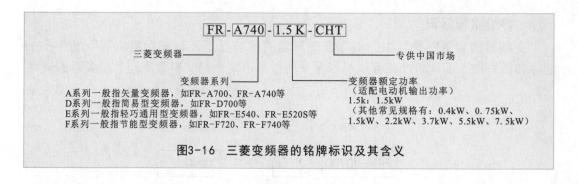

图3-16　三菱变频器的铭牌标识及其含义

③ 额定参数铭牌标识

变频器的额定参数铭牌标识一般贴在变频器的侧面外壳上，标识出了变频器额定输入的相关参数（如额定电流、额定电压、额定频率等）、额定输出的相关参数（如额定电流、额定电压、输出频率范围等），如图3-17所示。

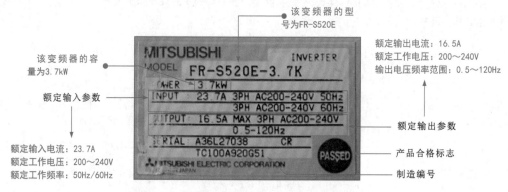

图3-17　典型变频器的额定参数铭牌标识

变频器的铭牌标识没有统一的标准，不同厂商各自对产品命名，因此想要读懂某一品牌变频器的铭牌标识，需要先对该厂商的命名规格有一定的了解。

2 >> 变频器的内部结构

将变频器外部的各挡板取下，可以看到典型变频器的内部结构如图3-18所示。从图3-18中可以看出，变频器的内部主要由冷却风扇、主电路接线端子、控制电路接线端子、其他功能接口或开关（如控制逻辑切换跨接器、PU接口、电压或电流输入切换开关等）等构成。

① 冷却风扇

在变频器工作时，冷却风扇可对内部电路的发热器件进行冷却，以确保变频器工作的稳定性和可靠性。图3-19所示为典型变频器的冷却风扇部分。

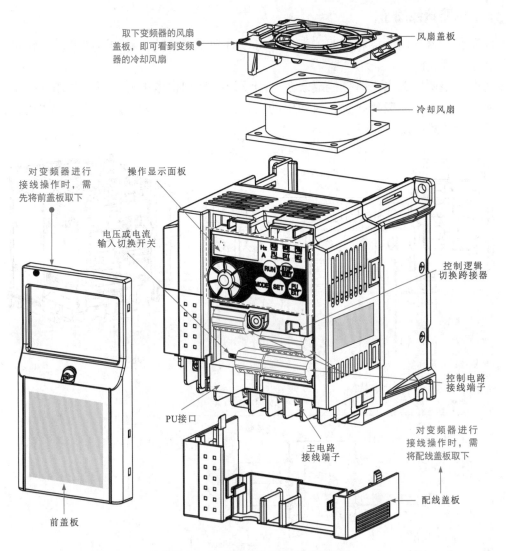

取下变频器的风扇盖板，即可看到变频器的冷却风扇

风扇盖板

冷却风扇

对变频器进行接线操作时，需先将前盖板取下

操作显示面板

电压或电流输入切换开关

控制逻辑切换跨接器

控制电路接线端子

PU接口

主电路接线端子

对变频器进行接线操作时，需将配线盖板取下

配线盖板

前盖板

图3-18 典型变频器的内部结构

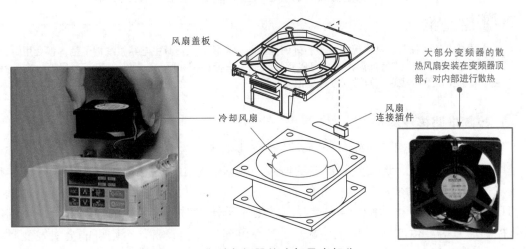

风扇盖板

冷却风扇

风扇连接插件

大部分变频器的散热风扇安装在变频器顶部，对内部进行散热

图3-19 典型变频器的冷却风扇部分

2 **主电路接线端子**

　　打开变频器的前面板和配线盖板后，可以看到变频器的各种接线端子，并可在该状态下进行接线操作。

　　其中，电源侧的主电路接线端子主要用于连接三相供电电源，而负载侧的主电路接线端子主要用于连接负载设备（如电动机）。图3-20所示为典型变频器的主电路接线端子部分及其接线方式。

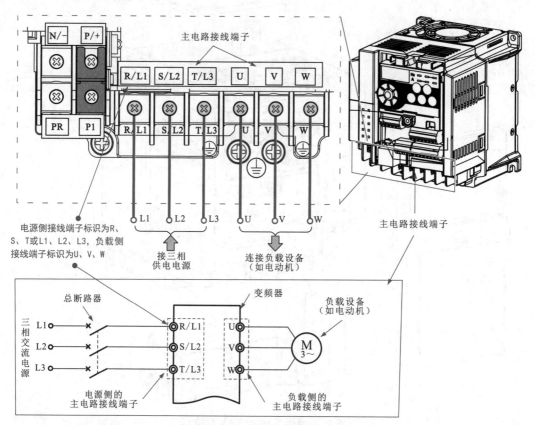

图3-20　典型变频器的主电路接线端子部分及其接线方式

补充说明

　　不同类型的变频器，具体接线端子的排列位置不完全相同，但其主电路接线端子基本都会用L1、L2、L3和U、V、W字母进行标识，用户可以根据该标识进行识别和区分。图3-21所示为另外一个品牌的变频器的主电路接线端子的排列位置及相关标识。

3 **控制电路接线端子**

　　控制电路接线端子一般包括输入信号接线端子、输出信号接线端子及生产厂家设定用端子部分，用于连接变频器控制信号的输入、输出、通信等。其中，输入信号接线端子一般用于为变频器输入外部的控制信号，如正反转启动方式、频率设定值、PTC热敏电阻输入等；输出信号接线端子则用于输出对外部装置的控制信号，如继电器控制信号等；生产厂家设定用端子一般不可连接任何设备，否则可能会引发变频器故障。

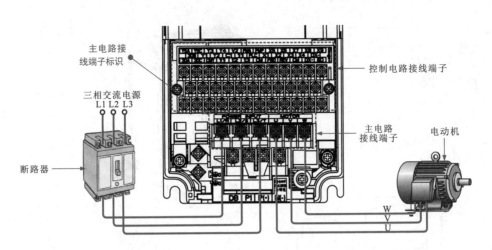

图3-21　其他变频器的主电路接线端子的相关标识（富士FRN1.5G1S-4C型）

典型变频器的控制接线端子部分如图3-22所示。

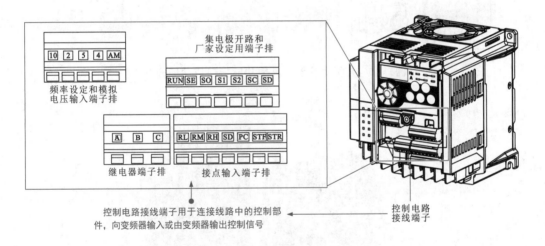

图3-22　典型变频器的控制接线端子部分

④ 其他功能接口或功能开关

变频器除了包含上述主电路接线端子和控制电路接线端子，还包含一些其他功能接口或功能开关，如控制逻辑切换跨接器、PU接口、电流或电压切换开关等，如图3-23所示。

③ 变频器的电路结构

变频器的电路部分是由构成各种功能电路的电子、电力器件构成的。一般需要拆开变频器外壳才能看到其电路部分的具体构成，如图3-24所示。

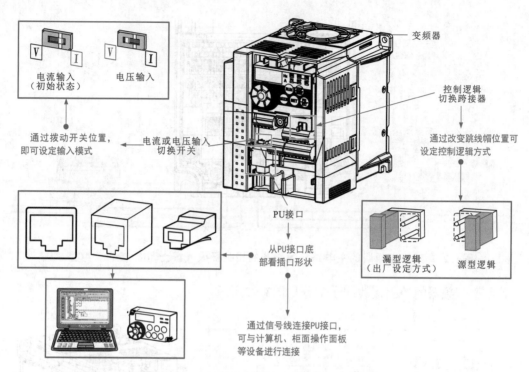

变频器

控制逻辑
切换跨接器

通过改变跳线帽位置可
设定控制逻辑方式

电流输入
（初始状态）

电压输入

通过拨动开关位置，
即可设定输入模式

电流或电压输入
切换开关

PU接口

从PU接口底
部看插口形状

漏型逻辑
（出厂设定方式）

源型逻辑

通过信号线连接PU接口，
可与计算机、柜面操作面板
等设备进行连接

图3-23 典型变频器的其他功能接口或功能开关

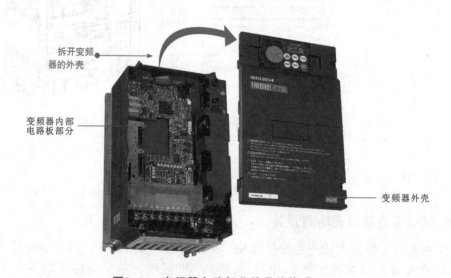

拆开变频
器的外壳

变频器内部
电路板部分

变频器外壳

图3-24 变频器电路部分的具体构成

图3-25所示为典型变频器的内部结构，可以看到其内部一般包含两只高容量电容、整流单元、挡板下的控制单元和其他单元（通信电路板、接线端子排）等。

继续拆卸内部的散热片和挡板，可以看到其内部具体的单元模块，如图3-26所示。从图3-26中可以看到，变频器内部主要是由控制单元（控制电路板）、整流单元（整流电路）、逆变单元（智能功率模块）、水泥电阻器、高容量电容、电流互感器等部分构成的。

（a）变频器的后面板视图　　　　　　（b）变频器的前面板视图

图3-25 典型变频器的内部结构

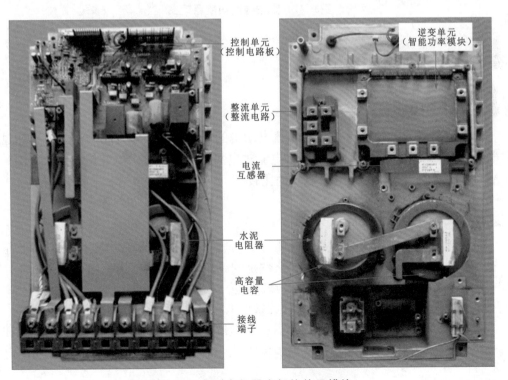

图3-26 典型变频器内部的单元模块

变频器的功能及应用

3.2.1 变频器的功能

变频器的作用是改变电动机驱动电流的频率和幅值，进而改变其旋转磁场的周期，达到平滑控制电动机转速的目的。变频器的出现，使得复杂的调速控制简单化，变频器与交流鼠笼式感应电动机的组合替代了大部分原先只能用直流电动机完成的工作，缩小了体积，降低了故障发生的概率，使传动技术发展到了新的阶段。

由于变频器既可以改变输出电压又可以改变频率（即改变电动机的转速），因此实现了对电动机的启动及转速的控制。变频器的功能原理图如图3-27所示。

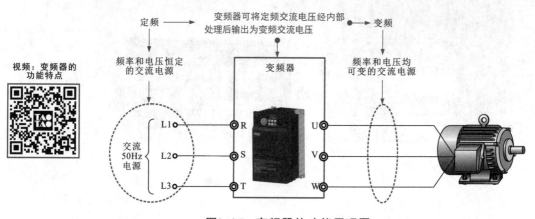

视频：变频器的功能特点

图3-27 变频器的功能原理图

综合来说，变频器是一种集启停控制、变频调速、显示及按键设置功能、保护功能等于一体的电动机控制装置。

1 ≫ 软启动功能

变频器的软启动功能可使被控负载电动机的启动电流从零开始，最大值不超过额定电流的150%，减轻了电动机启动时电流对电网的冲击和对供电容量的要求。图3-28所示为电动机硬启动和变频器软启动的比较。

2 ≫ 可受控的加速或减速功能

在使用变频器对电动机进行控制时，变频器输出的频率和电压可从低频低压加速至额定的频率和额定的电压，或者从额定的频率和额定的电压减速至低频低压，而加速或减速的快慢可以由用户选择加速或减速方式进行设定，即改变上升或下降频率。其基本原则是，在电动机启动电流允许的条件下，尽可能缩短加速或减速时间。

例如，三菱FR-A700通用型变频器的加速或减速方式有直线加减速方式、S曲线加速或减速A型方式、S曲线加速或减速B型方式和齿隙补偿方式等，如图3-29所示。

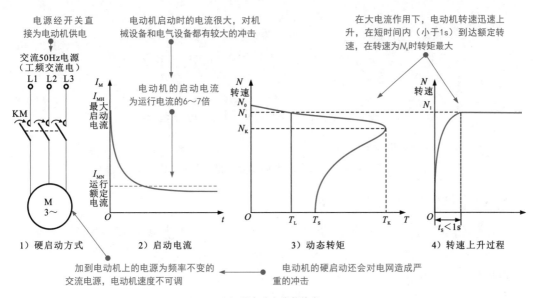

（a）硬启动方式的特点

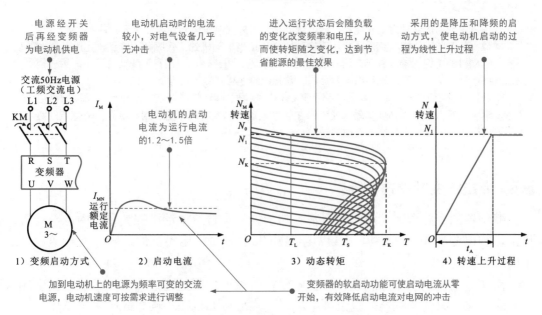

（b）变频启动方式的特点

图3-28 电动机硬启动和变频器软启动的比较

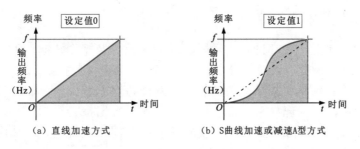

（a）直线加速方式　　　（b）S曲线加速或减速A型方式

图3-29 三菱FR-A700通用型变频器的加速或减速方式

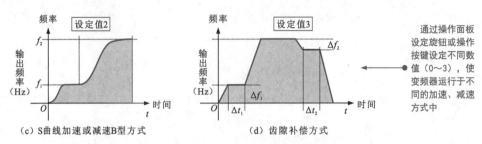

图3-29 三菱FR-A700通用型变频器的加速或减速方式（续）

3 可受控的停车及制动功能

在变频器控制中，停车及制动方式可以受控，一般变频器具有多种停车及制动方式，如减速停车、自由停车、减速停车加制动等，可受控的停车及制动功能可减少对机械部件及电动机的冲击，从而使整个系统更加可靠。

> **补充说明**
>
> 变频器中常用的制动方式有两种：直流制动功能、外接制动电阻和制动单元功能。
> （1）直流制动功能。变频器的直流制动功能是指当电动机的工作频率下降到一定的范围时，变频器向电动机的绕组间接入直流电压，从而使电动机迅速停止转动。在直流制动功能中，用户需对变频器的直流制动电压、直流制动时间和直流制动起始频率等参数进行设置。
> （2）外接制动电阻和制动单元。当变频器输出频率下降过快时，电动机将产生回馈制动电流，使直流电压上升，从而损坏变频器。此时可在回馈电路中加入制动电阻和制动单元，将直流回路中的能量消耗掉，以便保护变频器并实现制动。

4 突出的变频调速功能

变频器的变频调速功能是其最基本的功能。在传统电动机控制系统中，电动机直接由工频电源（50Hz）供电，其供电电源的频率f_1是恒定不变的，因此其转速也是恒定的。

而在电动机的变频控制系统中，电动机的调速控制是通过改变变频器的输出频率实现的。通过改变变频器的输出频率，即可实现电动机在不同电源频率下工作，从而自动完成电动机的调速控制。

图3-30所示为上述两种电动机控制系统中电动机调速控制的比较。

5 监控和故障诊断功能

变频器前面板上一般都设有显示屏、状态指示灯及操作按键，可方便用户对变频器的各项参数进行设定，以及对设定值、运行状态等进行监控显示。

大多数变频器都具有故障诊断功能，该功能可对系统构成、硬件状态、指令的正确性等进行诊断，当发现异常时，会控制报警系统发出报警提示声，同时会在显示屏上显示错误信息，当故障严重时，会发出控制指令停止系统运行，从而提高变频器控制系统的安全性。

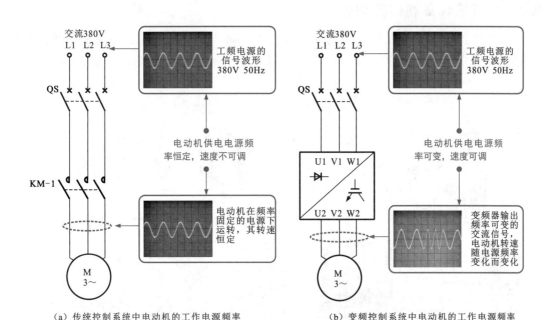

（a）传统控制系统中电动机的工作电源频率　　　（b）变频控制系统中电动机的工作电源频率

图3-30　传统电动机控制系统与变频控制系统的比较

6 ▶▶ 安全保护功能

变频器内部设有保护电路，可实现对其自身及负载电动机的各种异常保护，其中主要包括过热（过载）保护和防失速保护。

1 过热（过载）保护功能

变频器的过热（过载）保护即过流保护或过热保护。过热（过载）保护功能是通过监测负载（电动机）及变频器本身的温度、电流等参数，即当变频器所控制的负载惯性过大或因负载过大引起电动机堵转时，其输出电流超过额定值或交流电动机过热时，保护电路动作，使电动机停转，防止变频器及负载（电动机）损坏。

2 防失速保护

失速是指当给定的加速时间过短，电动机加速变化远远跟不上变频器的输出频率变化时，变频器因电流过大而跳闸，运转停止。

为了防止上述失速现象，并保障电动机正常运转，变频器内部设有防失速保护电路，该电路可检测电流的大小并进行频率控制。若加速电流过大就适当放慢加速速率，若减速电流过大就适当放慢减速速率，以防出现失速情况。

另外，变频器内的保护电路可在运行中实现过电流短路保护、过电压保护、冷却风扇过热和瞬时停电保护等，一旦检测到异常状态，就控制内部电路进行停机保护。

7 >> 与其他设备通信的功能

为了便于通信及人机交互，变频器上通常设有不同的通信接口，可用来与PLC自动控制系统及远程操作器、通信模块、计算机等进行通信连接，如图3-31所示。

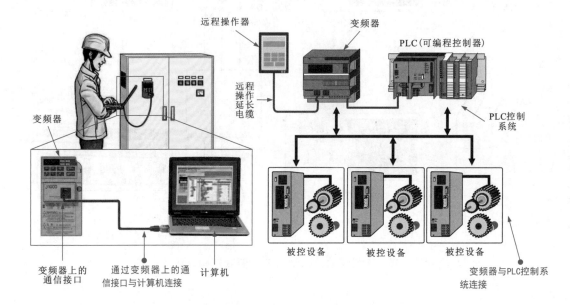

图3-31　变频器的通信功能

8 >> 其他功能

变频器作为一种新型的电动机控制装置，除了具有上述功能特点外，还具有运转精度高、功率因数可控等特点。

无功功率不但会增加线损，让设备发热，还会因功率因数的降低导致电网有功功率降低，使大量的无功电能消耗在线路当中，使设备的效率低下、能源浪费严重。使用变频调速装置后，由于变频器内部设置了功率因数补偿电路（滤波电容的作用），因此减少了无功损耗，增加了电网的有功功率。

3.2.2 │ 变频器的应用

变频器是一种依托于变频技术开发的新型智能型驱动和控制装置，被广泛应用于交流异步电动机速度控制的各种场合，其高效率的驱动性能及良好的控制特性，已成为目前公认的最理想、最具有发展前景的调速方式之一。

变频器的各种突出功能使它在节能、提高产品质量或生产效率、改造传统产业从而实现机电一体化、工厂自动化、改善环境等方面都得到了广泛的应用。它所涉及的行业领域也越来越广泛，简单来说，只要使用到交流电动机的场合，特别是需要运行中实现电动机转速调整的环境，几乎都可以应用变频器。

1 >> 变频器在节能方面的应用

变频器在节能方面的应用主要体现在风机、水泵类等作为负载设备的领域中，一般可实现20%～60%的节电率。

图3-32所示为变频器在锅炉和水泵驱动电路中的节能应用。该系统中有2台风机驱动电动机和1台水泵驱动电动机，这3台电动机都采用了变频器驱动方式，耗能下降了25%～40%，大大节省了能耗。

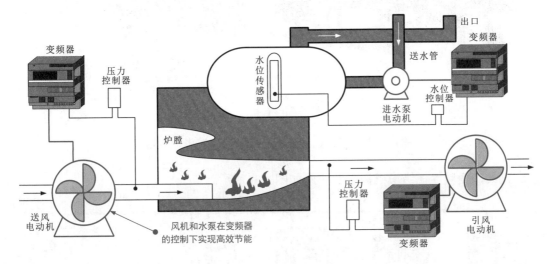

图3-32　变频器在锅炉和水泵驱动电路中的节能应用

2 >> 变频器在提高产品质量或生产效率方面的应用

变频器的控制性能使它在提高产品质量或生产效率方面得到了广泛应用，如传送带、起重机、挤压机、注塑机、机床、纸/膜/钢板加工、印刷版开孔机等各种机械设备控制领域。

图3-33所示为变频器在典型挤压机驱动系统中的应用。挤压机是一种用于挤压一些金属或塑料材料的压力机，它具有将金属或塑料锭坯加工成管、棒型材的功能。

> **补充说明**
>
> 采用变频器对该类机械设备进行调速控制，不仅可根据机械特点调节挤压机螺杆的速度，提高生产量，还可检测挤压机柱体的温度，从而控制螺杆的运行速度。另外，为了保证产品质量一致，使挤压机的进料均匀，需要对进料控制电动机的速度进行实时控制，为此，会在变频器中设置自动运行控制、自动检测和自动保护电路。

3 >> 变频器在改造传统产业、实现机电一体化方面的应用

近年来，变频器的发展十分迅速，在工业生产领域和民用生活领域都得到了广泛应用，特别在一些传统产业的改造建设中起到了关键作用，使它们从功能、性能及结构上都有一个质的提高，同时可实现国家节能减排的基本要求。

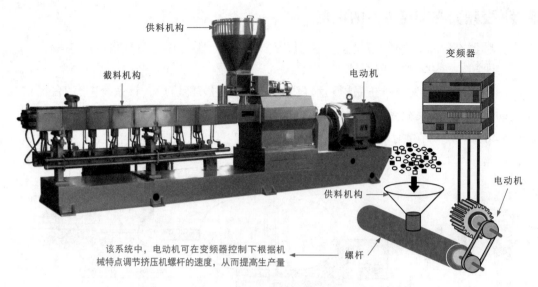

供料机构

截料机构

电动机

变频器

电动机

供料机构

螺杆

该系统中，电动机可在变频器控制下根据机械特点调节挤压机螺杆的速度，从而提高生产量

图3-33 变频器在典型挤压机驱动系统中的应用

例如，变频器在纺织机械中的应用如图3-34所示。

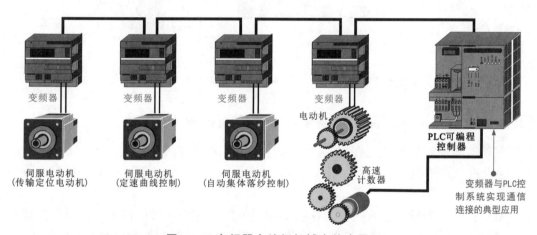

变频器

变频器

变频器

变频器

电动机

高速计数器

PLC可编程控制器

伺服电动机（传输定位电动机）

伺服电动机（定速曲线控制）

伺服电动机（自动集体落纱控制）

变频器与PLC控制系统实现通信连接的典型应用

图3-34 变频器在纺织机械中的应用

纺织工业是我国最早的民族工业之一，在工业生产中占有举足轻重的地位，传统纺织机械的自动化也是我国工业自动化发展的一个重要项目。可编程控制器、变频器、伺服电动机、人机界面是驱动控制系统中不可缺少的组成部分。

在纺织机械中有多个电动机驱动的传动装置，互相之间的传动速度和相位都有一定的要求。通常，纺织机械系统中的电动机普遍采用通用变频器控制，所有的变频器则统一由PLC控制。

4 >> 变频器在自动控制系统中的应用

随着控制技术的发展，一些变频器除了基本的软启动、调速控制之外，还具有多种智能控制、多电动机一体控制、多电动机级联控制、力矩控制、自动检测和保护功能，输出精度高达0.01%～0.1%，由此在自动化系统中也得到了广泛应用。常见的自动化系统主要有化纤工业中的卷绕、拉伸、计量，以及各种自动加料、配料、包装系统及电梯智能控制系统。

图3-35所示为变频器在电梯智能控制系统中的应用。在该系统中，电梯的停车、上升、下降、停车位置等都是根据操作控制输入指令，变频器由检测电路或传感器实时监测电梯的运行状态，根据检测电路或传感器传输的信息实现自动控制。

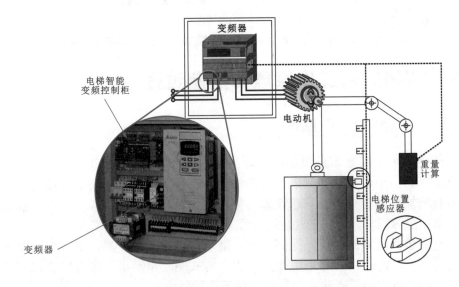

图3-35 变频器在电梯智能控制系统中的应用

5 >> 变频器在民用改善环境中的应用

随着人们对生活质量和环境要求的不断提高，变频器除了在工业方面得到发展外，在民用改善环境方面也得到了一定程度的应用，如在空调系统及供水系统中，使用变频器可有效减小噪声、平滑加速度、防爆、提高安全性等。

图3-36所示为变频器在中央空调系统中的应用。

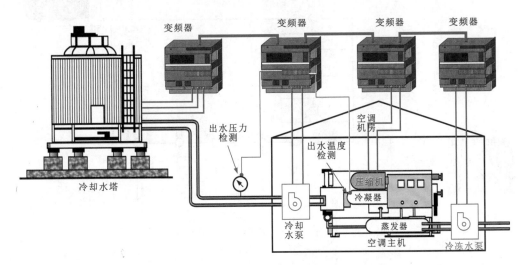

图3-36 变频器在中央空调系统中的应用

第4章

变频电路与功率模块

4.1 变频器的工作原理与控制过程

4.1.1 变频器的工作原理

传统的电动机驱动方式是恒频的,即用频率为50Hz的交流220V或380V电源直接去驱动电动机。由于电源频率恒定,电动机的转速是不变的。如果需要满足变速的要求,就需要增加附加的减速或升速设备(如变速齿轮箱等),这样不仅会增加设备成本,还会增加能源消耗,且它的功能也会受限制。

为了克服恒频驱动的缺点,提高效率,随着变频技术的发展,采用变频器进行控制的方式得到了广泛应用,即采用变频的驱动方式驱动电动机不仅可以实现宽范围的转速控制,还可以大大提高效率,具有环保节能的特点。

如图4-1所示,在电动机驱动系统中采用变频器将恒压、恒频的电源变成电压和频率都可调的驱动电源,从而使电动机的转速随输出电源频率的变化而变化。

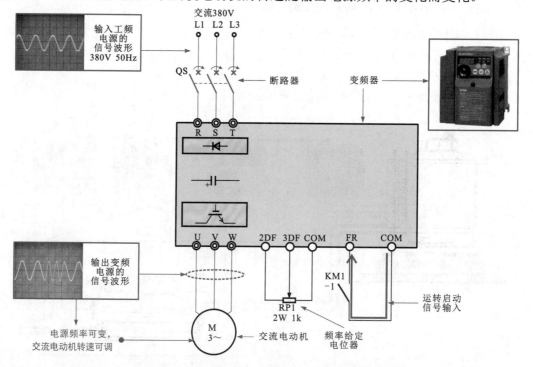

图4-1 电动机的变频控制原理示意图

目前，在实际工作时，多数变频电路首先在整流电路模块中将交流电压整流为直流电压，然后在中间电路模块中对直流进行滤波，最后由逆变电路模块将直流电压变为频率可调的交流电压，进而对电动机实现变频控制。

如图4-2所示，变频控制主要是通过对逆变电路中电力半导体器件的开关控制使输出电压的频率发生变化，进而实现控制电动机转速的目的。

逆变电路由6只半导体晶体管（以IGBT较为常见）按一定的方式连接而成，通过控制6只半导体晶体管的通、断状态实现逆变过程。

定频（工频）交流电经整流滤波电路输出直流电压，为功率输出电路（逆变电路）供电，变频控制电路为逆变器提供控制信号。在电动机旋转的0°～120°周期，控制信号同时加到IGBT的U＋和V－控制极，使其导通，电流从U＋流出，经电动机的绕组线圈U、线圈V、IGBT的V－到地形成回路

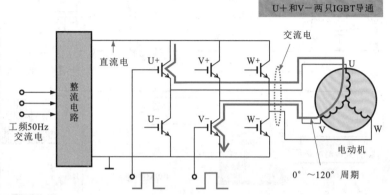

在电动机旋转的120°～240°周期，变频控制电路输出的控制信号发生了变化，使IGBT的V＋和IGBT的W－控制极为高电平而导通，电流从IGBT的V＋流出经绕组V流入，从W流出，流过IGBT的W－到地形成回路

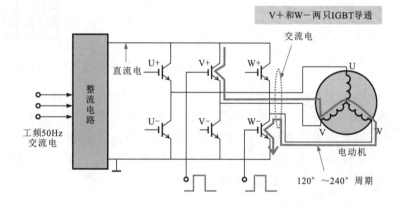

电动机旋转240°～360°周期时，电路再次发生转换，IGBT的W＋和IGBT的U－控制极为高电平导通，电流从IGBT的W＋流出经绕组W流入，从绕组U流出，经IGBT的U－流到地形成回路，又完成一个流程，按照这种规律为电动机的定子线圈供电，电动机定子线圈形成旋转磁场，使转子旋转起来，改变驱动信号的频率就可以改变电动机的转动速度，从而实现转速控制

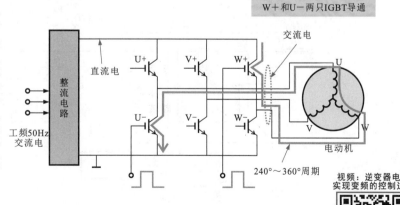

视频：逆变器电路
实现变频的控制过程

图4-2　逆变电路的工作过程

由于变频电路所驱动控制的电动机有直流和交流之分，因此变频电路的控制方式也可以分成直流变频方式和交流变频方式两种。

图4-3所示为采用PWM脉宽调制的直流变频控制电路原理图。直流变频是把交流市电转换为直流电，并送至逆变电路，逆变电路受微处理器指令的控制。微处理器输出转速脉冲控制信号经逆变电路变成驱动电动机的信号。

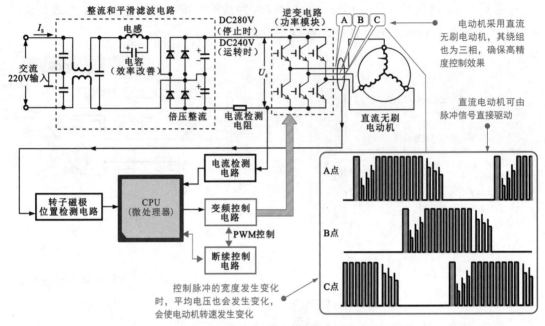

图4-3 采用PWM脉宽调制的直流变频控制电路原理

图4-4所示为采用PWM脉宽调制的交流变频控制电路原理图。交流变频是把380/220V交流市电转换为直流电源，为逆变电路提供工作电压，逆变电路在变频控制下再将直流电"逆变"成交流电，该交流电再去驱动交流感应电动机，"逆变"的过程受转速控制电路的指令控制，输出频率可变的交流电压，使电动机的转速随电压频率的变化而改变，这样就实现了对电动机转速的控制和调节。

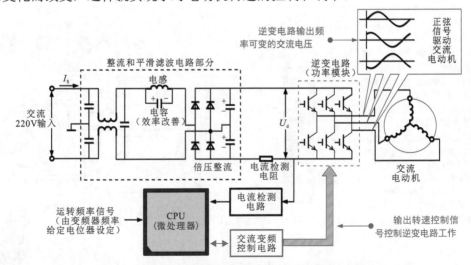

图4-4 采用PWM脉宽调制的交流变频控制电路原理

4.1.2 | 变频器的控制过程

　　图4-5所示为典型三相交流电动机的变频器调速控制电路。从图4-5中可以看到，该电路主要是由变频器、总断路器、检测及保护电路、控制及指示电路和三相交流电动机（负载设备）等部分构成的。

　　变频器调速控制电路的控制过程主要分为待机、启动和停机3种状态。

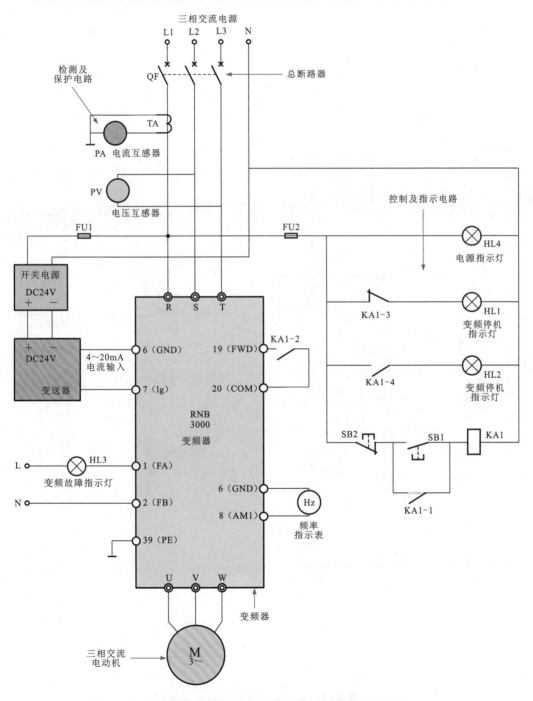

图4-5　典型三相交流电动机的变频器调速控制电路

1 >> 变频器的待机状态

如图4-6所示，当闭合总断路器QF后，接通三相电源，变频器就会进入待机准备状态。

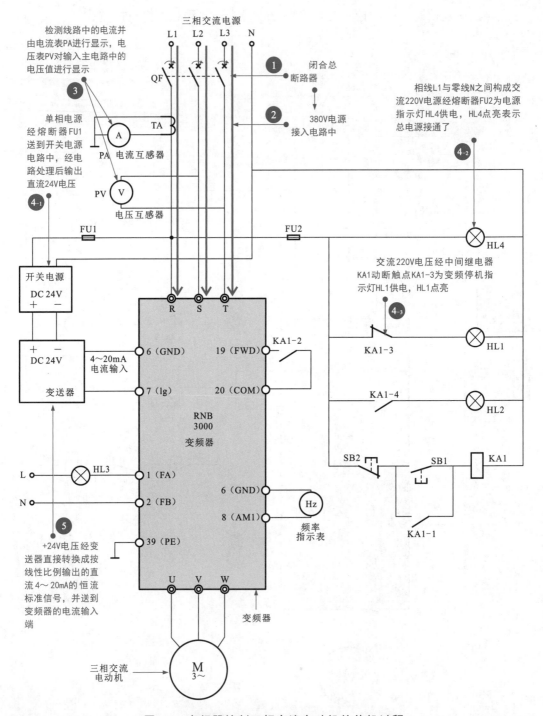

图4-6 变频器控制三相交流电动机的待机过程

2 >> 变频器控制三相交流电动机的启动过程

图4-7所示为按下启动按钮SB1后，由变频器控制三相交流电动机软启动的控制过程。

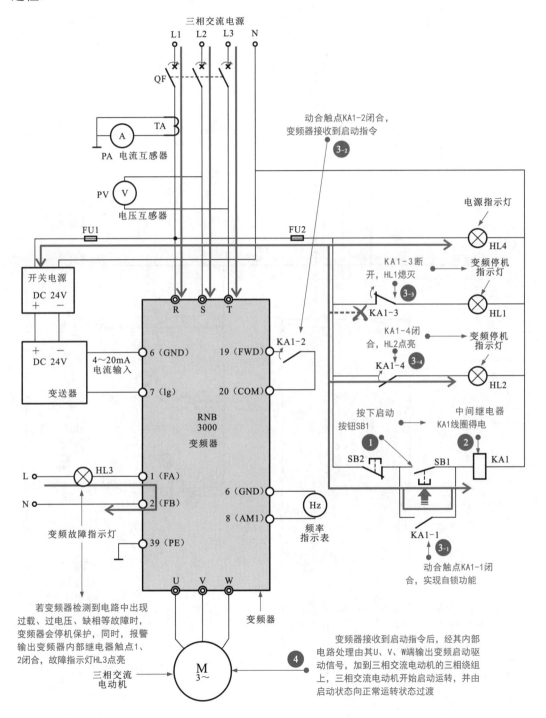

图4-7 变频器控制三相交流电动机的软启动过程

3 >> 变频器控制三相交流电动机的停机过程

图4-8所示为按下停止按钮SB2后，由变频器控制三相交流电动机停机的控制过程。

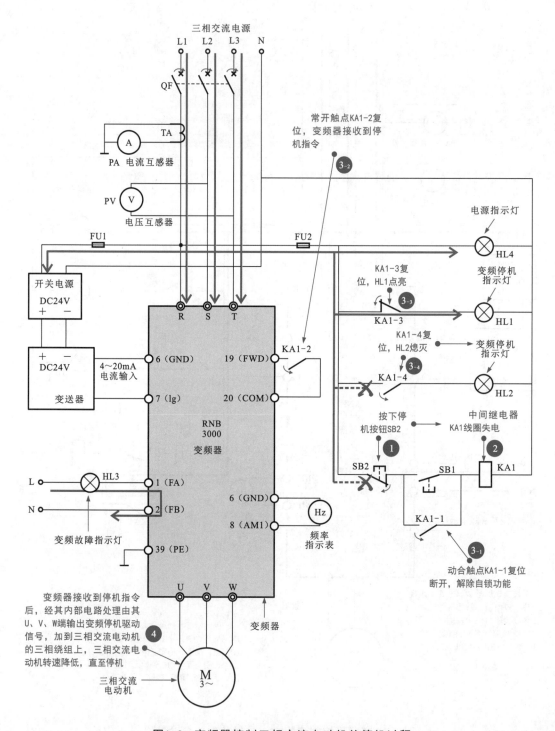

图4-8 变频器控制三相交流电动机的停机过程

4.2 / 变频电路的应用

4.2.1 | 制冷设备中的变频电路

图4-9所示为典型变频空调器的电路关系。

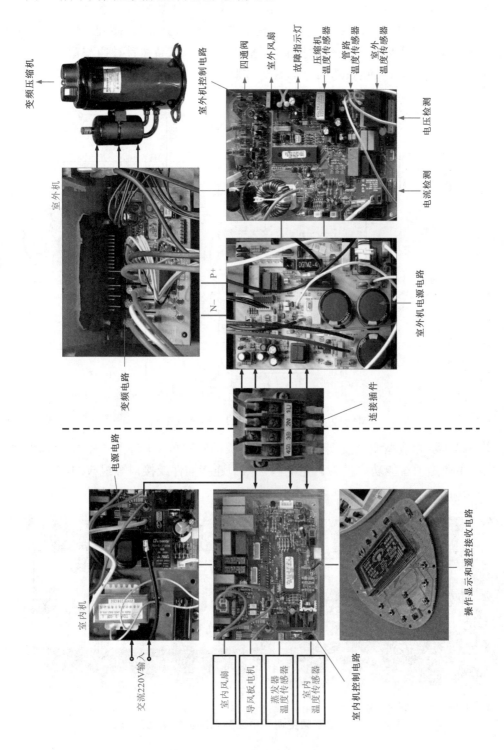

图4-9 典型变频空调器的电路关系

变频空调器主要由室内机和室外机两部分组成。室外机电路部分接收由室内机电路部分发送来的控制信号，并对其进行处理后经变频电路控制变频压缩机启动、运行，再由压缩机控制管路中的制冷剂循环，从而实现空气温度调节功能。

其中，变频电路和变频压缩机位于室外机机组中，电源电路为变频电路提供所需的工作电压，并通过控制电路对它进行控制，从而输出驱动变频压缩机的变频驱动信号，使变频压缩机启动、运行，从而达到制冷或制热的效果。

图4-10所示为由6个门控管（IGBT）构成的变频驱动电路。微处理器将变频控制信号送到变频控制电路中，由变频控制电路输出6个功率晶体管导通与截止的时序信号（逻辑控制信号），使6个功率晶体管为变频压缩机电机的绕组提供变频电流，从而控制电机的转速。

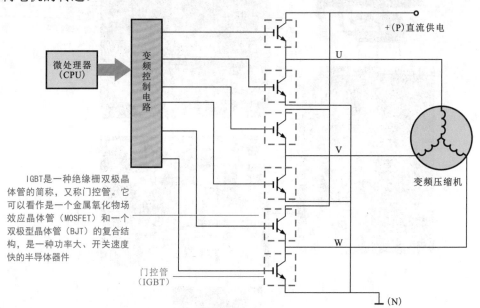

图4-10 由6个IGBT构成的变频驱动电路

图4-11所示为典型变频空调器中变频电路板的实物外形。从图4-11中可以看到，变频电路主要是由智能功率模块、光电耦合器、连接插件或接口等组成的。

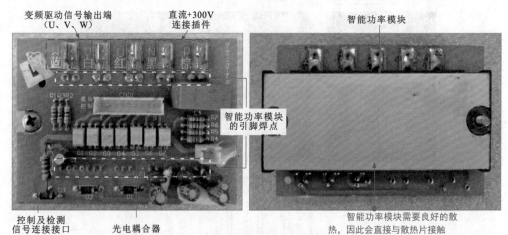

图4-11 典型变频空调器中变频电路板的实物外形

在变频电路中，智能功率模块是核心部件，它通常为一个体积较大的集成电路模块，内部包含变频控制电路、驱动电流、过压过流检测电路和功率输出电路（逆变器），一般安装在变频电路背部或边缘部分。

图4-12所示为智能功率模块（STK621-410）的内部结构简图。从图4-12中可以看到，其内部是由逻辑控制电路和6只带阻尼二极管的IGBT组成的逆变电路。

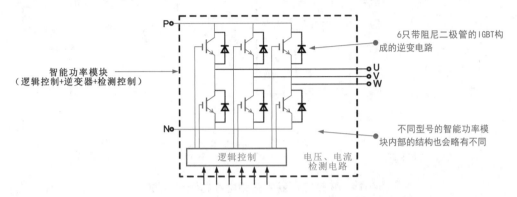

图4-12 智能功率模块（STK621-410）的内部结构简图

补充说明

图4-13所示为常见智能功率模块的实物外形。变频电路中常用的变频模块主要有PS21564-P/SP、PS21865/7/9-P/AP、PS21964/5/7-AT/AT、PS21765/7、PS21246、FSBS15CH60等几种，这几种变频模块受微处理器输出的控制信号的控制，通过将控制信号放大、逆变后，对空调器的压缩机电机进行驱动控制。

图4-13 常见智能功率模块的实物外形

图4-14所示为变频空调器中变频电路的流程框图。变频电路可通过改变输出电流的频率和电压，来调节压缩机或水泵中的电动机转速，从而使之更加高效、更加节能。

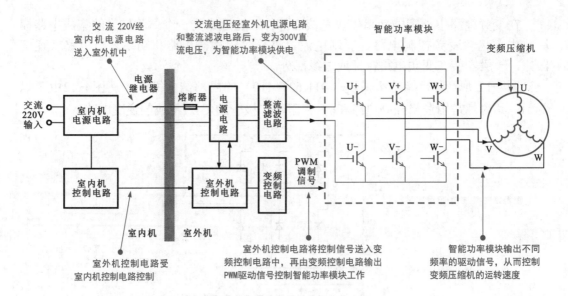

图4-14 变频空调器中变频电路的流程框图

智能功率模块在控制信号的作用下，将供电部分送入的300V直流电压逆变为不同频率的交流电压（变频驱动信号）加到变频压缩机的三相绕阻端，使变频压缩机启动，进行变频运转，如图4-15所示，压缩机驱动制冷剂循环，进而达到冷热交换的目的。

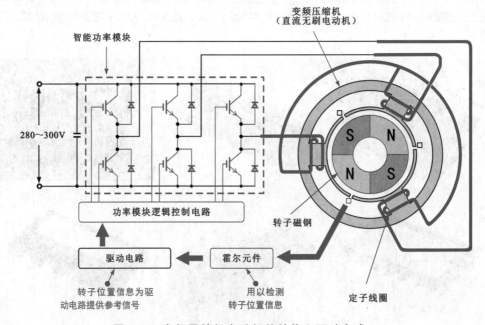

图4-15 变频压缩机电动机的结构和驱动方式

在变频压缩机电动机（直流无刷电动机）的定子上装有霍尔元件，用以检测转子磁极的旋转位置，为驱动电路提供参考信号，将该信号送入智能控制电路中，与提供给定子线圈的电流相位保持一定关系，再由功率模块中的6个晶体管进行控制，按特定的规律和频率转换，从而实现变频压缩机电动机速度的控制。

补充说明

在变频空调器中，控制电路可根据室内温度的高低来判断是否需要加大制冷或制热量，进而控制变频电路的工作状态。当室内温度较高时，控制电路检测到该信号后（由室内温度传感器检测），输出的脉冲信号宽度较宽，该信号控制逆变电路中的半导体器件导通时间变长，从而使输出的信号频率升高，变频压缩机处于高速运转状态，空调器中制冷循环加速，进而实现对室内温度降温的功能。

当室内温度下降到设定温度时，控制电路检测到该信号，便会输出宽度较窄的脉冲信号，该信号控制逆变电路中的半导体器件导通时间变短，输出信号频率降低，压缩机转速下降，空调器中制冷循环变得平缓，从而维持室内温度在某个范围内。

在变频压缩机工作过程中，室内温度到达设定要求时，变频电路控制压缩机处于低速运转状态，即进入了节能状态，从而避免了频繁启动、停机造成的大电流损耗，这就是变频空调器的节能原理。

图4-16所示为海信KFR—4539（5039）LW/BP变频空调器的变频电路。该变频电路主要由控制电路、过流检测电路、变频模块和变频压缩机构成。

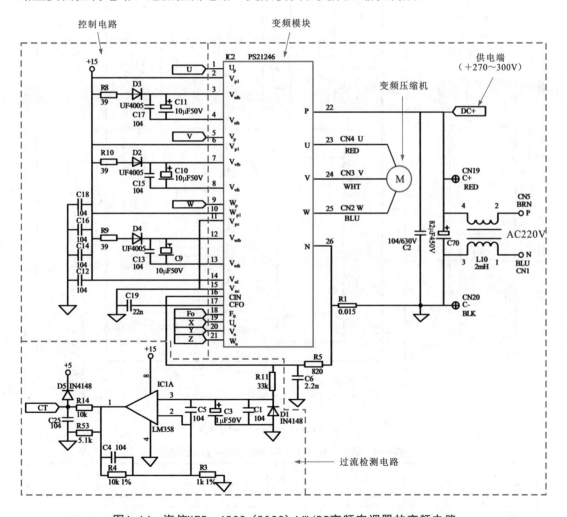

图4-16 海信KFR—4539（5039）LW/BP变频空调器的变频电路

图4-17所示为变频模块PS21246的内部结构。该模块内部主要是由HVIC1～3和LVIC 4个逻辑控制电路、6个功率输出IGBT（门控管）和6个阻尼二极管等构成的。

　　其中，300V的P端为IGBT提供电源电压，由供电电路为其中的逻辑控制电路提供+5V的工作电压。由微处理器为PS21246输入控制信号，经功率模块内部逻辑处理后为IGBT控制极提供驱动信号，U、V、W端为直流无刷电动机绕组提供驱动电流。变频模块PS21246的引脚标识及功能见表4-1。

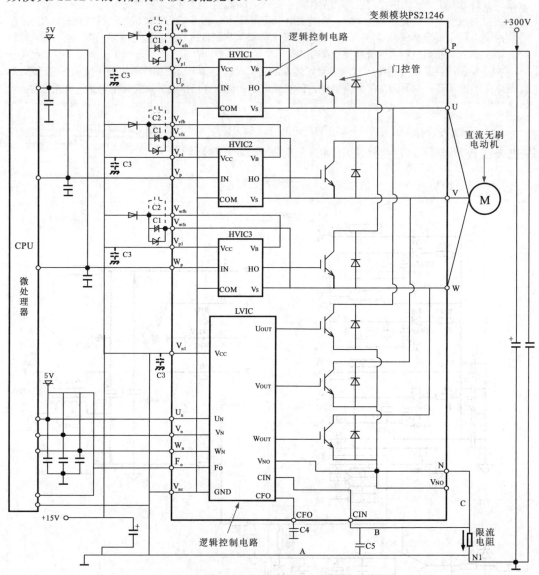

图4-17　变频模块PS21246的内部结构

表4-1　变频模块PS21246的引脚标识及功能

引　脚	标　识	引脚功能	引　脚	标　识	引脚功能
①	V_{ufs}	U绕组反馈信号	⑥	U_p	功率晶体管U（上）控制
②	NC	空脚	⑦	V_{vfs}	V绕组反馈信号
③	V_{ufb}	U绕组反馈信号输入	⑧	NC	空脚
④	V_{p1}	模块内IC供电+15V	⑨	V_{vfb}	V绕组反馈信号输入
⑤	NC	空脚	⑩	V_{p1}	模块内IC供电+15V

引　脚	标　识	引脚功能	引　脚	标　识	引脚功能
⑪	NC	空脚	㉔	F_o	故障检测
⑫	V_p	功率晶体管V（上）控制	㉕	CFO	故障输出（滤波端）
⑬	V_{wfs}	W绕组反馈信号	㉖	CIN	过电流检测
⑭	NC	空脚	㉗	V_{nc}	接地
⑮	V_{wfb}	W绕组反馈信号输入	㉘	V_{nl}	欠电压检测端
⑯	V_{pl}	模块内IC供电+15V	㉙	NC	空脚
⑰	NC	空脚	㉚	NC	空脚
⑱	W_p	功率晶体管W（上）控制	㉛	P	直流供电端
⑲	NC	空脚	㉜	U	接电动机绕组W
⑳	NC	空脚	㉝	V	接电动机绕组V
㉑	U_n	功率晶体管U（下）控制	㉞	W	接电动机绕组U
㉒	V_n	功率晶体管V（下）控制	㉟	N	直流供电负端
㉓	W_n	功率晶体管W（下）控制	—	—	—

图4-18所示为海信KFR—25GW/06BP型变频空调器的变频电路。该变频电路主要由控制电路、变频模块和变频压缩机等构成。

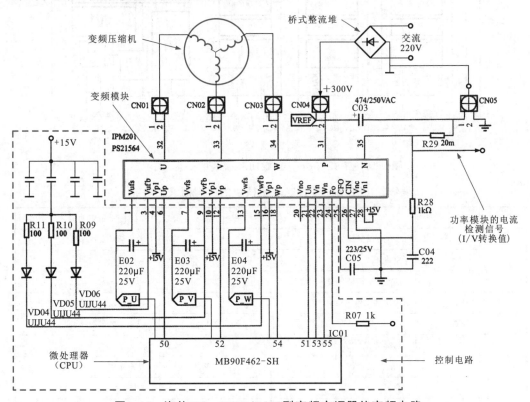

图4-18　海信KFR—25GW/06BP型变频空调器的变频电路

在图4-18所示的电路中，变频电路满足了供电等工作条件后，由室外机控制电路中的微处理器（MB90F462-SH）为变频模块IPM201/PS21564提供控制信号。

　　驱动信号经变频模块IPM201/PS21564内部电路的逻辑控制后，为变频压缩机提供变频驱动信号，驱动变频压缩机启动运转。

　　图4-19所示为上述电路中PS21564型智能功率模块的外形结构。该模块的引脚标识及功能见表4-2。

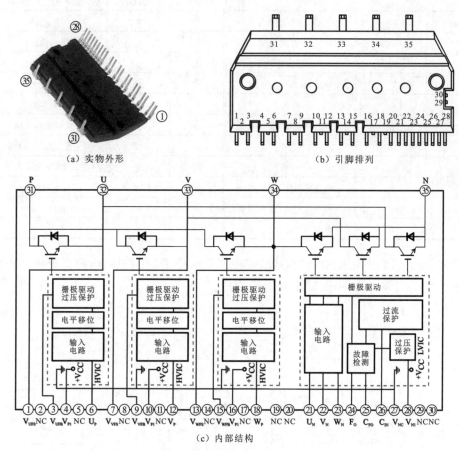

（a）实物外形　　　　　　　　　　　（b）引脚排列

（c）内部结构

图4-19　PS21564型智能功率模块的外形结构

表4-2　PS21564型智能功率模块的引脚标识及功能

引　脚	标　识	引脚功能	引　脚	标　识	引脚功能
①	V_{UFS}	U绕组反馈信号	⑫	V_P	功率管V（上）控制
②	NC	空脚	⑬	V_{WFS}	W绕组反馈信号
③	V_{UFB}	U绕组反馈信号输入	⑭	NC	空脚
④	V_{P1}	模块内IC供电+15V	⑮	V_{WFB}	W绕组反馈信号输入
⑤	NC	空脚	⑯	V_{P1}	模块内IC供电+15V
⑥	U_P	功率管U（上）控制	⑰	NC	空脚
⑦	V_{VFS}	V绕组反馈信号	⑱	W_P	功率管W（上）控制
⑧	NC	空脚	⑲	NC	空脚
⑨	V_{VFB}	V绕组反馈信号输入	⑳	NC	空脚
⑩	V_{P1}	模块内IC供电+15V	㉑	U_N	功率管U（下）控制
⑪	NC	空脚	㉒	V_N	功率管V（下）控制

引 脚	标 识	引脚功能	引 脚	标 识	引脚功能
㉓	W_N	功率管W（下）控制	㉚	NC	空脚
㉔	F_O	故障检测	㉛	P	直流供电端
㉕	C_{FO}	故障输出（滤波端）	㉜	U	接电动机绕组W
㉖	C_{IN}	过流检测	㉝	V	接电动机绕组V
㉗	V_{NC}	接地	㉞	W	接电动机绕组U
㉘	V_{NI}	欠压检测端	㉟	N	直流供电负端
㉙	NC	空脚			

4.2.2 电动机设备中的变频电路

如图4-20所示，电动机变频控制系统是指由变频控制电路实现对电动机的启动、运转、变速、制动和停机等各种控制功能的电路。电动机变频控制系统主要是由变频控制箱（柜）和电动机构成的。

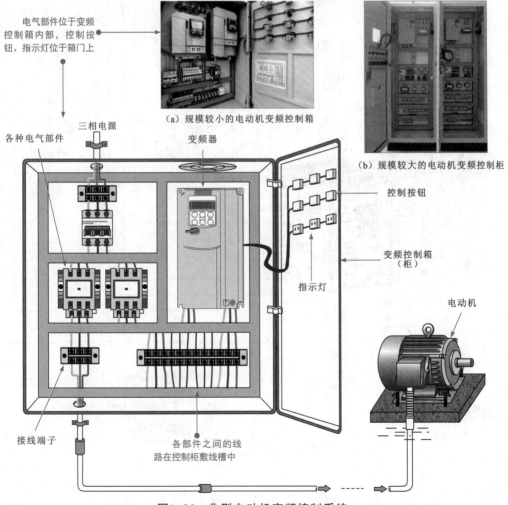

（a）规模较小的电动机变频控制箱

（b）规模较大的电动机变频控制柜

图4-20 典型电动机变频控制系统

图4-21所示为典型电动机变频控制系统的连接关系。

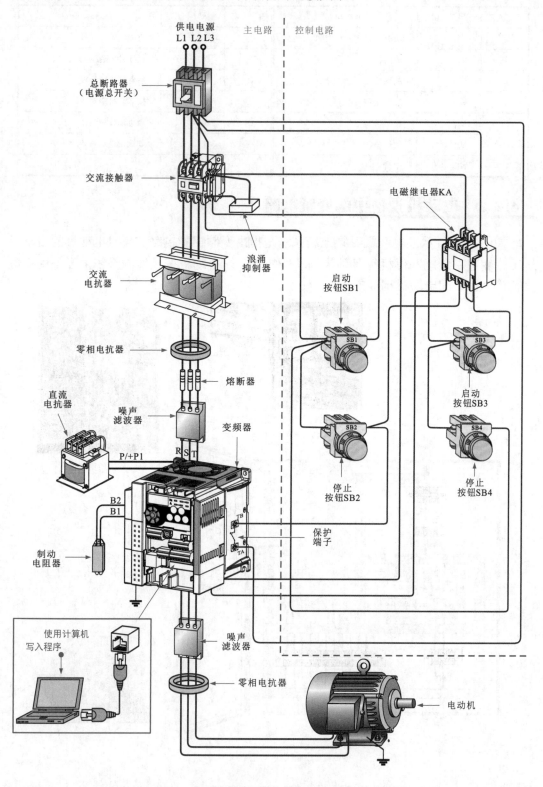

图4-21 典型电动机变频控制系统的连接关系

图4-22所示为典型三相交流电动机的点动、连续运行变频调速控制电路。该电路主要是由主电路和控制电路两部分构成的。

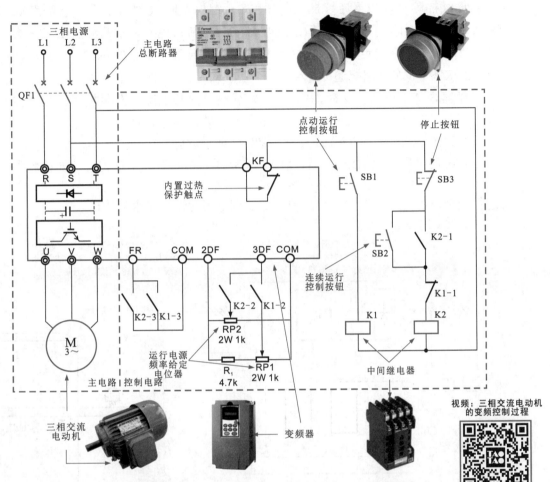

图4-22 典型三相交流电动机的点动、连续运行变频调速控制电路

主电路部分主要包括主电路总断路器QF1、变频器内部的主电路（三相桥式整流电路、中间波电路、逆变电路等）、三相交流电动机等。

控制电路部分主要包括控制按钮SB1～SB3、继电器K1/K2、变频器的运行控制端FR、内置过热保护端KF，以及运行电源频率给定电位器RP1/RP2等。

控制按钮用于控制继电器的线圈，进而控制变频器电源的通断，进而控制三相交流电动机的启动和停止；同时继电器触点控制频率给定电位器有效性，通过调整电位器控制三相交流电动机的转速。

点动控制时，按下点动控制按钮SB1，继电器K1线圈得电，常开触点K1-2闭合，变频器的3DF端与频率给定电位器RP1及COM端构成回路，此时RP1电位器有效，调节RP1电位器即可获得三相交流电动机点动运行时需要的工作频率；常开触点K1-3闭合，变频器的FR端经K1-3与COM端接通。

变频器内部主电路工作时，U、V、W端输出变频电源，电源频率按预置的升速时间上升至与给定信号对应的数值，三相交流电动机得电后启动运行。

点动控制过程中，若松开按钮开关SB1，则继电器K1线圈失电，相应触点复位动作，变频器的FR端与COM端断开，内部主电路停止工作，三相交流电动机失电停转。

当连续控制时，按下连续控制按钮SB2，继电器K2线圈得电，常开触点K2-1闭合，实现自锁（当松开按钮SB2后，继电器K2仍保持得电）；常开触点K2-2闭合，变频器的3DF端与频率给定电位器RP2及COM端构成回路，常开触点K2-3闭合，变频器的FR端经K2-3与COM端接通。

变频器内部主电路工作时，U、V、W端输出变频电源，电源频率按预置的升速时间上升至与给定信号对应的数值，三相交流电动机得电后启动运行。

图4-23所示为单水泵恒压供水变频控制原理示意图。

在实际的恒压供水系统中，管路中安装有压力传感器，由压力传感器检测管路中水的压力大小，并将压力信号转换为电信号，送至变频器中，通过变频器对水泵电动机进行控制，进而对供水量进行控制，从而满足工业设备对水量的需求。

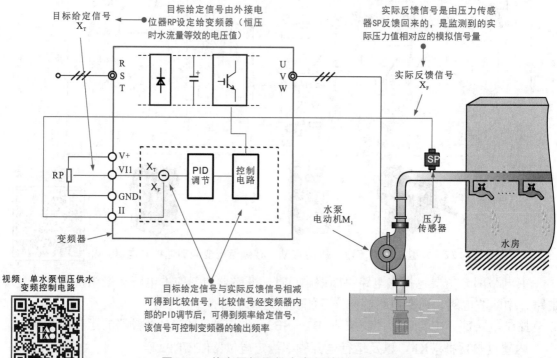

图4-23 单水泵恒压供水变频控制原理示意图

当用水量减少，供水能力大于用水需求时，水压上升，实际反馈信号X_F变大，目标给定信号X_T与X_F的差减小，该比较信号经PID处理后的频率给定信号变小，变频器输出频率下降，水泵电动机M_1转速下降，供水能力下降。

当用水量增加，供水能力小于用水需求时，水压下降，实际反馈信号X_F减小，目标给定信号X_T与X_F的差增大，经PID处理后的频率给定信号变大，变频器输出频率上升，水泵电动机M_1转速上升，供水能力提高，直到压力大小等于目标值、供水能力与用水需求之间达到平衡为止，即实现恒压供水。

4.3 变频控制电路

4.3.1 多台并联电动机正反转变频控制电路

图4-24所示为多台并联电动机正反转变频控制电路。该电路由一台变频器控制多台并联电动机的正反转，使多台电动机在同一频率下工作，可实现多台并联电动机的变频启动、运行和停机等控制功能。

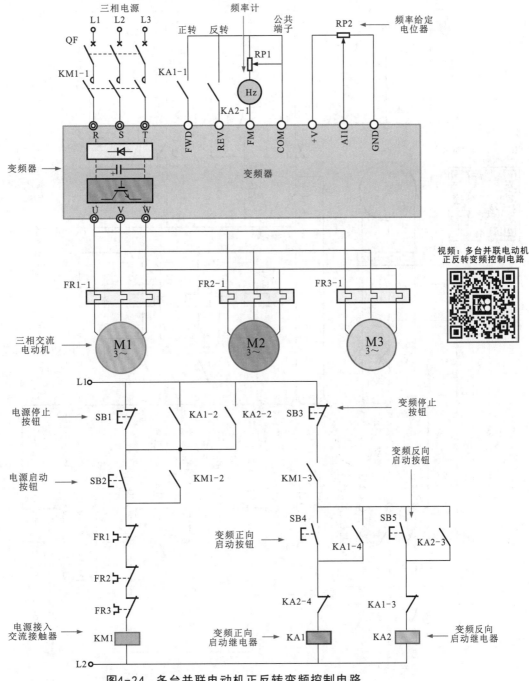

图4-24 多台并联电动机正反转变频控制电路

4.3.2 | 恒压供气变频控制电路

图4-25所示为恒压供气变频控制电路。恒压供气系统的控制对象为空气压缩机电动机，通过变频器对空气压缩机电动机的转速进行控制来调节供气量，使系统压力维持在设定值之上。

视频：恒压供气变频
控制电路

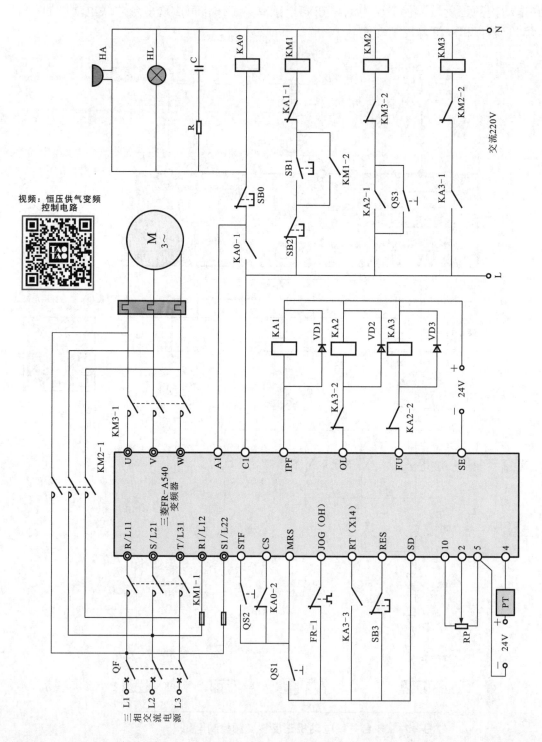

图4-25 恒压供气变频控制电路

4.3.3 | 电泵驱动系统中的变频控制电路

图4-26所示为电泵驱动系统中的变频控制电路。高压三相电（1140 V，50Hz）输入整流电路后会变成直流高压为变频驱动功率电路提供工作电压。

其中，变频电路中的IGBT由变频驱动系统控制，为三相电动机提供变频电流。

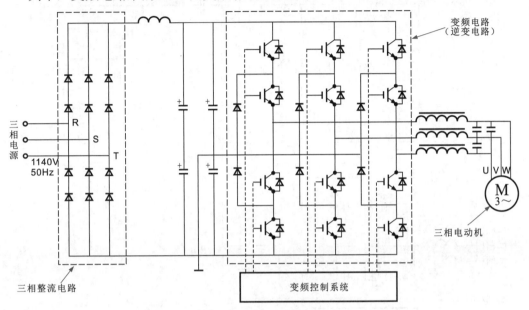

图4-26　电泵驱动系统中的变频控制电路

4.3.4 | 三相交流电动机变频驱动电路

图4-27所示为典型的三相交流电动机变频驱动电路。

三相交流电源加到变频器的R、S、T端，在变频器中经整流滤波后，为功率输出电路提供直流电压，变频器中的控制电路根据人工指令，即正反向操作（N1）和启停操作（N2）键，为变频功率模块提供驱动信号，变频器的U、V、W端输出驱动电流送到三相电动机的绕组。

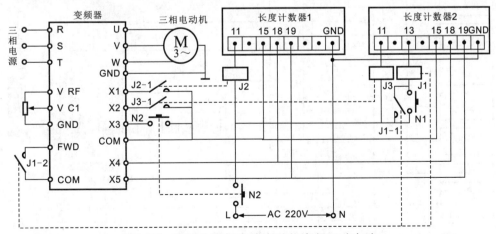

图4-27　典型的三相交流电动机变频驱动电路

4.3.5 | 提升机变频驱动电路

图4-28所示为提升机变频驱动电路。该电路包括三相整流电路、滤波电路、制动电路、变频电路（逆变电路）、回馈逆变电路。

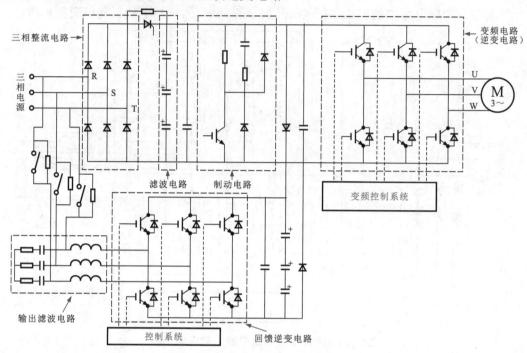

图4-28 提升机变频驱动电路

4.3.6 | 电梯变频驱动控制电路

图4-29所示为典型的电梯变频驱动控制电路。

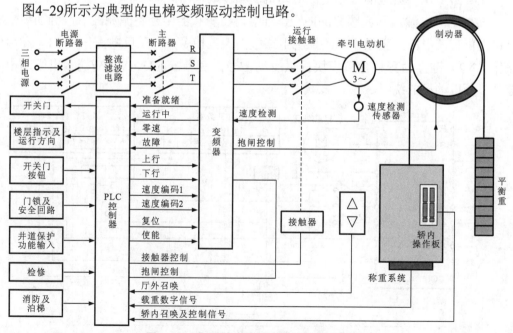

图4-29 典型的电梯变频驱动控制电路

电梯的驱动是电动机,电动机在驱动过程中的运转速度和运转方向都有很大的变化,电梯内、每层楼都有人工指令输入装置,电梯运行时须有多种自动保护环节。

三相交流电源经电路断路器、整流滤波电路、主断路器后加到变频器的R、S、T端,经变频器变频后输出变频驱动信号,再经运行接触器后为牵引电动机供电。

为了实现多功能多环节的控制和自动保护功能,可在控制系统中设置PLC控制器,先将指令信号、传感信号和反馈信号都发送到PLC中,经PLC后再为变频器提供控制信号。

4.3.7 普通交流电动机的变频控制电路

图4-30所示为普通交流电动机的变频控制电路。该系统中三相电源的供电方式和变频器与电动机的连接方式基本相同,只是在变频器的FWD(正转)控制端,加入了继电器J和人工操作键,使电动机的控制可以进行人工干预。

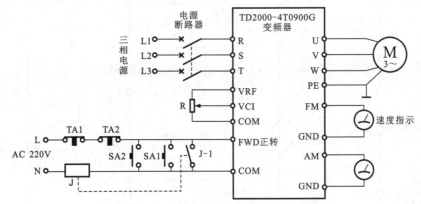

图4-30 普通交流电动机的变频控制电路

4.3.8 卷纸系统中的变频控制电路

图4-31所示为典型卷纸变频系统的结构。

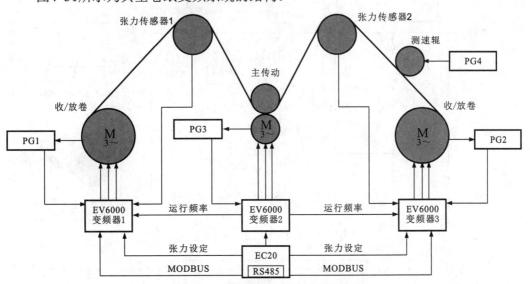

图4-31 典型卷纸变频系统的结构

典型卷纸系统变频控制电路结构如图4-32所示。在该电路中，一台主轴电动机和一台收卷电动机都是由MD320变频器驱动的。操作控制电路是由启停控制键（SB1、SB2）、其他控制键（SB3～SB5）和交流接触器构成的。

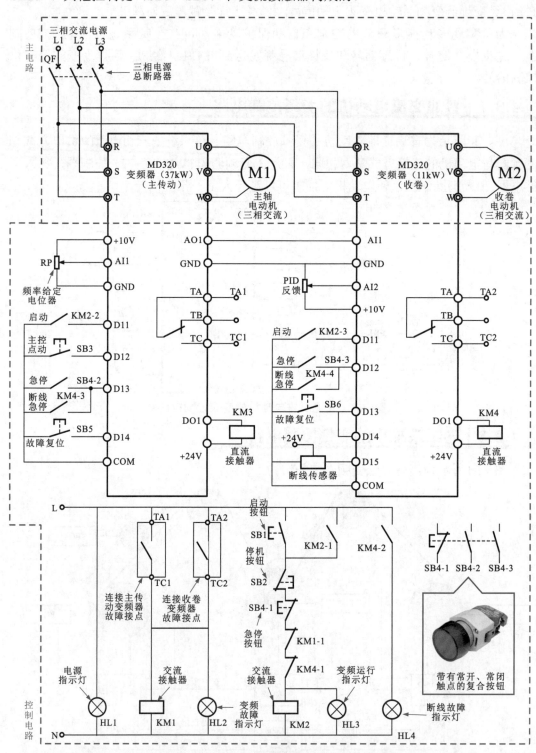

图4-32　典型卷纸系统的变频控制电路结构

4.4　变频功率模块

4.4.1　6MBI50L-060型功率驱动模块

图4-33所示为6MBI50L-060型功率驱动模块。

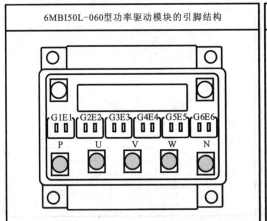
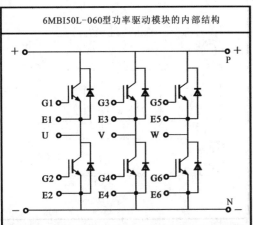

图4-33　6MBI50L-060型功率驱动模块

　　6MBI50L-060型功率驱动模块内部主要由6个IGBT和6个阻尼二极管构成，在外部可以看到有12个较细的引脚（小电流信号端），分别为G1～G6和E1～E6，控制电路将驱动信号加到IGBT的控制极（G1～G6），驱动其内部的IGBT工作，而较粗的引脚（U、V、W输出端）则主要为变频压缩机的电机提供变频驱动信号，P、N端分别连接直流供电电路的正负极，为功率模块提供工作电压。

4.4.2　CM300HA-24H型功率驱动模块

图4-34所示为CM300HA-24H型功率驱动模块。

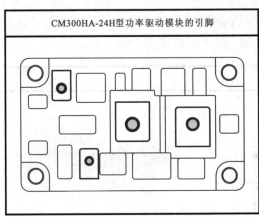
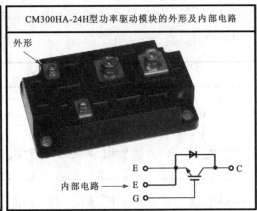

图4-34　CM300HA-24H型功率驱动模块

　　CM300HA-24H型功率驱动模块的参数为300A/1200V，是单个功率管（IGBT）模块。其内部只有1个IGBT和1个阻尼二极管，通常用在高电压大电流的驱动电路中。

4.4.3 | BS M100 GB120 DN2型功率驱动模块

图4-35所示为BS M100 GB120 DN2型功率驱动模块。

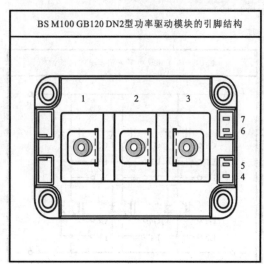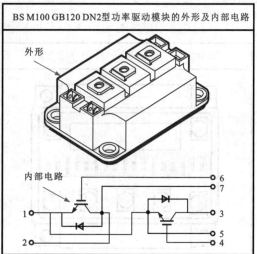

图4-35　BS M100 GB120 DN2型功率驱动模块

　　BS M100 GB120 DN2型功率驱动模块的参数为150 A/1200 V，该模块是一种双功率管（IGBT）模块，其内部共有2个IGBT和2个阻尼二极管。在变频驱动电路中一般使用3个功率模块即可，通过控制电路为IGBT提供驱动信号，通常用在大功率变频驱动电路中。

4.4.4 | SKIM500GD 128DM型功率驱动模块

图4-36所示为SKIM500GD 128DM型功率驱动模块。这种功率驱动模块共有39个引脚，其内部主要由6个IGBT和6个阻尼二极管以及温度传感器（PTC）等构成。该功率驱动模块的外部设有变频控制电路。由变频驱动电路为该电路中的IGBT提供控制信号，使6个IGBT按一定的逻辑顺序工作，并为变频电动机提供驱动信号。

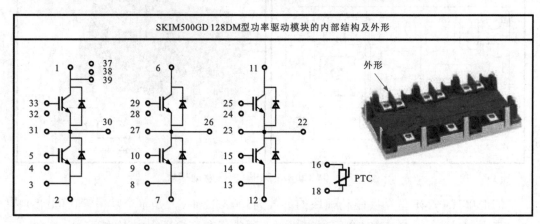

图4-36　SKIM500GD 128DM型功率驱动模块

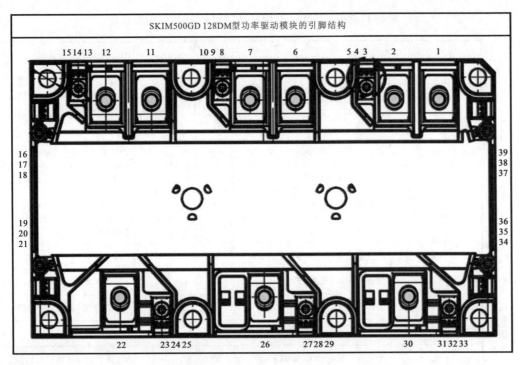

图4-36　SKIM500GD 128DM型功率驱动模块（续）

4.4.5 | FSBS15CH60型变频功率模块

图4-37所示为FSBS15CH60型变频功率模块。

该模块共有27个引脚，参数为15A/600V，其引脚标识及功能见表4-3。

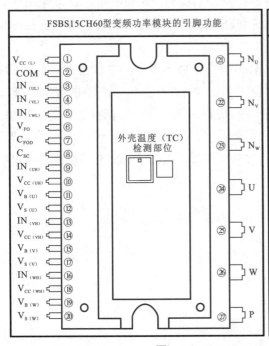

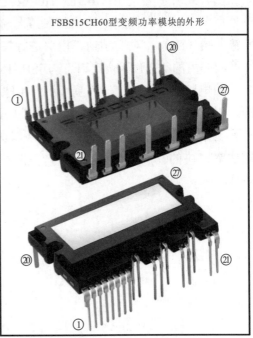

图4-37　FSBS15CH60型变频功率模块

表4-3 FSBS15CH60型变频功率模块的引脚标识及功能

引 脚	字母代号	功能说明	引 脚	字母代号	功能说明
①	$V_{CC(L)}$	低侧（IGBT）晶体管驱动电路（IC）供电端（偏压）	⑮	$V_{B(V)}$	高端偏压供电（V相IGBT驱动）
②	COM	接地端	⑯	$V_{S(V)}$	接地端
③	$IN_{(UL)}$	信号接入端（低侧U相）	⑰	$IN_{(WH)}$	信号输入（高端W相）
④	$IN_{(VL)}$	信号接入端（低侧V相）	⑱	$V_{CC(WH)}$	高端偏压供电（W相驱动IC）
⑤	$IN_{(WL)}$	信号接入端（低侧W相）	⑲	$V_{B(W)}$	高端偏压供电（W相IGBT驱动）
⑥	V_{FO}	故障输出	⑳	$V_{S(W)}$	接地端
⑦	C_{FOD}	故障输出电容（饱和时间选择）	㉑	N_U	U相晶体管（IGBT）发射极
⑧	C_{SC}	滤波电容端（短路检测输入）	㉒	N_V	V相晶体管（IGBT）发射极
⑨	$IN_{(UH)}$	高端信号输入（U相）	㉓	N_W	W相晶体管（IGBT）发射极
⑩	$V_{CC(UH)}$	高端偏压供电（U相驱动IC）	㉔	U	U相驱动输出（电动机）
⑪	$V_{B(U)}$	高端偏压供电（U相IGBT驱动）	㉕	V	V相驱动输出（电动机）
⑫	$V_{S(U)}$	接地端	㉖	W	W相驱动输出（电动机）
⑬	$IN_{(VH)}$	信号输入（高端V相）	㉗	P	电源（+300V）输入端
⑭	$V_{CC(VH)}$	高端偏压供电（V相驱动IC）	㉘	—	—

图4-38所示为采用FSBS15CH60型变频功率模块构成的变频电路。在该电路中，微处理器（CPU）控制电路将控制信号输送到FSBS15CH60型变频功率模块的控制信号输入端（IN），对变频功率模块进行控制。

CPU内的"WH驱动接口"与FSBS15CH60型变频功率模块的⑰脚连接，为WH输入端的电路提供驱动信号，驱动WH门控管工作，㉖脚为变频压缩机的W绕组驱动端；CPU内的"VH驱动接口"为该模块的⑬脚提供驱动信号，驱动该内部电路的门控管工作，㉕脚为变频压缩机的V绕组驱动端；CPU内的"UH驱动接口"则为该变频功率模块的⑨脚提供驱动信号，驱动门控管工作，㉔脚为变频压缩机的U绕组驱动端。

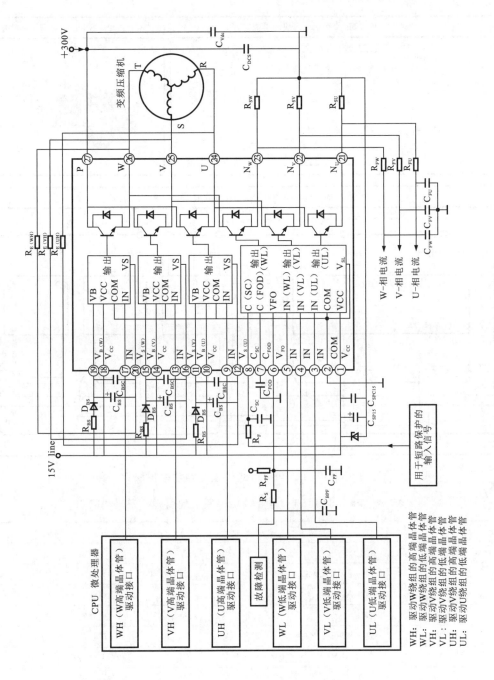

图4-38 采用FSBS15CH60型变频功率模块构成的变频电路

4.4.6 | PM50CTJ060-3型变频功率模块

图4-39所示为PM50CTJ060-3型变频功率模块。PM50CTJ060-3型变频功率模块共有20个引脚,其参数为30A/600V,主要由4个逻辑控制电路、6个功率输出IGBT和6个阻尼二极管构成。其引脚标识及功能见表4-4。

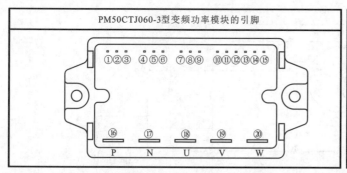

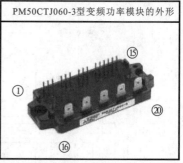

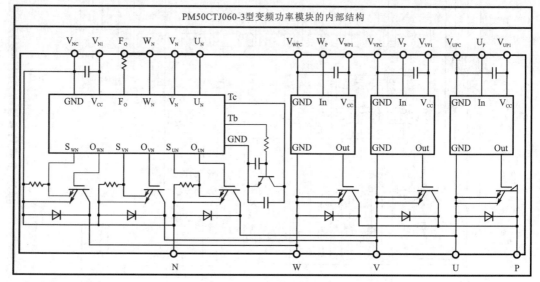

图4-39 PM50CTJ060-3型变频功率模块

表4-4 PM50CTJ060-3型变频功率模块的引脚标识及功能

引 脚	标 识	引脚功能	引 脚	标 识	引脚功能
①	V_{UPC}	接地	⑪	V_{N1}	欠压检测端
②	U_P	功率管U（上）控制	⑫	U_N	功率管U（下）控制
③	V_{UP1}	模块内IC供电	⑬	V_N	功率管V（下）控制
④	V_{VPC}	接地	⑭	W_N	功率管W（下）控制
⑤	V_P	功率管V（上）控制	⑮	F_O	故障检测
⑥	V_{VP1}	模块内IC供电	⑯	P	直流供电端
⑦	V_{WPC}	接地	⑰	N	直流供电负端
⑧	W_P	功率管W（上）控制	⑱	U	接电动机绕组U
⑨	V_{WP1}	模块内IC供电	⑲	V	接电动机绕组V
⑩	V_{NC}	接地	⑳	W	接电动机绕组W

图4-40所示为采用PM50CTJ060-3型变频功率模块构成的变频电路。

PM50CTJ060-3型变频功率模块接收来自微处理器的控制信号，控制信号采用光电控制方式，将信号送到变频功率模块中，具有隔离性好的特点，使变频电路不影响微处理器的工作。

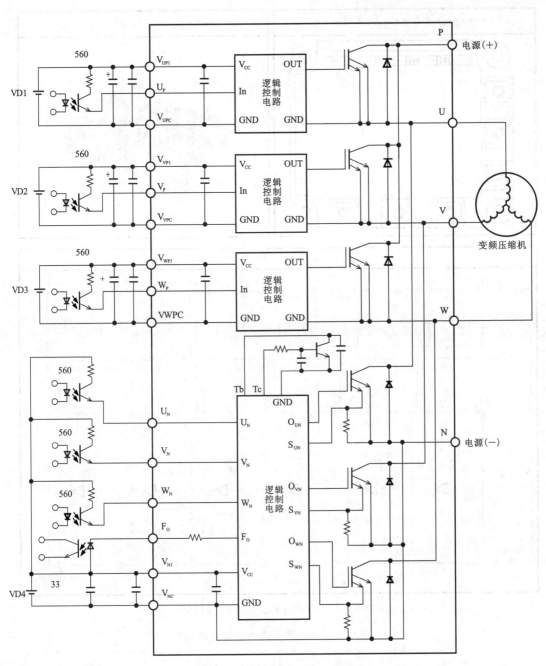

图4-40 采用PM50CTJ060-3型变频功率模块构成的变频电路

4.4.7 PM50CSE060型变频功率模块

图4-41所示为PM50CSE060型变频功率模块。PM50CSE060型变频功率模块共有
16个引脚，其参数为50A/600V，主要是由6个逻辑控制电路、温度检测元件、功率输
出管和6个阻尼二极管等部分构成，由于功率较大，门控管采用双发射极结构，这种
结构便于散热。其相关的引脚功能见表4-5。

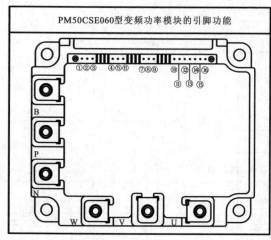

PM50CSE060型变频功率模块的引脚功能

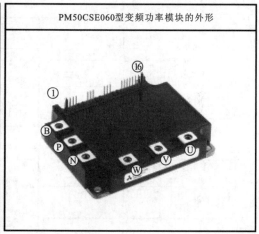

PM50CSE060型变频功率模块的外形

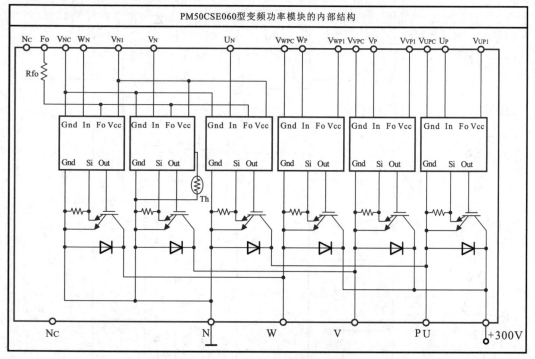

PM50CSE060型变频功率模块的内部结构

图4-41 PM50CSE060型变频功率模块

表4-5 PM50CSE060型变频功率模块的引脚功能

引脚	标识	引脚功能	引脚	标识	引脚功能
①	V_{UPC}	接地	⑨	V_{WPC}	接地
②	U_P	功率管U（上）控制	⑩	V_{NC}	接地
③	V_{UP1}	模块内IC供电	⑪	V_{N1}	欠压检测端
④	V_{VPC}	接地	⑫	NC	空脚
⑤	V_P	功率管V（上）控制	⑬	U_N	功率管U（下）控制
⑥	V_{VP1}	模块内IC供电	⑭	V_N	功率管V（下）控制
⑦	V_{WPC}	接地	⑮	W_N	功率管W（下）控制
⑧	W_P	功率管W（上）控制	⑯	F_O	故障检测

图4-42所示为采用PM50CSE060型变频功率模块构成的变频电路。

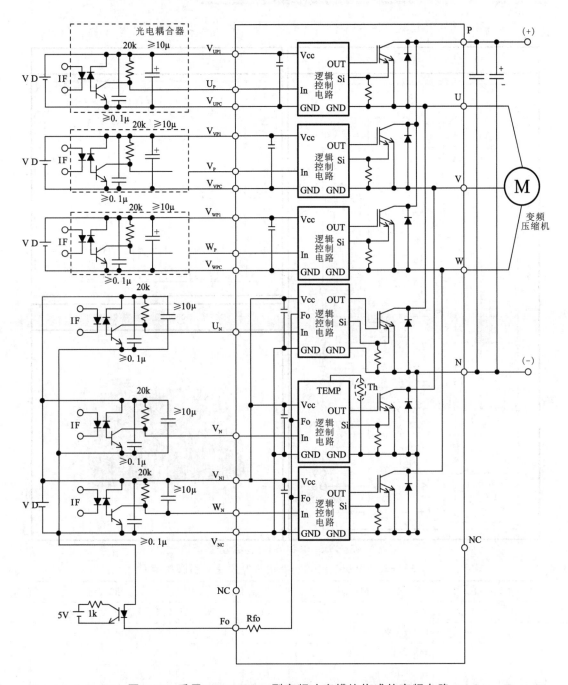

图4-42 采用PM50CSE060型变频功率模块构成的变频电路

该变频功率模块主要应用于电冰箱的压缩机电动机驱动电路中，由微处理器为其提供控制信号经光电耦合器电路后，送入PM50CSE060型变频功率模块的逻辑控制电路中，再经逻辑控制电路处理后驱动IGBT工作，为变频压缩机电动机的绕组提供驱动电流，使压缩机运转。

4.4.8 | PM50CSD060型变频功率模块

图4-43所示为PM50CSD060型变频功率模块。其引脚功能见表4-6。

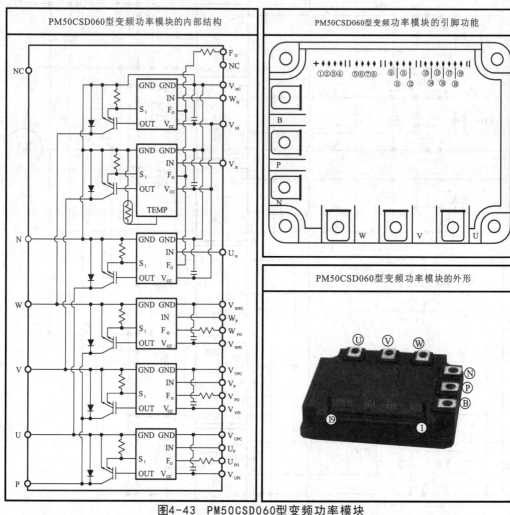

图4-43 PM50CSD060型变频功率模块

表4-6 PM50CSD060型变频功率模块的引脚功能

引脚	标识	引脚功能	引脚	标识	引脚功能
①	V_{UPC}	接地	⑪	W_P	功率管W（上）控制
②	U_{FO}	U相故障检测	⑫	V_{WP1}	模块内IC供电
③	U_P	功率管U（上）控制	⑬	V_{NC}	接地
④	V_{UP1}	模块内IC供电	⑭	V_{NI}	欠压检测端
⑤	V_{VPC}	接地	⑮	NC	空脚
⑥	V_{FO}	V相故障检测	⑯	U_N	功率管U（下）控制
⑦	V_P	功率管V（上）控制	⑰	V_N	功率管V（下）控制
⑧	V_{VP1}	模块内IC供电	⑱	W_N	功率管W（下）控制
⑨	V_{WPC}	接地	⑲	F_O	故障检测
⑩	W_{FO}	W相故障检测	—	—	—

PM50CSD060型变频功率模块的参数为50 A/600 V，其引脚中的①～⑲脚较细，主要用于控制信号的输入，而未标明引脚的B、W、V、U则要与变频压缩机绕组连接，P、N端则要与直流供电电路连接，可通过其外形结构与引脚功能图对照判断引脚的位置。

4.4.9 PM10CNJ060型变频功率模块

图4-44所示为PM10CNJ060型变频功率模块。

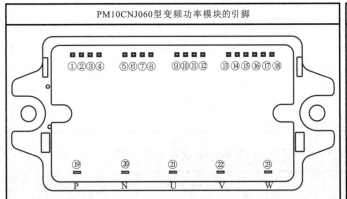

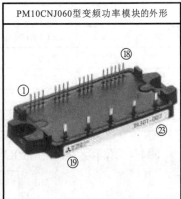

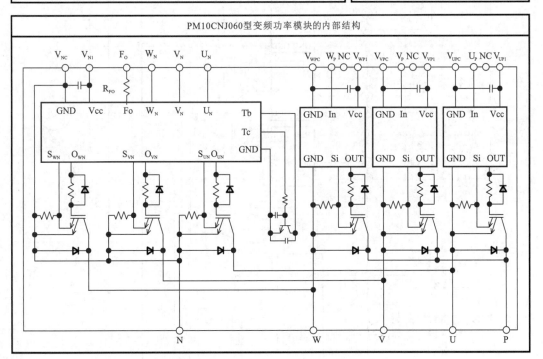

图4-44 PM10CNJ060型变频功率模块

该模块共有23个引脚，其内部主要是由4个逻辑控制电路、功率输出与IGBT和6个阻尼二极管等部分构成的。该模块的①～⑱脚可接收由微处理器传输的控制信号，经内部的电路分析处理后再对IGBT驱动进行控制，以驱动IGBT工作。其引脚功能见表4-7。

表4-7 PM10CNJ060型变频功率模块的引脚功能

引脚	标识	引脚功能	引脚	标识	引脚功能
①	V_{UPC}	接地	⑬	V_{NC}	接地
②	NC	空脚	⑭	V_{N1}	欠压检测端
③	U_P	功率管U（上）控制	⑮	U_N	功率管U（下）控制
④	V_{UP1}	U相IGBT驱动	⑯	V_N	功率管V（下）控制
⑤	V_{VPC}	接地	⑰	W_N	功率管W（下）控制
⑥	NC	空脚	⑱	F_O	故障检测
⑦	V_P	功率管V（上）控制	⑲	P	直流供电端
⑧	V_{VP1}	V相IGBT驱动	⑳	N	直流供电负端
⑨	V_{WPC}	接地	㉑	U	接电动机绕组U
⑩	NC	空脚	㉒	V	接电动机绕组V
⑪	W_P	功率管W（上）控制	㉓	W	接电动机绕组W
⑫	V_{WP1}	W相IGBT驱动	—	—	—

图4-45所示为采用PM10CNJ060型变频功率模块构成的变频电路。

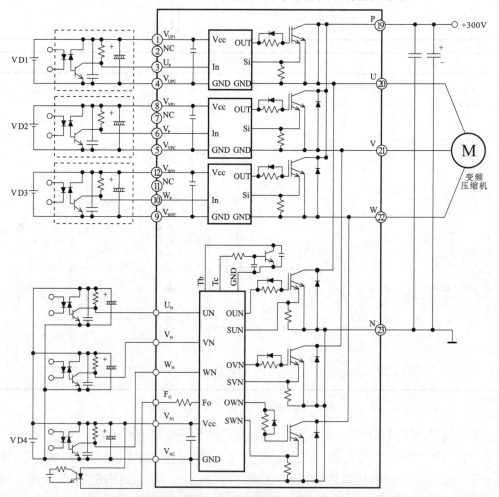

图4-45 采用PM10CNJ060型变频功率模块构成的变频电路

变频功率模块常用于变频电路中。由微处理器送入的控制信号经功率放大电路放大后送入变频功率模块中，变频功率模块对驱动信号进行分析处理后，即可驱动IGBT工作，为变频压缩机电动机输入控制信号。

4.4.10 STK621-041型变频功率模块

图4-46所示为STK621-041型变频功率模块的内部结构。

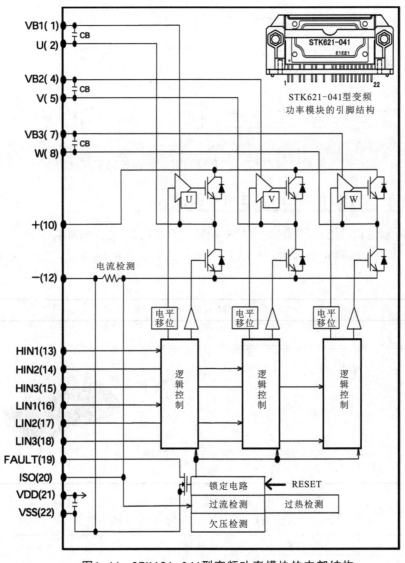

图4-46 STK621-041型变频功率模块的内部结构

STK621-041型变频功率模块共有22个引脚，其内部主要由3个逻辑控制电路、6个IGBT和6个阻尼二极管等部分构成，它可通过接收由微处理器传输的控制信号驱动其内部的IGBT工作。

图4-47所示为采用STK621-041型变频功率模块构成的变频电路。

该模块内部还设有过热检测、过流检测、欠压检测和锁定电路，对变频功率模块进行控制和保护。

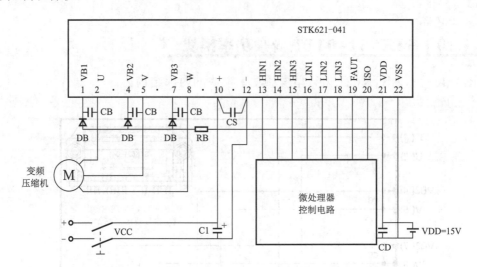

图4-47 采用STK621-041型变频功率模块构成的变频电路

4.4.11 PS21246-E型变频功率模块

图4-48所示为PS21246-E型变频功率模块。PS21246-E型变频功率模块共有26个引脚。其中，①～⑬脚为数据信号输入端；⑭～⑱脚为信号检测端；⑲～㉖脚则与变频压缩机电动机的绕组相连接，用于信号的输出。其引脚功能见表4-8所列。

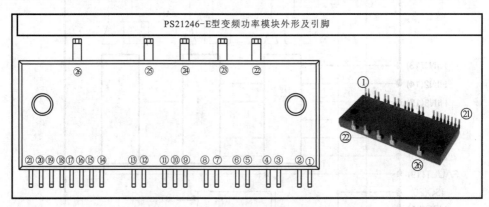

图4-48 PS21246-E型变频功率模块

表4-8 PS21246-E型变频功率模块的引脚功能

引 脚	标 识	引脚功能	引 脚	标 识	引脚功能
①	U_P	功率管U（上）控制	⑥	V_{P1}	模块内IC供电+15V
②	V_{P1}	模块内IC供电+15V	⑦	V_{VFB}	V绕组反馈信号输入
③	V_{UFB}	U绕组反馈信号输入	⑧	V_{VFS}	V绕组反馈信号
④	V_{UFS}	U绕组反馈信号	⑨	W_P	功率管W（上）控制
⑤	V_P	功率管V（上）控制	⑩	V_{P1}	模块内IC供电+15V

引脚	标识	引脚功能	引脚	标识	引脚功能
⑪	V_{PC}	接地	⑲	U_N	功率管U（下）控制
⑫	V_{WFB}	W绕组反馈信号输入	⑳	V_N	功率管V（下）控制
⑬	V_{WFS}	W绕组反馈信号	㉑	W_N	功率管W（下）控制
⑭	V_{N1}	欠压检测端	㉒	P	直流供电端
⑮	V_{NC}	接地	㉓	U	接电动机绕组U
⑯	C_{IN}	过流检测	㉔	V	接电动机绕组V
⑰	C_{FO}	故障输出（滤波端）	㉕	W	接电动机绕组W
⑱	F_O	故障检测	㉖	N	直流供电负端

图4-49所示为PS21246-E型变频功率模块的内部结构。

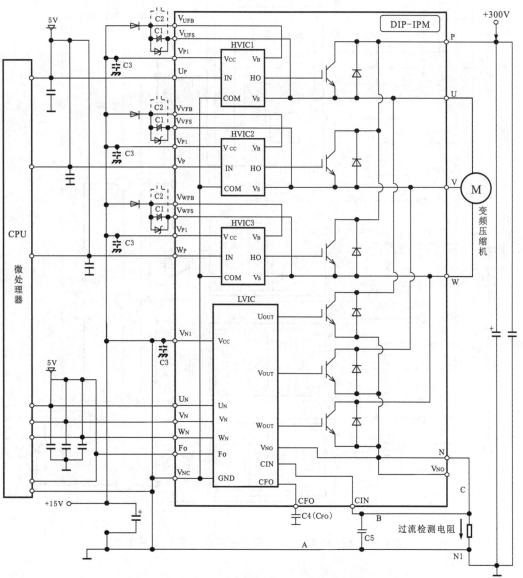

图4-49 PS21246-E型变频功率模块的内部结构

    从图4-49中可以看出，该模块主要是由HVIC1、HVIC2、HVIC3和LVIC 4个逻辑控制电路，6个IGBT和6个阻尼二极管构成的。

    +300V的P端为IGBT提供电源电压，供电电路为它提供+5V的工作电压。由微处理器为PS21246-E输入控制信号，经功率模块内部的逻辑处理后为IGBT控制极提供驱动信号，U、V、W端为压缩机绕组提供驱动电流。LVIC逻辑控制电路则主要用来对PS21246-E型变频功率模块的电压、电流等进行检测，并将检测信号送入微处理器中，以便及时对变频功率模块进行保护控制。

    图4-50所示为采用PS21246-E型变频功率模块构成的变频电路。

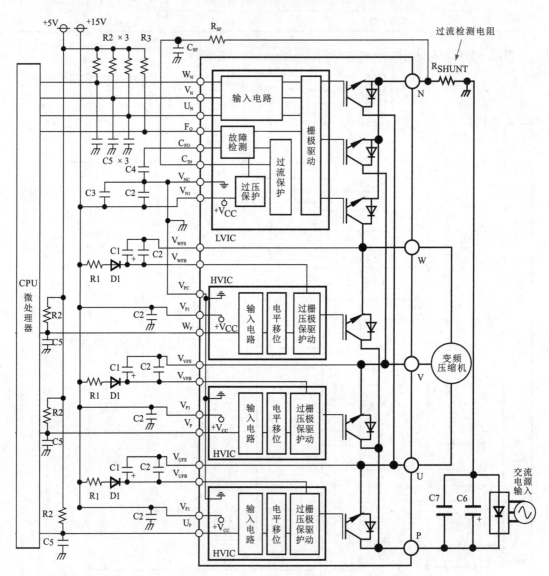

图4-50 PS21246-E型变频功率模块构成的变频电路

4.4.12 │ PS21867型变频功率模块

图4-51所示为PS21867型变频功率模块。

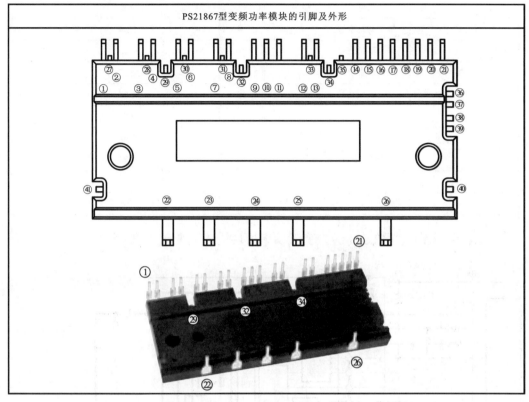

图4-51 PS21867型变频功率模块

PS21867型变频功率模块的参数为30 A/600V，它共有41个引脚。其中，①～㉑脚为数据信号输入端；㉒～㉖脚与变频压缩机绕组相连接，用于信号的输出；㉗～㊶脚则为空脚。其引脚功能见表4-9。

表4-9 PS21867型变频功率模块的引脚功能

引 脚	标 识	引脚功能	引 脚	标 识	引脚功能
①	U_P	功率管U（上）控制	⑪	V_{PC}	接地
②	V_{P1}	模块内IC供电+15V	⑫	V_{WFB}	W绕组反馈信号输入
③	V_{UFB}	U绕组反馈信号输入	⑬	V_{WFS}	W绕组反馈信号
④	V_{UFS}	U绕组反馈信号	⑭	V_{N1}	欠压检测端
⑤	V_P	功率管V（上）控制	⑮	V_{NC}	接地
⑥	V_{P1}	模块内IC供电+15V	⑯	C_{IN}	过流检测
⑦	V_{VFB}	V绕组反馈信号输入	⑰	C_{FO}	故障输出（滤波端）
⑧	V_{VFS}	V绕组反馈信号	⑱	F_O	故障检测
⑨	W_P	功率管W（上）控制	⑲	U_N	功率管U（下）控制
⑩	V_{P1}	模块内IC供电+15V	⑳	V_N	功率管V（下）控制

引　脚	标　识	引脚功能	引　脚	标　识	引脚功能
㉑	W_N	功率管W（下）控制	㉜	NC	空脚
㉒	P	直流供电端	㉝	NC	空脚
㉓	U	接电动机绕组U	㉞	NC	空脚
㉔	V	接电动机绕组V	㉟	NC	空脚
㉕	W	接电动机绕组W	㊱	NC	空脚
㉖	N	直流供电负端	㊲	NC	空脚
㉗	NC	空脚	㊳	NC	空脚
㉘	NC	空脚	㊴	NC	空脚
㉙	NC	空脚	㊵	NC	空脚
㉚	NC	空脚	㊶	NC	空脚
㉛	NC	空脚	—	—	—

图4-52所示为采用PS21867型变频功率模块构成的变频电路。

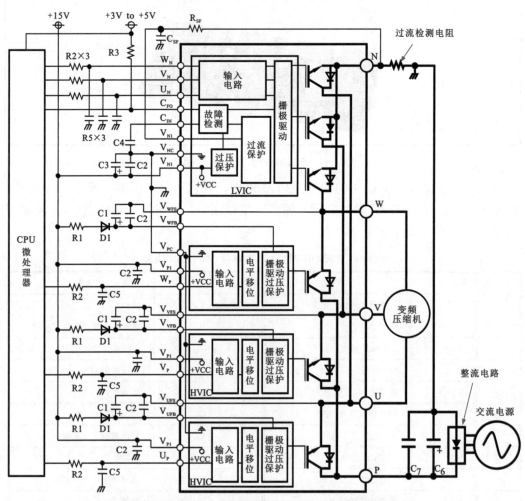

图4-52　采用PS21867型变频功率模块构成的变频电路

PS21867型变频功率模块主要由3个HVIC和1个LVIC共4个逻辑控制电路、6个IGBT和6个阻尼二极管等部分构成。CPU微处理器为变频功率模块提供驱动信号，经由变频功率模块内部的逻辑电路分析处理后，为IGBT提供驱动信号，使IGBT工作，+300V经由P端为IGBT提供电源电压，为IGBT提供工作条件，IGBT收到驱动信号后，便为变频压缩机提供驱动信号使其工作，在工作过程中，变频功率模块中的故障检测、电流保护、电压保护电路则会对变频功率模块的工作进行保护控制。

4.4.13 PS21767/5型变频功率模块

图4-53所示为PS21767/5型变频功率模块。

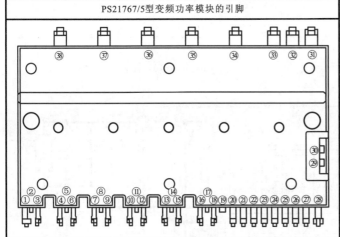
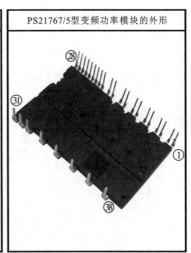

图4-53 PS21767/5型变频功率模块

PS21767/5型变频功率模块共有28个引脚，其引脚功能见表4-10。PS21767/5型变频功率模块的外形及内部结构相同，但规格参数不同，PS21767变频功率模块的参数为30 A/600 V，而PS21765变频功率模块的参数则为20 A/600 V。在检修更换元件时，要注意区分这两个模块。

表4-10 PS21767/5型变频功率模块的引脚功能

引 脚	标 识	引脚功能	引 脚	标 识	引脚功能
①	V_{UFS}	U绕组反馈信号	⑨	V_{VFB}	V绕组反馈信号输入
②	（UPG）	空脚	⑩	V_{P1}	模块内IC供电+15V
③	V_{UFB}	U绕组反馈信号输入	⑪	（COM）	空脚
④	V_{P1}	模块内IC供电+15V	⑫	V_P	功率管V（上）控制
⑤	（COM）	空脚	⑬	V_{WFS}	W绕组反馈信号
⑥	U_P	功率管U（上）控制	⑭	（WPG）	空脚
⑦	V_{VFS}	V绕组反馈信号	⑮	V_{WFB}	W绕组反馈信号输入
⑧	（VPG）	空脚	⑯	V_{P1}	模块内IC供电+15V

引　脚	标　识	引脚功能	引　脚	标　识	引脚功能
⑰	(COM)	空脚	㉘	V_{N1}	欠压检测端
⑱	W_P	功率管W（上）控制	㉙	(WNG)	空脚
⑲	(UNG)	空脚	㉚	(VNG)	空脚
⑳	V_{NO}	接地	㉛	N_W	W相晶体管（IGBT）发射极
㉑	U_N	功率管U（下）控制	㉜	N_V	V相晶体管（IGBT）发射极
㉒	V_N	功率管V（下）控制	㉝	N_U	U相晶体管（IGBT）发射极
㉓	W_N	功率管W（下）控制	㉞	W	接电动机绕组W
㉔	F_O	故障检测	㉟	V	接电动机绕组V
㉕	C_{FO}	故障输出（滤波端）	㊱	U	接电动机绕组U
㉖	C_{IN}	过流检测	㊲	P	直流供电端
㉗	V_{NC}	接地	㊳	NC	空脚

图4-54所示为采用PS21767/5型变频功率模块构成的变频电路。

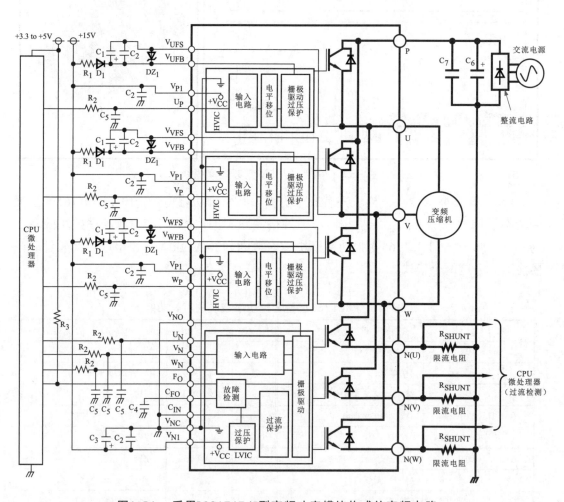

图4-54　采用PS21767/5型变频功率模块构成的变频电路

4.4.14 | PS21964型变频功率模块

图4-55所示为PS21964型变频功率模块。

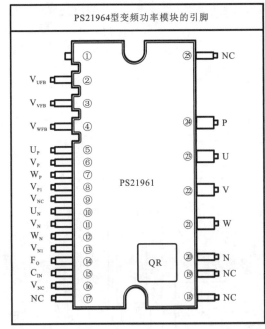
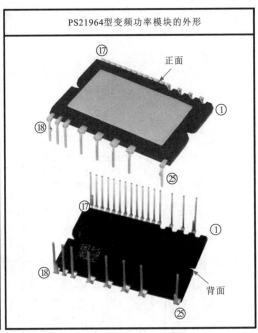

图4-55 PS21964型变频功率模块

PS21964型变频功率模块共有25个引脚。其中，①~⑫脚为数据信号输入端；⑬~⑮脚为检测信号输入端；⑰~⑲脚为空脚；⑳~㉔脚为供电及驱动端。其引脚功能见表4-11。

表4-11 PS21964型变频功率模块的引脚功能

引 脚	标 识	引脚功能	引 脚	标 识	引脚功能
①		空脚	⑭	F_O	故障检测
②	V_{UFB}	U绕组反馈信号输入	⑮	C_{IN}	过流检测
③	V_{VFB}	V绕组反馈信号输入	⑯	V_{NC}	接地
④	V_{WFB}	W绕组反馈信号输入	⑰	NC	空脚
⑤	U_P	功率管U（上）控制	⑱	NC	空脚
⑥	V_P	功率管V（上）控制	⑲	NC	空脚
⑦	W_P	功率管W（上）控制	⑳	N	直流供电负端
⑧	V_{P1}	模块内IC供电+15V	㉑	W	接电动机绕组W
⑨	V_{NC}	接地	㉒	V	接电动机绕组V
⑩	U_N	功率管U（下）控制	㉓	U	接电动机绕组U
⑪	V_N	功率管V（下）控制	㉔	P	直流供电端
⑫	W_N	功率管W（下）控制	㉕	NC	空脚
⑬	V_{N1}	欠压检测端	—	—	—

　　图4-56所示为PS21964型变频功率模块的内部结构。该模块主要由输入电路、电平移位、保护电路、驱动电路、输入信号调节电路、故障检测电路、过压保护电路等构成。交流电源经滤波整流后，为变频功率模块提供工作电压。变频功率模块接收来自微处理器传入的控制信号，再经其内部的输入电路、电平移位、驱动电路等处理后，即可驱动IGBT导通。

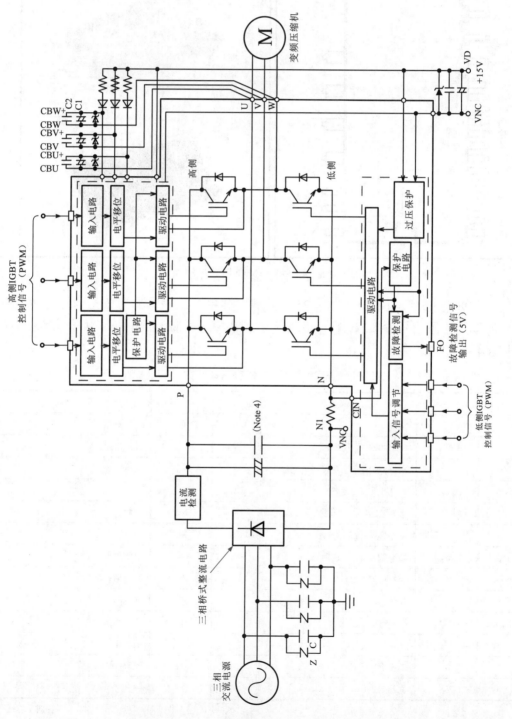

图4-56　PS21964型变频功率模块的内部结构

图4-57所示为PS21964型变频功率模块的外部控制电路。

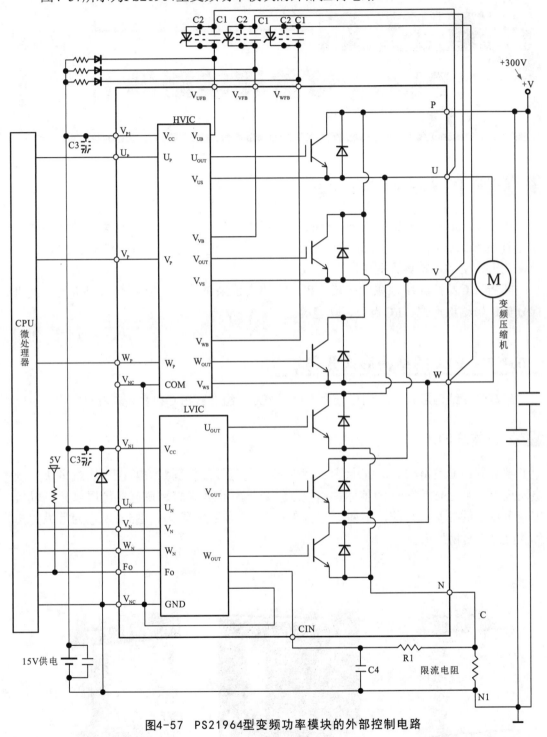

图4-57 PS21964型变频功率模块的外部控制电路

该变频功率模块主要由2个逻辑控制电路、6个IGBT和6个阻尼二极管等部分构成。供电电压经P端为PS21964型变频功率模块供电。CPU微处理器为PS21964型变频功率模块输入控制信号，经变频功率模块内部逻辑控制电路处理后，为IGBT提供驱动信号。

第5章

PLC（可编程控制器）

5.1 PLC的种类

PLC（programmable logic controller，可编程控制器）是一种将计算机技术与继电器控制技术结合起来的现代化自动控制装置，被广泛应用于农机、机床、建筑、电力、化工、交通运输等行业中。

随着PLC及其应用领域的扩展，PLC的种类越来越多，可以从不同的角度对其进行分类，如结构形式、I/O点数、功能等。

5.1.1 PLC的结构形式分类

PLC根据结构形式的不同可分为整体式PLC、组合式PLC和叠装式PLC。

1》整体式PLC

整体式PLC是将CPU、I/O接口、存储器、电源等部件固定安装在一块或多块印制电路板上，使之成为统一的整体，当控制点数不符合要求时，可连接扩展单元，以实现较多点数的控制。目前，小型、超小型PLC多采用这种结构。图5-1所示为常见的整体式PLC的实物外形。

图5-1 常见的整体式PLC的实物外形

2 组合式PLC

组合式PLC是由CPU、I/O接口、存储器、电源等部件以模块形式按一定规则组合配置而成的，它又称作模块式PLC，也可以根据实际需要灵活配置部件。目前，中型或大型PLC多采用组合式结构。图5-2所示为常见的组合式PLC的实物外形。

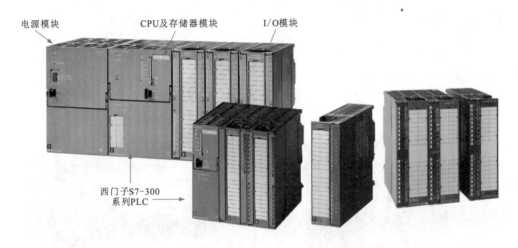

电源模块　　　CPU及存储器模块　　　I/O模块

西门子S7-300系列PLC

图5-2　常见的组合式PLC的实物外形

3 叠装式PLC

叠装式PLC是一种集合整体式PLC的结构紧凑、体积小巧和组合式PLC的灵活配置于一体的PLC，如图5-3所示。这种PLC将CPU（CPU和一定的I/O接口）独立出来作为基本单元，其他模块如I/O模块作为扩展单元，各单元进行一层层的叠装，并使用电缆进行单元之间的连接。

I/O模块扩展单元

CPU基本单元

西门子S7-200系列PLC

图5-3　叠装式PLC

5.1.2 PLC的I/O点数分类

I/O点数是指PLC可接入外部信号的数目。I是指PLC可接入输入点的数目，O是指PLC可接入输出点的数目。I/O点数是指PLC可接入的输入点、输出点的总数。

PLC根据I/O点数的不同可分为小型PLC、中型PLC和大型PLC。

1 >> 小型PLC

小型PLC的I/O点数一般为24～256点，多用于单机控制或小型系统的控制。图5-4所示为常见的小型PLC实物图。

图5-4　常见的小型PLC实物图

2 >> 中型PLC

中型PLC的I/O点数一般为256～2048点。图5-5所示为典型的中型PLC实物外形。这种PLC不仅可对设备进行直接控制，而且可对下一级的多个可编程控制器进行监控，多用于中型或大型系统的控制。

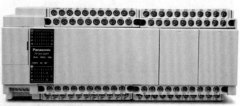

图5-5　典型的中型PLC实物外形

3 >> 大型PLC

大型PLC的I/O点数一般在2048点以上。图5-6所示为典型的大型PLC实物外形。这种PLC不仅能够进行复杂的算数运算和矩阵运算，而且能对设备进行直接控制，同时还能对下一级的多个可编程控制器进行监控，多用于大型系统的控制。

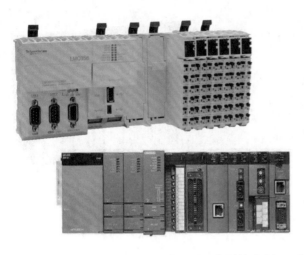

图5-6 典型的大型PLC实物外形

5.1.3 PLC的功能分类

PLC根据功能的不同可分为低档PLC、中档PLC和高档PLC。

1 >> 低档PLC

具有简单的逻辑运算、定时、计算、监控、数据传送、通信等基本控制功能和运算功能的PLC被称为低档PLC，如图5-7所示。这种PLC工作速度较慢，能带动I/O模块的数量也较少。

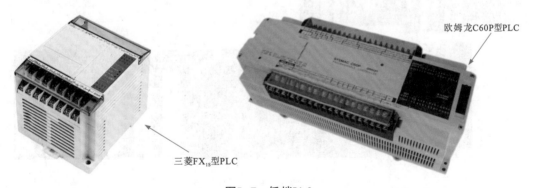

欧姆龙C60P型PLC

三菱FX_{1S}型PLC

图5-7 低档PLC

2 >> 中档PLC

中档PLC除具有低档PLC的控制功能外，还具有较强的控制功能和运算能力，如比较复杂的三角函数、指数和PID运算等，同时具有远程I/O、通信联网等功能，工作速度较快，能带动I/O模块的数量也较多。

图5-8所示为常见中档PLC实物图。

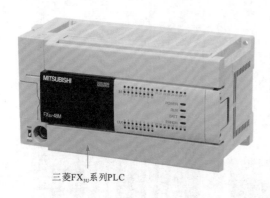
三菱FX₃ᵤ系列PLC

西门子S7-300系列PLC

图5-8 常见中档PLC实物图

3 >> 高档PLC

高档PLC除具有中档PLC的功能外，还具有更为强大的控制功能、运算功能和联网功能，如矩阵运算、位逻辑运算、平方根运算及其他特殊功能函数的运算等，工作速度很快，能带动I/O模块的数量也会更多。

图5-9所示为常见的高档PLC实物图。

西门子S7-400型PLC

霍尼韦尔PLC

图5-9 常见的高档PLC实物图

5.2 PLC的功能应用

PLC的发展极为迅速，随着技术的不断更新，其控制功能，数据采集、存储、处理功能，可编程、调试功能，通信联网功能等也逐渐变得强大，使PLC的应用领域得到进一步急速扩展，广泛应用于各行各业的控制系统中。

5.2.1 | 继电器控制与PLC控制

简单地说，PLC是一种在继电器、接触器的基础上逐渐发展起来的以计算机技术为依托，运用先进的编辑语言实现诸多功能的新型控制系统，采用程序控制方式是它与继电器控制系统的主要区别。

PLC问世以前，在农机、机床、建筑、电力、化工、交通运输等行业中是以继电器控制系统占主导地位的。继电器控制系统以结构简单、价格低廉、易于操作等优点得到了广泛的应用。

图5-10所示为典型继电器控制系统。

视频：继电器控制
与PLC控制

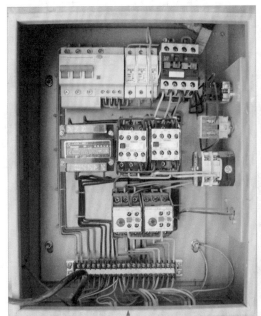

小型机械设备的继电器控制系统　　　　　大型机械设备的继电器控制系统

图5-10　典型继电器控制系统

随着工业控制的精细化程度和智能化水平的提升，以继电器为核心控制系统的结构越来越复杂。在一些较为复杂的系统中，可能会使用成百上千个继电器，这样不仅会让整个控制装置体积庞大，元器件数量的增加、复杂的接线关系还会造成整个控制系统可靠性的降低。更重要的是，一旦控制过程或控制工艺要求变化，则控制柜内的继电器和接线关系都要重新调整。可以想象，如此巨大的变动一定会花费大量的时间、精力和金钱，其成本的投入有时甚至远远超过重新制造一套新的控制系统，这势必又会带来巨大的浪费。

为了应对继电器控制系统的不足，既能让工业控制系统的成本降低，又能很好地应对工业生产中的变化和调整，工程人员将计算机技术、自动化技术及微电子和通信技术相结合，研发出了更加先进的自动化控制系统，即PLC。

PLC作为专门为工业生产过程提供自动化控制的装置，采用了全新的控制理念，通过强大的输入、输出接口与工业控制系统中的各种部件相连，如控制按钮、继电器、传感器、电动机、指示灯等。

图5-11所示为PLC功能简图。

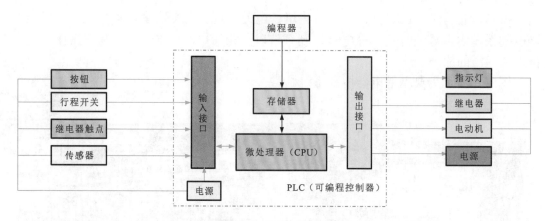

图5-11 PLC功能简图

通过编程器编写控制程序（PLC语句），将控制程序存入PLC的存储器中，并在微处理器（CPU）的作用下执行逻辑运算、顺序控制、计数等操作指令。这些指令会以数字信号（或模拟信号）的形式送到输入端、输出端，控制输入端、输出端接口上连接的设备，协同完成生产过程。

图5-12所示为PLC硬件系统模型图。

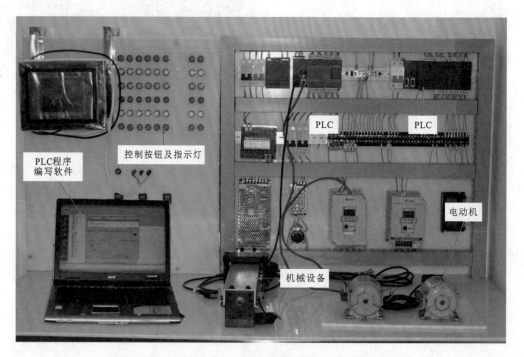

图5-12 PLC硬件系统模型图

补充说明

　　PLC控制系统用标准接口取代硬件安装连接，用大规模集成电路与可靠元件的组合取代线圈和活动部件的搭配，并通过计算机进行控制，不仅大大简化了整个控制系统，而且使控制系统的性能更加稳定、功能更加强大。此外，它在拓展性和抗干扰能力方面也有显著的提高。

　　PLC控制系统的最大特色是在改变控制方式和效果时，不需要改变电气部件的物理连接线路，只需要通过PLC程序编写软件重新编写PLC内部的程序即可。

5.2.2 PLC的功能特点

　　PLC采用可编程序的存储器，可在内部存储执行逻辑运算、顺序控制、定时、计数和算术运算等操作指令；此外，其数字或模拟输入和输出控制端可用于连接各种外部设备，实现控制功能。

1 ▶▶ 控制功能

　　图5-13所示为PLC在生产过程控制系统中的功能图。生产过程中的物理量由传感器检测后，经变压器变成标准信号，再经多路切换开关和A/D转换器变成适合PLC处理的数字信号并由光电耦合器送给CPU，光电耦合器具有隔离功能；数字信号经CPU处理后，再经D/A转换器变成模拟信号输出，模拟信号经驱动电路驱动控制泵电动机、加热器等设备实现自动控制。

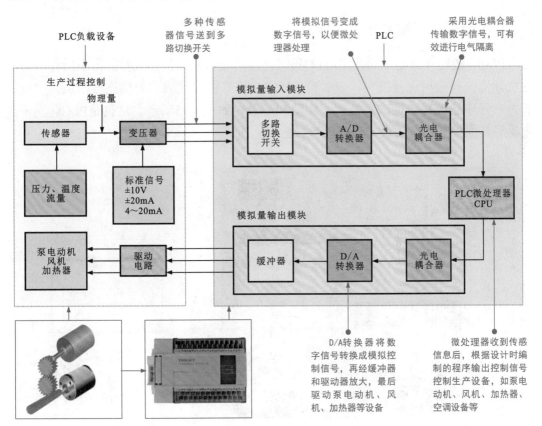

图5-13　PLC在生产过程控制系统中的功能图

2 ▶▶ 数据采集、存储、处理功能

PLC具有数据的传送、转换、排序、移位等功能，可以完成数据的采集、分析、处理及模拟处理等。这些数据也可以与存储在存储器中的参考值进行比较，从而完成一定的控制操作，还可以将数据传输出去或直接打印输出，如图5-14所示。

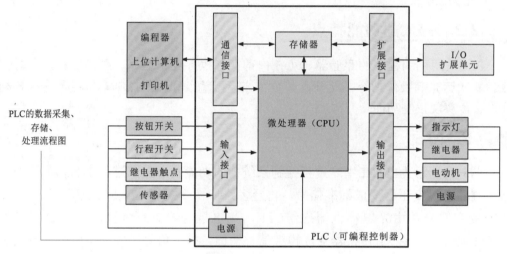

图5-14　PLC的数据采集、存储、处理功能

3 ▶▶ 可编程、调试功能

PLC可通过存储器中的程序对I/O接口外接的设备进行控制，存储器中的程序可根据实际情况和应用进行编写，一般可将PLC与计算机通过编程电缆连接，从而实现对其内部程序的编写、调试、监视、实验和记录，如图5-15所示。这也是PLC区别于继电器等其他控制系统的最大功能优势。

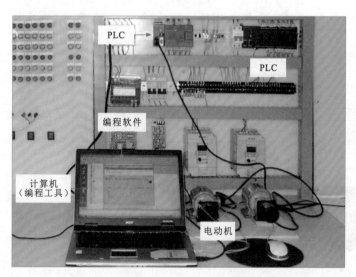

图5-15　PLC的可编程、调试功能

4 ▶▶ **通信联网功能**

PLC具有通信联网功能，可以与远程I/O、其他PLC、计算机、智能设备（如变频器、数控装置等）进行通信，如图5-16所示。

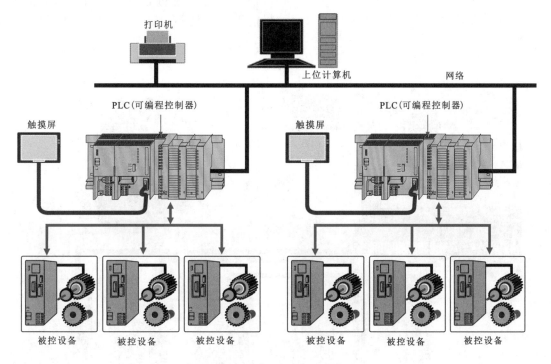

图5-16　PLC的通信联网功能

5 ▶▶ **其他功能**

PLC的其他功能如图5-17所示。

运动控制功能	过程控制功能	监控功能
PLC可通过专用的运动控制模块对直线运动或圆周运动的位置、速度和加速度进行控制，广泛应用于机床、机器人、电梯等	过程控制是指对温度、压力、流量、速度等模拟量的闭环控制。作为工业控制计算机，PLC能编制各种各样的控制算法程序完成闭环控制。另外，为了使PLC能够完成加工过程中对模拟量的自动控制，还可以实现模拟量（analog）和数字量（digital）之间的A/D转换和D/A转换，广泛应用于冶金、化工、热处理、锅炉控制等场合	操作人员可通过PLC的编程器或监视器对定时器、计数器及逻辑信号状态、数据区的数据进行设定，同时可对PLC各部分的运行状态进行监视

停电记忆功能	故障诊断功能
PLC内部设有停电记忆功能，即在内部存储器所使用的RAM中设置了停电保持器件，使断电后该部分存储的信息不变，电源恢复后，便可继续工作	PLC内部设有故障诊断功能，可对系统构成、硬件状态、指令的正确性等进行诊断，当发现异常时，会控制报警系统发出报警提示声，同时在监视器上显示错误信息，当故障严重时会发出控制指令停止运行，从而提高PLC控制系统的安全性

图5-17　PLC的其他功能

5.2.3 ｜ PLC的实际应用

目前，PLC已经成为生产自动化、现代化的重要标志。图5-18所示为PLC在电子产品制造设备中的应用。PLC在电子产品制造设备中主要用来实现自动控制功能，在电子元件加工、制造设备中作为控制中心，使传输定位驱动电动机、加工深度调整电动机、旋转驱动电动机和输出驱动电动机能够协调运转、相互配合，实现自动化的工作。

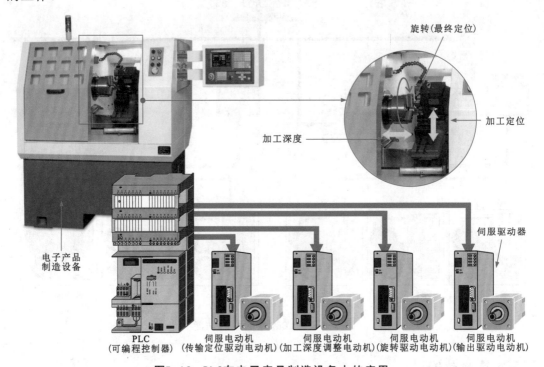

图5-18 PLC在电子产品制造设备中的应用

图5-19所示为PLC在自动包装系统中的应用。

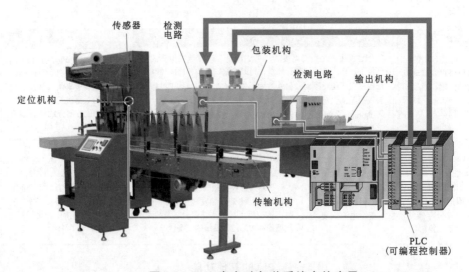

图5-19 PLC在自动包装系统中的应用

5.3 PLC的产品介绍

5.3.1 三菱PLC

图5-20所示为几种常见的三菱PLC系列产品的实物图。市场上，常见的三菱PLC系列的产品有FX$_{1N}$、FX$_{1S}$、FX$_{2N}$、FX$_{3U}$、FX$_{2NC}$、A、Q等。

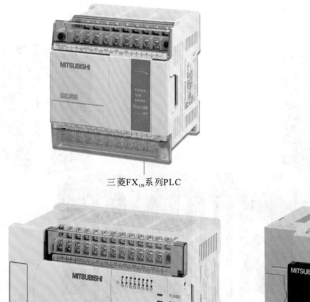

视频：三菱PLC介绍

三菱FX$_{1N}$系列PLC　　　　三菱FX$_{1S}$系列PLC

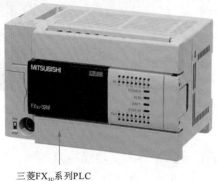

三菱FX$_{2N}$系列PLC　　　　三菱FX$_{3U}$系列PLC

图5-20　几种常见的三菱PLC系列产品的实物图

三菱FX$_{2N}$系列PLC属于超小型程序装置，是FX家族中较先进的系列，处理速度快，在基本单元上连接扩展单元或扩展模块，可进行16～256点的灵活输入/输出组合，为工厂自动化应用提供最大的灵活性和控制能力。

三菱FX$_{1S}$系列PLC属于集成型小型单元式PLC。

三菱Q系列PLC是三菱公司原先A系列的升级产品，属于中大型PLC系列的产品。Q系列PLC采用模块化的结构形式，系列产品的组成与规模灵活多变，最大输入、输出点数可达4096点；最大程序的存储器容量可达252KB；采用扩展存储器后可达32MB；基本指令的处理速度可达34ns。升级后整个系统的处理速度得到了很大的提升，多个CPU模块可以在同一基板上安装，CPU模块间可以通过自动刷新进行定期通信，或通过特殊指令进行瞬时通信。三菱Q系列PLC被广泛应用于各种中大型复杂机械、自动生产线的控制场合。

5.3.2 西门子PLC

德国西门子（SIEMENS）公司的可编程控制器SIMATIC S5系列产品在中国推广较早，在很多的工业生产自动化控制领域都曾有过经典应用。西门子公司还开发了一些起标准示范作用的硬件和软件，从某种意义上说，西门子系列PLC决定了现代可编程控制器的发展方向。

目前，市场上西门子PLC主要是西门子S7系列产品，包括小型PLC S7-200、中型PLC S7-300和大型PLC S7-400，如图5-21所示。

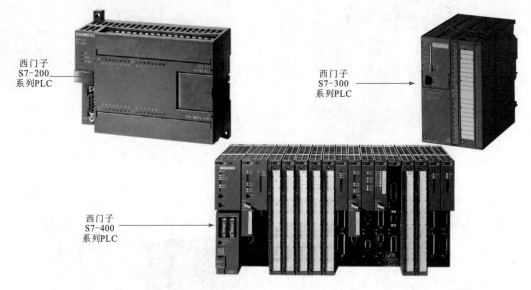

西门子
S7-200
系列PLC

西门子
S7-300
系列PLC

西门子
S7-400
系列PLC

图5-21 西门子S7系列产品

西门子PLC的主要功能特点如下。

（1）采用了模块化紧凑设计，可按积木式结构进行系统配置，功能扩展非常灵活、方便。

（2）能以极快的速度处理自动化控制任务，S7-200和S7-300的扫描速度为0.37μs。

（3）具有很强的网络功能，可以将多个PLC按照工艺或控制方式连接成工业网络，构成多级完整的生产控制系统，既可实现总线联网，又可实现点到点通信。

（4）在软件方面，允许在Windows操作平台下使用相关的程序软件包、标准的办公室软件和工业通信网络软件，可识别C++等高级语言环境。

（5）编程工具更为开放，可使用普通计算机或便携式计算机。

5.3.3 欧姆龙PLC

日本欧姆龙（OMRON）公司的PLC进入中国市场的时间较早，开发了最大I/O点数在140点以下的C20P、C20等微型PLC，最大I/O点数为2048点的C2000H等大型PLC，并广泛应用于自动化系统设计的产品中。

图5-22所示为常见的欧姆龙PLC产品的实物图。

欧姆龙C200H系列PLC

欧姆龙CPM1A、CPM2A系列PLC

欧姆龙PLC 5系列PLC

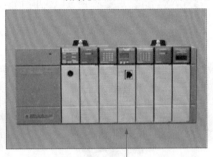

欧姆龙SLC 500系列PLC

图5-22 常见的欧姆龙PLC产品的实物图

欧姆龙公司对PLC及其软件的开发有自己的特殊风格。例如，欧姆龙大型PLC将系统存储器、用户存储器、数据存储器和实际的输入/输出接口、功能模块等统一按绝对地址的形式组成系统，把数据存储和电气控制使用的术语合二为一，并命名数据区为I/O继电器、内部负载继电器、保持继电器、专用继电器、定时器/计数器。

5.3.4 松下PLC

松下PLC是目前国内比较常见的PLC产品之一，其功能完善、性价比高，常用的有小型FP-X、FP0、FP1、FPΣ、FP-e系列，中型的FP2、FP2SH、FP3系列，以及大型的EP5系列等。图5-23所示为常见的松下PLC产品的实物图。

松下FP-X系列PLC

松下FP0系列PLC

图5-23 常见的松下PLC产品的实物图

5.4 PLC的结构组成

随着控制系统的规模和复杂程度的增加，一套完整的PLC控制系统不再局限于单个PLC主机（基本单元）独立工作，而是由多个硬件组合而成的，且根据PLC类型、应用场合、环境、功能等因素的不同，构成系统的硬件数量、类型、要求也不相同，不同系统的具体结构、组配模式、硬件规模也有很大的差异。

5.4.1 三菱PLC的结构组成

如图5-24所示，三菱公司为了满足各行各业不同的控制需求，推出了多个系列型号的PLC，如Q系列、AnS系列、QnA系列、A系列和FX系列等。

三菱Q系列PLC

三菱QnA系列PLC

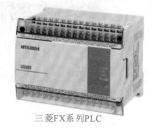
三菱FX系列PLC

图5-24 不同系列的三菱PLC

三菱PLC的硬件系统主要由基本单元、扩展单元、扩展模块及特殊功能模块组成，如图5-25所示。

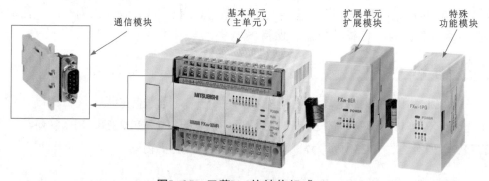

图5-25 三菱PLC的结构组成

1 ▶▶ 三菱PLC的基本单元

三菱PLC的基本单元是PLC的控制核心，也称主单元，主要由CPU、存储器、输入接口、输出接口及电源等构成，是PLC硬件系统中的必选单元。下面以三菱FX系列PLC为例介绍硬件系统中的产品构成。

图5-26所示为三菱FX系列PLC的基本单元，也称PLC主机或CPU部分，属于集成型小型单元式PLC，具有完整的性能和通信功能等扩展性。常见的FX系列产品主要有FX$_{1N}$、FX$_{2N}$和FX$_{3U}$ 3种。

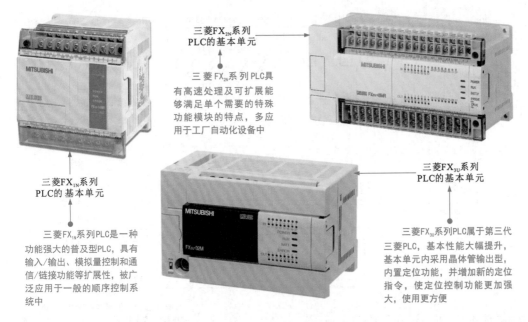

三菱FX₂ₙ系列
PLC的基本单元

三菱FX₂ₙ系列PLC具有高速处理及可扩展能够满足单个需要的特殊功能模块的特点，多应用于工厂自动化设备中

三菱FX₃ᵤ系列
PLC的基本单元

三菱FX₁ₙ系列
PLC的基本单元

三菱FX₁ₙ系列PLC是一种功能强大的普及型PLC，具有输入/输出、模拟量控制和通信/链接功能等扩展性，被广泛应用于一般的顺序控制系统中

三菱FX₃ᵤ系列PLC属于第三代三菱PLC，基本性能大幅提升，基本单元内采用晶体管输出型，内置定位功能，并增加新的定位指令，使定位控制功能更加强大，使用更方便

图5-26　三菱FX系列PLC的基本单元

图5-27所示为三菱FX系列PLC基本单元的外部结构，主要由电源接口、输入/输出接口、PLC状态指示灯、输入/输出LED指示灯、扩展接口、外围设备接线插座和盖板、存储器和串行通信接口等构成。

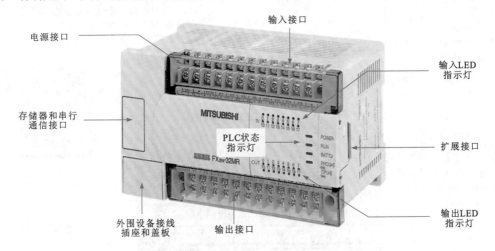

输入接口

电源接口

输入LED
指示灯

存储器和串行
通信接口

PLC状态
指示灯

扩展接口

外围设备接线
插座和盖板

输出接口

输出LED
指示灯

图5-27　三菱FX系列PLC基本单元的外部结构

（1）电源接口和输入/输出接口。PLC的电源接口包括L端、N端和接地端，用于为PLC供电；PLC的输入接口通常使用X0、X1等进行标识；PLC的输出接口通常使用Y0、Y1等进行标识。

图5-28所示为三菱PLC基本单元的电源接口和输入/输出接口。

（2）LED指示灯。LED指示灯部分包括PLC状态指示灯、输入LED指示灯和输出LED指示灯3个部分，如图5-29所示。

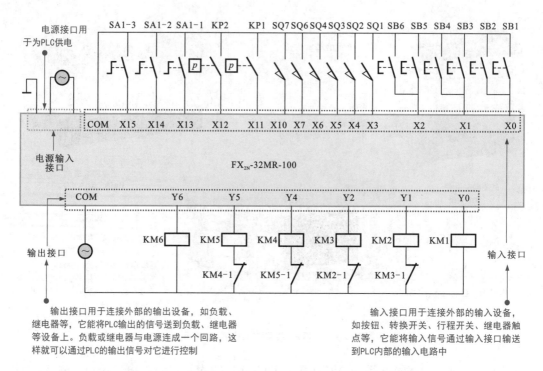

图5-28 三菱PLC基本单元的电源接口和输入/输出接口

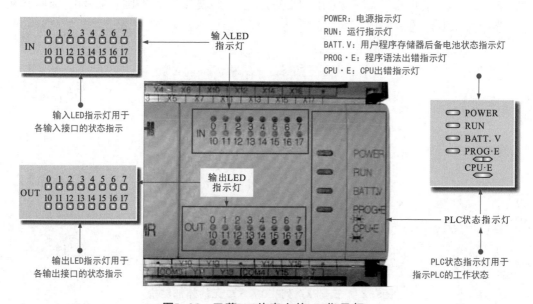

POWER：电源指示灯
RUN：运行指示灯
BATT.V：用户程序存储器后备电池状态指示灯
PROG·E：程序语法出错指示灯
CPU·E：CPU出错指示灯

图5-29 三菱PLC外壳上的LED指示灯

（3）通信接口。PLC与计算机、外围设备、其他PLC之间需要通过共同约定的通信协议和通信方式由通信接口实现信息交换。

图5-30所示为三菱PLC基本单元的通信接口。

拆开PLC外壳即可看到PLC的内部结构组成。在通常情况下，三菱PLC基本单元的内部主要由CPU电路板、输入/输出接口电路板和电源电路板构成，如图5-31所示。

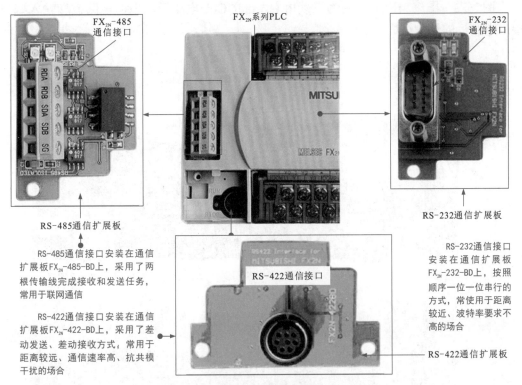

FX₂N-485
通信接口

FX₂N系列PLC

FX₂N-232
通信接口

RDA RDB SDA SDB SG

MITSU

MELSEC FX₂N

RS-485通信扩展板

RS-485通信接口安装在通信扩展板FX₂N-485-BD上，采用了两根传输线完成接收和发送任务，常用于联网通信

RS-422通信接口

RS-422通信接口安装在通信扩展板FX₂N-422-BD上，采用了差动发送、差动接收方式；常用于距离较远、通信速率高、抗共模干扰的场合

RS-232通信扩展板

RS-232通信接口安装在通信扩展板FX₂N-232-BD上，按照顺序一位一位串行的方式，常使用于距离较近、波特率要求不高的场合

RS-422通信扩展板

图5-30 三菱PLC基本单元的通信接口

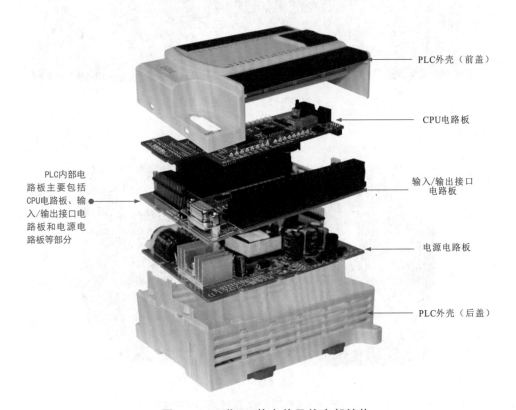

PLC外壳（前盖）

CPU电路板

PLC内部电路板主要包括CPU电路板、输入/输出接口电路板和电源电路板等部分

输入/输出接口电路板

电源电路板

PLC外壳（后盖）

图5-31 三菱PLC基本单元的内部结构

图5-32～图5-34所示分别为三菱PLC内部的CPU电路板、电源电路板和输入/输出接口电路板的结构组成。

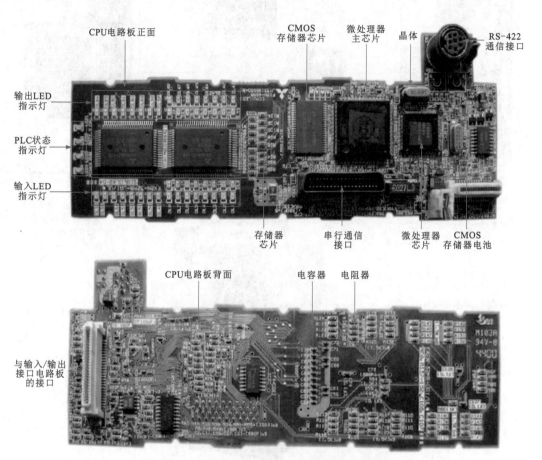

图5-32　三菱PLC内部的CPU电路板的结构组成

图5-33　三菱PLC内部的电源电路板的结构组成

24V
输入接口

电容器

PLC状态
指示灯

输入/输出接
口电路板用于进
行PLC输入、输出
信号的处理

RS-232
通信接口

输入接口

输入LED
指示灯

光电
耦合器

集成电路

输出LED
指示灯

输出
继电器

输出接口

图5-34　三菱PLC内部的输入/输出接口电路板的结构组成

不同系列、不同型号的PLC具有不同的规格参数。图5-35所示为三菱FX$_{2N}$系列PLC基本单元的类型、I/O点数和性能参数。

三菱FX$_{2N}$系列PLC基本单元主要有25种类型，每一种类型的基本单元通过I/O扩展单元都可扩展到256个I/O点；根据电源类型的不同，25种类型的FX$_{2N}$系列PLC基本单元可分为交流电源和直流电源

【三菱FX$_{2N}$系列PLC基本单元的类型及I/O点数】				
AC电源、24V直流输入				
继电器输出	晶体管输出	晶闸管输出	输入点数	输出点数
FX$_{2N}$-16MR-001	FX$_{2N}$-16MT-001	FX$_{2N}$-16MS-001	8	8
FX$_{2N}$-32MR-001	FX$_{2N}$-32MT-001	FX$_{2N}$-32MS-001	16	16
FX$_{2N}$-48MR-001	FX$_{2N}$-48MT-001	FX$_{2N}$-48MS-001	24	24
FX$_{2N}$-64MR-001	FX$_{2N}$-64MT-001	FX$_{2N}$-64MS-001	32	32
FX$_{2N}$-80MR-001	FX$_{2N}$-80MT-001	FX$_{2N}$-80MS-001	40	40
FX$_{2N}$-128MR-001	FX$_{2N}$-128MT-001		64	64
DC电源、24V直流输入				
继电器输出	晶体管输出		输入点数	输出点数
FX$_{2N}$-32MR-D	FX$_{2N}$-32MT-D		16	16
FX$_{2N}$-48MR-D	FX$_{2N}$-48MT-D		24	24
FX$_{2N}$-64MR-D	FX$_{2N}$-64MT-D		32	32
FX$_{2N}$-80MR-D	FX$_{2N}$-80MT-D		40	40

【三菱FX$_{2N}$系列PLC基本单元的基本性能指标】	
项　目	内　容
运算控制方式	存储程序、反复运算
I/O控制方式	批处理方式（在执行END指令时），可以使用输入/输出刷新指令
运算处理速度	基本指令：0.08微秒/基本指令。应用指令：1.52微秒～数百微秒/应用指令
程序语言	梯形图、语句表、顺序功能图
存储器容量	8K步，最大可扩展为16K步（可选存储器，有RAM、EPROM、EEPROM）
指令数量	基本指令：27个。步进指令：2个。应用指令：132种、309个
I/O设置	最多256点

FX$_{2N}$基本单元

扩展接口

【三菱FX$_{2N}$系列PLC基本单元的输入技术指标】	
项　目	内　容
输入电压	DC 24V
输入电流	输入端子X0～X7：7mA。其他输入端子：5mA
输入开关电流OFF→ON	输入端子X0～X7：4.5mA。其他输入端子：3.5mA
输入开关电流ON→OFF	<1.5mA
输入阻抗	输入端子X0～X7：3.3kΩ。其他输入端子：4.3kΩ
输入隔离	光隔离
输入响应时间	0～60ms
输入状态显示	输入ON时LED灯亮

图5-35　三菱FX$_{2N}$系列PLC基本单元的类型、I/O点数和性能参数

项 目		继电器输出	晶体管输出	晶闸管输出
外部电源		AC 250V，DC 30V以下	DC 5～30V	AC 85～242V
最大负载	电阻负载	2A/1点 8A/4点COM 8A/8点COM	0.5A/1点 0.8A/4点	0.3A/1点 0.8A/4点
	感性负载	80V·A	12W，DC 24V	15V·A，AC 100V 30V·A，AC 200V
	灯负载	100W	1.5W，DC 24V	30W
响应时间	OFF→ON	约10ms	0.2ms以下	1ms以下
	ON→OFF		0.2ms以下（24V/200mA时）	最大10ms
开路漏电流			0.1mA以下，DC 30V	1mA/AC 100V，2mA/AC 200V
电路隔离		继电器隔离	光电耦合器隔离	光敏晶闸管隔离
输出状态显示		继电器通电时LED灯亮	光电耦合器驱动时LED灯亮	光敏晶闸管驱动时LED灯亮

表题：【三菱FX$_{2N}$系列PLC基本单元的输出技术指标】

图5-35 三菱FX$_{2N}$系列PLC基本单元的类型、I/O点数和性能参数（续）

三菱FX$_{2N}$系列的PLC具有高速处理功能，可扩展多种满足特殊需要的扩展单元及特殊功能模块（每个基本单元可扩展8个可兼用FX$_{0N}$的扩展单元及特殊功能模块），且具有很大的灵活性和控制能力，如多轴定位控制、模拟量闭环控制、浮点数运算、开平方运算和三角函数运算等。

补充说明

三菱PLC基本单元的正面标识有PLC的型号，型号中的每个字母或数字都表示不同的含义。
图5-36列出了三菱FX$_{2N}$系列PLC基本单元的型号标识中各字母或数字所表示的含义。

视频：三菱FX系列
PLC的命名规则

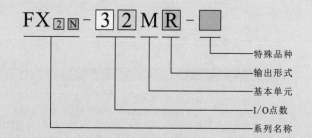

FX$\boxed{2N}$ - $\boxed{3}\boxed{2}$M$\boxed{R}$ - $\boxed{}$

特殊品种
输出形式
基本单元
I/O点数
系列名称

图5-36 三菱FX$_{2N}$系列PLC基本单元的型号标识中各字母或数字所表示的含义

系列名称：如0、2、1S、1N、2N、2NC、3U等。
I/O点数：PLC输入/输出的总点数为10～256。
基本单元：M代表PLC的基本单元。
输出形式：R为继电器输出，有触点，可带交/直流负载；T为晶体管输出，无触点，可带直流负载；S为晶闸管输出，无触点，可带交流负载。
特殊品种：D为DC电源，表示DC输出模块；A为AC电源，表示AC输入或AC输出模块；H为大电流输出扩展模块；V为立式端子排的扩展模块；C为接插口I/O方式；F表示输出滤波时间常数为1ms的扩展模块。
若三菱FX系列PLC基本单元的型号标识中特殊品种一项无标识，则默认为AC电源、DC输入、横式端子排、标准输出。

2 三菱PLC的扩展单元

三菱PLC的扩展单元是一个独立的扩展设备，通常接在PLC基本单元的扩展接口或扩展插槽上，如图5-37所示。

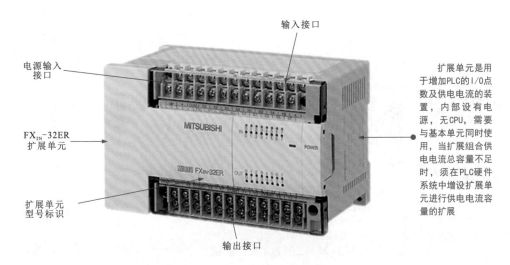

图5-37　三菱PLC的扩展单元

不同系列三菱PLC的扩展单元类型也不同，见表5-1。三菱FX$_{2N}$系列PLC的扩展单元主要有6种类型，根据输出类型的不同，6种类型的FX$_{2N}$系列PLC的扩展单元可分为继电器输出和晶体管输出两大类。

表5-1　三菱FX$_{2N}$系列PLC扩展单元的类型及I/O点数

继电器输出	晶体管输出	I/O总数	输入点数	输出点数	输入电压	类型
FX$_{2N}$-32ER	FX$_{2N}$-32ET	32	16	16	24 V直流	漏型
FX$_{2N}$-48ER	FX$_{2N}$-48ET	48	24	24		
FX$_{2N}$-48ER-D	FX$_{2N}$-48ET-D	48	24	24		

补充说明

三菱PLC扩展单元正面标识型号的命名规则与基本单元很相似，只是使用字母E标识，如图5-38所示。

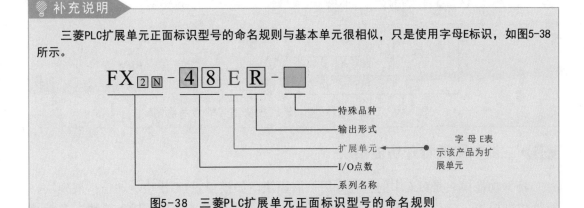

图5-38　三菱PLC扩展单元正面标识型号的命名规则

3 >> 三菱PLC的扩展模块

三菱PLC的扩展模块是用于增加PLC的I/O点数及改变I/O比例的装置，其内部无电源和CPU，需要与基本单元配合使用，由基本单元或扩展单元供电，如图5-39所示。

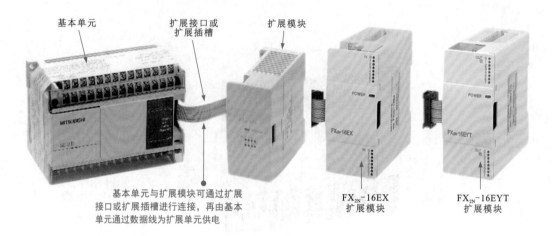

基本单元   扩展接口或   扩展模块
              扩展插槽

基本单元与扩展模块可通过扩展
接口或扩展插槽进行连接，再由基本
单元通过数据线为扩展单元供电

FX₂N-16EX
扩展模块

FX₂N-16EYT
扩展模块

图5-39　三菱PLC的扩展模块

不同系列的三菱PLC的扩展模块类型也不同，见表5-2。三菱FX$_{2N}$系列PLC的扩展模块主要有3种类型，分别为FX$_{2N}$-16EX、FX$_{2N}$-16EYT、FX$_{2N}$-16EYR。

表5-2　三菱FX$_{2N}$系列PLC的扩展模块的类型及I/O点数

型　号	I/O总数	输入点数	输出点数	输入电压	输入类型	输出类型
FX₂N-16EX	16	16	—	24V直流	漏型	—
FX₂N-16EYT	16	—	16			晶体管
FX₂N-16EYR	16	—	16			继电器

三菱PLC扩展模块的正面标识有扩展模块的型号，其型号的命名规则与扩展单元很相似，如图5-40所示。

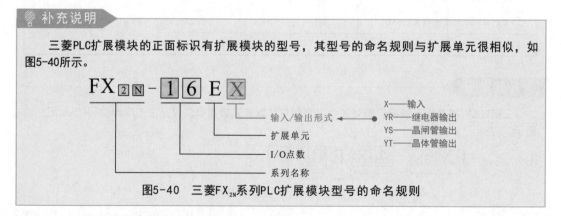

FX₂N-16EX

X——输入
YR——继电器输出
YS——晶闸管输出
YT——晶体管输出

输入/输出形式
扩展单元
I/O点数
系列名称

图5-40　三菱FX$_{2N}$系列PLC扩展模块型号的命名规则

4 >> 三菱PLC的特殊功能模块

特殊功能模块是PLC中的一种专用扩展模块，如模拟量I/O模块、通信扩展模块、温度控制模块、定位控制模块、高速计数模块、热电偶温度传感器输入模块、凸轮控制模块等。

模拟量I/O模块包含模拟量输入模块和模拟量输出模块两大部分。图5-41所示为三菱PLC的模拟量I/O模块。

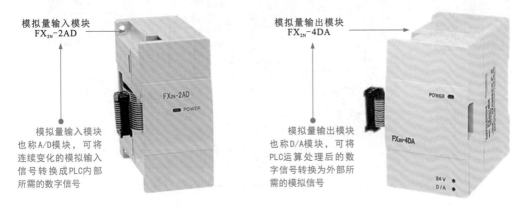

模拟量输入模块
FX$_{2N}$-2AD

模拟量输入模块也称A/D模块，可将连续变化的模拟输入信号转换成PLC内部所需的数字信号

模拟量输出模块
FX$_{2N}$-4DA

模拟量输出模块也称D/A模块，可将PLC运算处理后的数字信号转换为外部所需的模拟信号

图5-41 三菱PLC的模拟量I/O模块

图5-42所示为三菱PLC模拟量I/O模块的工作流程。生产过程现场将连续变化的模拟信号（如压力、温度、流量等模拟信号）送入模拟量输入模块中，经循环多路开关后进行A/D转换，再经过缓冲区BFM后为PLC提供一定位数的数字信号。PLC将接收到的数字信号根据预先编写好的程序进行运算处理，并将运算处理后的数字信号输入模拟量输出模块中，经缓冲区BFM后再进行D/A转换，为生产设备提供一定的模拟控制信号。

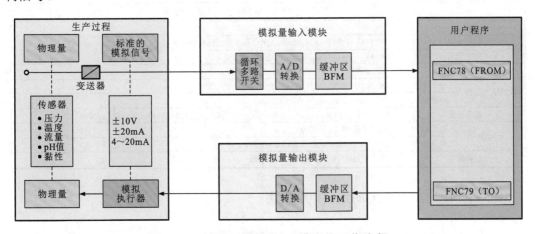

图5-42 三菱PLC模拟量I/O模块的工作流程

在三菱PLC模拟量输入模块的内部，DC 24V电源经DC/DC转换器转换为±15V和5V的开关电源，为模拟输入单元提供所需的工作电压，同时模拟输入单元接收CPU发送来的控制信号，经光耦合器后控制多路开关闭合，通道CH1（或CH2、CH3、CH4）输入的模拟信号经多路开关后进行A/D转换，再经光耦合器后为CPU提供一定位数的数字信号。

图5-43所示为三菱PLC模拟量输入模块的内部方框图。

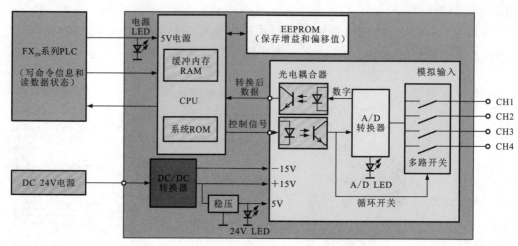

图5-43　三菱PLC模拟量输入模块的内部方框图

表5-3所列为三菱FX$_{2N}$-4AD模拟量输入模块的基本参数及相关性能指标。

表5-3　三菱FX$_{2N}$-4AD模拟量输入模块的基本参数及相关性能指标

三菱FX$_{2N}$-4AD模拟量输入模块的基本参数		
项　目	**内　容**	
输入通道数量	4个	
最大分辨率	12位	
模拟值范围	DC −10～10V（分辨率为5mV）或4～20mA，−20～20mA（分辨率为20μA）	
BFM数量	32个（每个16位）	
占用扩展总线数量	8个点（可分配成输入或输出）	
三菱FX$_{2N}$-4AD模拟量输入模块的电源指标及其他性能指标		
项　目	**内　容**	
模拟电路	DC 24V（1±10%），55mA（来自基本单元的外部电源）	
数字电路	DC 5V，30mA（来自基本单元的内部电源）	
耐压绝缘电压	AC 5000V，1min	
模拟输入范围	电压输入	DC −10～10V（输入阻抗200kΩ）
	电流输入	DC −20～20mA（输入阻抗250Ω）
数字输出	12位的转换结果以16位二进制补码方式存储，最大值为+2047，最小值为−2048	
分辨率	电压输入	5mV（10V默认范围为1/2000）
	电流输入	20μA（20mA默认范围为1/1000）
转换速度	常速：15ms/通道。高速：6ms/通道	

图5-44所示为三菱PLC的定位控制模块。

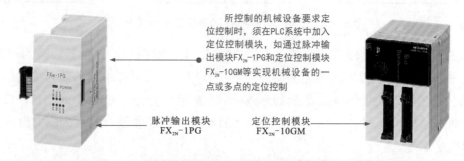

所控制的机械设备要求定位控制时，须在PLC系统中加入定位控制模块，如通过脉冲输出模块FX$_{2N}$-1PG和定位控制模块FX$_{2N}$-10GM等实现机械设备的一点或多点的定位控制

脉冲输出模块
FX$_{2N}$-1PG

定位控制模块
FX$_{2N}$-10GM

图5-44　三菱PLC的定位控制模块

图5-45所示为三菱PLC的高速计数模块。

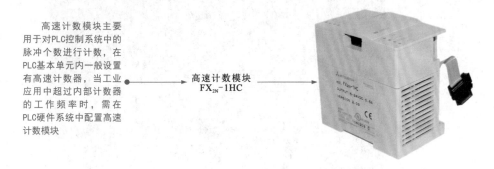

高速计数模块主要用于对PLC控制系统中的脉冲个数进行计数，在PLC基本单元内一般设置有高速计数器，当工业应用中超过内部计数器的工作频率时，需在PLC硬件系统中配置高速计数模块

高速计数模块
FX$_{2N}$-1HC

图5-45　三菱PLC的高速计数模块

图5-46所示为三菱PLC的其他扩展模块。常见的三菱PLC产品除了有上述功能模块外，还有一些其他功能的扩展模块，如热电偶温度传感器输入模块、凸轮控制模块等。

热电偶温度传感器输入模块
FX$_{2N}$-4AD-TC

凸轮控制模块
FX$_{2N}$-1RM

图5-46　三菱PLC的其他扩展模块

5.4.2 西门子PLC的结构组成

西门子公司为了满足用户的不同要求推出了多种PLC产品，每种PLC产品可构成控制系统的硬件结构也略有不同。下面以西门子常见的S7类PLC为例进行介绍。

西门子PLC的硬件系统主要包括PLC主机（CPU模块）、电源模块（PS）、信号模块（SM）、通信模块（CP）、功能模块（FM）、接口模块（IM）等部分。硬件系统规模不同，所需模块的种类和数量也不同，如图5-47所示。

1 ▶ PLC主机（CPU模块）

PLC主机是构成西门子PLC硬件系统的核心单元，主要包括负责执行程序和存储数据的微处理器，常称为CPU（中央处理器）模块。西门子PLC主机外部主要由电源输入接口、输入接口、输出接口、通信接口、PLC状态指示灯、输入/输出LED指示灯、可选配件、传感器输出接口、检修口等构成，如图5-48所示。

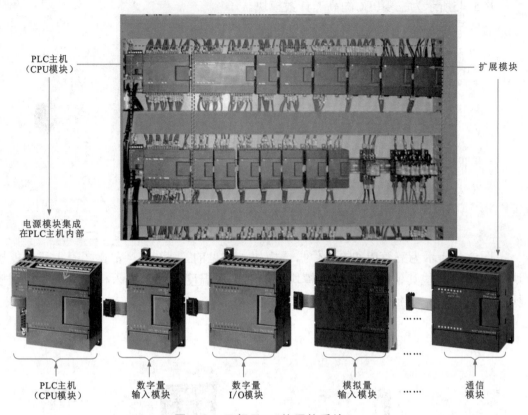

图5-47 西门子PLC的硬件系统

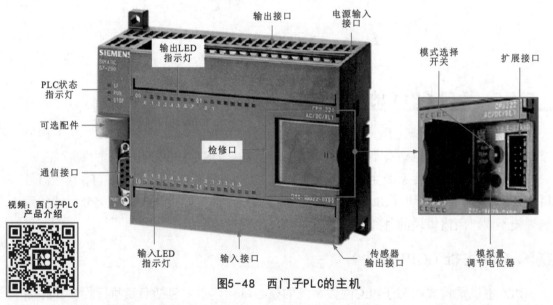

图5-48 西门子PLC的主机

（1）电源接口和输入/输出接口。PLC的电源接口包括L端、N端和接地端，用于为PLC供电；输入接口通常使用I0.0、I0.1等进行标识；输出接口通常使用Q0.0、Q0.1等进行标识，如图5-49所示。

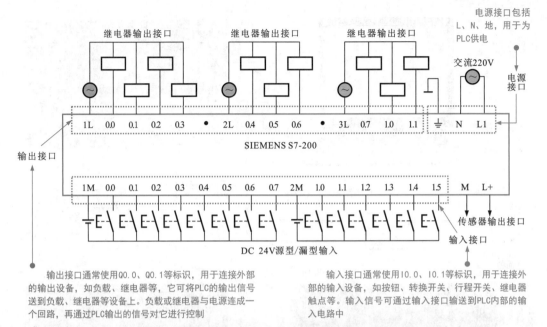

输出接口通常使用Q0.0、Q0.1等标识，用于连接外部的输出设备，如负载、继电器等，它可将PLC的输出信号送到负载、继电器等设备上。负载或继电器与电源连成一个回路，再通过PLC输出的信号对它进行控制

输入接口通常使用I0.0、I0.1等标识，用于连接外部的输入设备，如按钮、转换开关、行程开关、继电器触点等。输入信号可通过输入接口输送到PLC内部的输入电路中

图5-49 西门子PLC主机的电源接口和输入/输出接口

（2）LED指示灯。LED指示灯部分包括PLC状态指示灯、输入LED指示灯和输出LED指示灯3个部分，如图5-50所示。

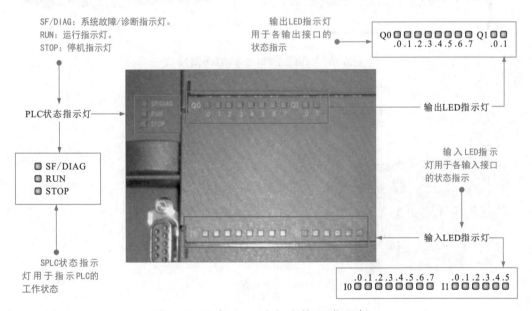

图5-50 西门子PLC主机上的LED指示灯

（3）通信接口。西门子S7系列PLC常采用RS-485通信接口，如图5-51所示。该接口支持PPI通信和自由通信协议。

（4）检修口。西门子S7系列PLC的检修口包括模式选择开关、模拟量调节电位器和扩展接口，如图5-52所示。

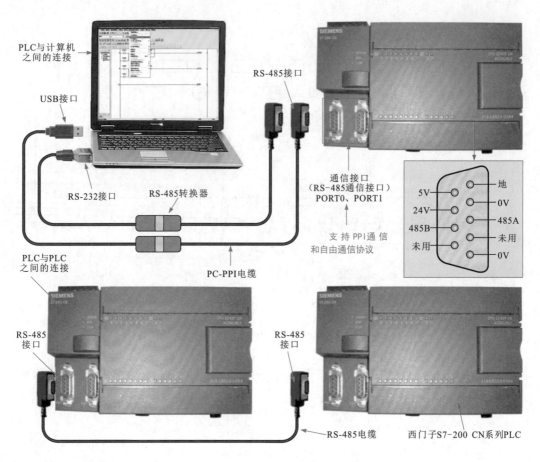

图5-51 西门子PLC主机的通信接口

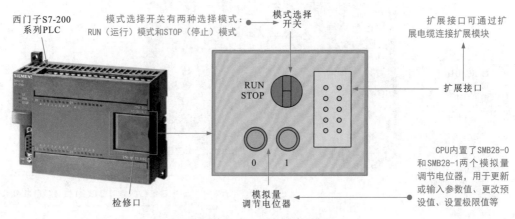

图5-52 西门子PLC主机的检修口

取下西门子PLC的外壳即可看到它的内部结构。图5-53所示为西门子S7-200系列PLC的内部结构，主要由CPU电路板、输入/输出接口电路板和电源电路板构成。

图5-54～图5-56所示分别为西门子PLC的CPU电路板、输入/输出接口电路板和电源电路板的结构组成。

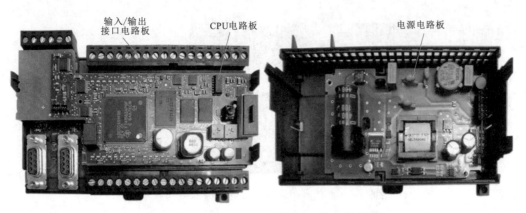

输入/输出接口电路板　　CPU电路板　　　　　　　　电源电路板

图5-53　西门子S7-200系列PLC的内部结构

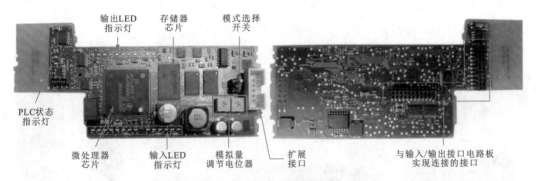

输出LED指示灯　　存储器芯片　　模式选择开关

PLC状态指示灯

微处理器芯片　　输入LED指示灯　　模拟量调节电位器　　扩展接口　　与输入/输出接口电路板实现连接的接口

图5-54　西门子PLC的CPU电路板的结构组成

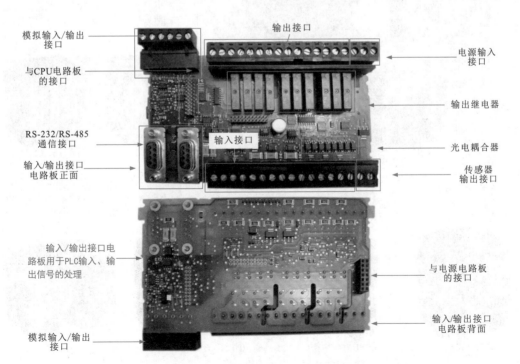

模拟输入/输出接口　　　　　　　输出接口　　　　　　　　电源输入接口

与CPU电路板的接口

RS-232/RS-485通信接口　　　　输入接口　　　　　　　　输出继电器

输入/输出接口电路板正面　　　　　　　　　　　　　　　光电耦合器

传感器输出接口

输入/输出接口电路板用于PLC输入、输出信号的处理　　　　　　　　与电源电路板的接口

输入/输出接口电路板背面

模拟输入/输出接口

图5-55　西门子PLC的输入/输出接口电路板的结构组成

桥式整流堆

电容器

压敏电阻器

变压器

与输入/输出
接口电路板的接口

电容器

电源电路板用于为PLC内
部各电路提供所需的工作电压

图5-56 西门子PLC的电源电路板的结构组成

西门子各系列PLC主机的类型和功能各不相同,且每一系列的主机又都包含多种类型的CPU(中央处理器),以适应不同的应用要求,如图5-57所示。

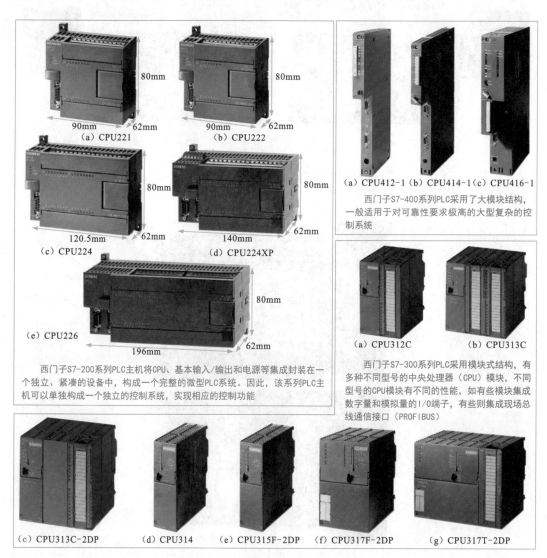

(a) CPU221   80mm   90mm   62mm

(b) CPU222   80mm   90mm   62mm

(c) CPU224   80mm   120.5mm   62mm

(d) CPU224XP   80mm   140mm   62mm

(e) CPU226   80mm   196mm   62mm

西门子S7-200系列PLC主机将CPU、基本输入/输出和电源等集成封装在一个独立、紧凑的设备中,构成一个完整的微型PLC系统。因此,该系列PLC主机可以单独构成一个独立的控制系统,实现相应的控制功能

(a) CPU412-1 (b) CPU414-1 (c) CPU416-1

西门子S7-400系列PLC采用了大模块结构,一般适用于对可靠性要求极高的大型复杂的控制系统

(a) CPU312C   (b) CPU313C

西门子S7-300系列PLC采用模块式结构,有多种不同型号的中央处理器(CPU)模块,不同型号的CPU模块有不同的性能,如有些模块集成数字量和模拟量的I/O端子,有些则集成现场总线通信接口(PROFIBUS)

(c) CPU313C-2DP   (d) CPU314   (e) CPU315F-2DP   (f) CPU317F-2DP   (g) CPU317T-2DP

图5-57 西门子PLC的CPU模块

2 西门子PLC的电源模块

电源模块是指由外部为PLC供电的功能单元。西门子PLC的电源模块主要有两种形式：一种是集成在PLC主机内部的电源模块；另一种是独立的电源模块。

图5-58所示为西门子PLC两种形式的电源模块。

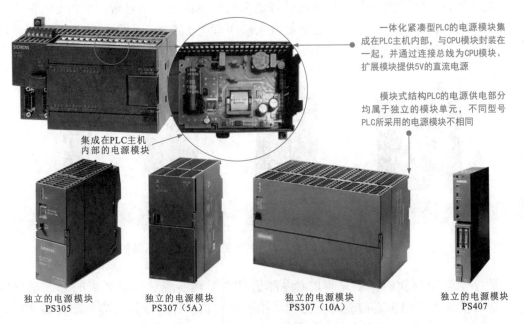

一体化紧凑型PLC的电源模块集成在PLC主机内部，与CPU模块封装在一起，并通过连接总线为CPU模块、扩展模块提供5V的直流电源

模块式结构PLC的电源供电部分均属于独立的模块单元，不同型号PLC所采用的电源模块不相同

集成在PLC主机内部的电源模块

独立的电源模块 PS305

独立的电源模块 PS307（5A）

独立的电源模块 PS307（10A）

独立的电源模块 PS407

图5-58 西门子PLC两种形式的电源模块

3 西门子PLC的接口模块

接口模块用于组成多机架系统时连接主机架（CR）和扩展机架（ER），多应用于西门子S7-300/400系列PLC系统中，如图5-59所示。

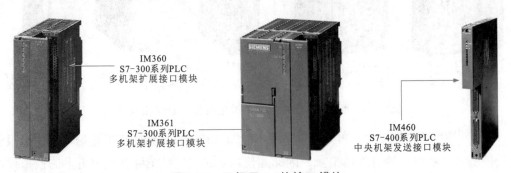

IM360
S7-300系列PLC
多机架扩展接口模块

IM361
S7-300系列PLC
多机架扩展接口模块

IM460
S7-400系列PLC
中央机架发送接口模块

图5-59 西门子PLC的接口模块

4 西门子PLC的信息扩展模块

在实际应用中，为了实现更强的控制功能，各类型的西门子PLC可以采用扩展I/O点的方法扩展系统配置和控制规模。各种扩展用的I/O模块被统称为信息扩展模块。

不同类型PLC所采用的信息扩展模块不同，但基本都包含数字量扩展模块和模拟量扩展模块。

（1）数字量扩展模块。西门子PLC除本机集成的数字量I/O端子外，还可连接数字量扩展模块（DI/DO）以扩展更多的数字量I/O端子。数字量扩展模块包括数字量输入模块和数字量输出模块。

数字量输入模块的作用是将现场过程送来的数字高电平信号转换成PLC内部可识别的信号电平。在通常情况下，数字量输入模块可用于连接工业现场的机械触点或电子式数字传感器。图5-60所示为西门子S7系列PLC中常见的数字量输入模块。

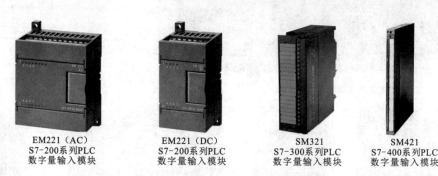

EM221（AC）　　　　EM221（DC）　　　　SM321　　　　　SM421
S7-200系列PLC　　　S7-200系列PLC　　　S7-300系列PLC　　S7-400系列PLC
数字量输入模块　　　数字量输入模块　　　数字量输入模块　　数字量输入模块

图5-60　西门子S7系列PLC中常见的数字量输入模块

数字量输出模块的作用是将PLC内部信号电平转换成过程所要求的外部信号电平，通常情况下可用于直接驱动电磁阀、接触器、指示灯、变频器等外部设备和功能部件。图5-61所示为西门子S7系列PLC中常见的数字量输出模块。

EM222（AC）　　　EM223（DC）　　　　SM322　　　　　SM323　　　　　SM422
S7-200系列PLC　　S7-200系列PLC　　　S7-300系列PLC　　S7-300系列PLC　　S7-400系列PLC
数字量输出模块　　数字量输入/输出模块　数字量输出模块　　数字量输入/输出模块　数字量输出模块

图5-61　西门子S7系列PLC中常见的数字量输出模块

（2）模拟量扩展模块。PLC数字系统不能输入和处理连续的模拟量信号，由于很多自动控制系统所控制的量为模拟量，因此为使PLC的数字系统可以处理更多的模拟量，除本机集成的模拟量I/O端子外，还可连接模拟量扩展模块（AI/AO）以扩展更多的模拟量I/O端子。模拟量扩展模块包括模拟量输入模块和模拟量输出模块，如图5-62所示。

模拟量输入模块用于将现场各种模拟量测量传感器输出的直流电压或电流信号转换为PLC内部处理用的数字信号（核心为A/D转换）。电压和电流传感器、热电偶、电阻或电阻式温度计均可作为传感器与之连接。

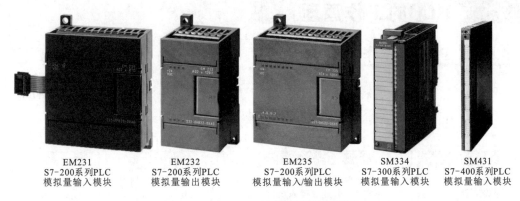

EM231	EM232	EM235	SM334	SM431
S7-200系列PLC	S7-200系列PLC	S7-200系列PLC	S7-300系列PLC	S7-400系列PLC
模拟量输入模块	模拟量输出模块	模拟量输入/输出模块	模拟量输入模块	模拟量输入模块

图5-62　西门子PLC的模拟量扩展模块

5 ▶ 西门子PLC的通信模块

西门子PLC具有很强的通信功能，除CPU模块本身集成的通信接口外，还可扩展连接不同类型（信号）的通信模块，用以实现PLC与PLC之间、PLC与计算机之间、PLC与其他功能设备之间的通信，如图5-63所示。

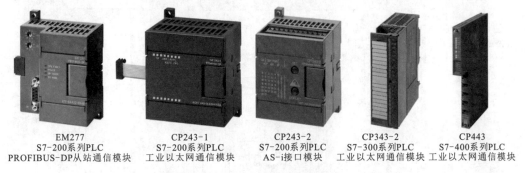

EM277	CP243-1	CP243-2	CP343-2	CP443
S7-200系列PLC	S7-200系列PLC	S7-200系列PLC	S7-300系列PLC	S7-400系列PLC
PROFIBUS-DP从站通信模块	工业以太网通信模块	AS-i接口模块	工业以太网通信模块	工业以太网通信模块

图5-63　西门子PLC的通信模块

6 ▶ 西门子PLC的功能模块

功能模块主要用于要求较高的特殊控制任务。西门子PLC中常用的功能模块如图5-64所示。

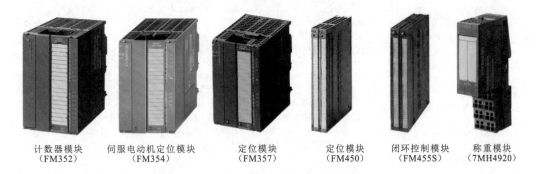

| 计数器模块 | 伺服电动机定位模块 | 定位模块 | 定位模块 | 闭环控制模块 | 称重模块 |
| （FM352） | （FM354） | （FM357） | （FM450） | （FM455S） | （7MH4920） |

图5-64　西门子PLC中常用的功能模块

5.5 PLC的工作原理

5.5.1 PLC的工作条件

PLC是一种以微处理器为核心的可编程控制装置，由电源电路提供所需的工作电压。图5-65所示为PLC的整机控制及供电过程。

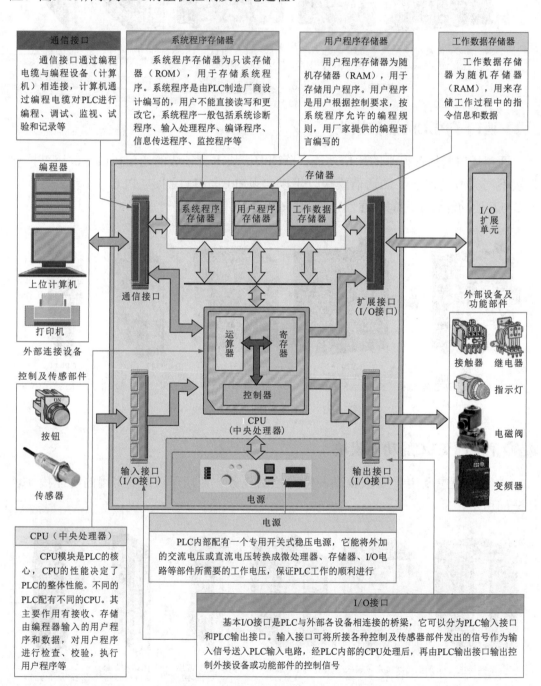

通信接口

通信接口通过编程电缆与编程设备（计算机）相连接，计算机通过编程电缆对PLC进行编程、调试、监视、试验和记录等

系统程序存储器

系统程序存储器为只读存储器（ROM），用于存储系统程序。系统程序是由PLC制造厂商设计编写的，用户不能直接读写和更改它，系统程序一般包括系统诊断程序、输入处理程序、编译程序、信息传送程序、监控程序等

用户程序存储器

用户程序存储器为随机存储器（RAM），用于存储用户程序。用户程序是用户根据控制要求，按系统程序允许的编程规则，用厂家提供的编程语言编写的

工作数据存储器

工作数据存储器为随机存储器（RAM），用来存储工作过程中的指令信息和数据

CPU（中央处理器）

CPU模块是PLC的核心，CPU的性能决定了PLC的整体性能。不同的PLC配有不同的CPU。其主要作用有接收、存储由编程器输入的用户程序和数据，对用户程序进行检查、校验，执行用户程序等

电源

PLC内部配有一个专用开关式稳压电源，它能将外加的交流电压或直流电压转换成微处理器、存储器、I/O电路等部件所需要的工作电压，保证PLC工作的顺利进行

I/O接口

基本I/O接口是PLC与外部各设备相连接的桥梁，它可以分为PLC输入接口和PLC输出接口。输入接口可将所接各种控制及传感器部件发出的信号作为输入信号送入PLC输入电路，经PLC内部的CPU处理后，再由PLC输出接口输出控制外接设备或功能部件的控制信号

图5-65 PLC的整机控制及供电过程

5.5.2 PLC的工作过程

PLC的工作过程主要可以分为PLC用户程序的输入、PLC内部用户程序的编译处理、PLC用户程序的执行过程。

1 >> PLC用户程序的输入

PLC的用户程序是由工程技术人员通过编程设备（编程器）输入的，如图5-66所示。

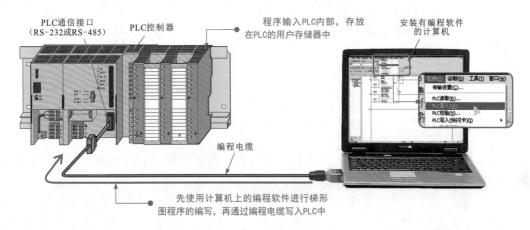

图5-66 将计算机编程软件编写的程序输入PLC中

2 >> PLC内部用户程序的编译处理

将用户编写的程序存入PLC后，CPU会向存储器发出控制指令，从程序存储器中调用解释程序，对编写的程序进行编译，使其成为PLC认可的编译程序，如图5-67所示。

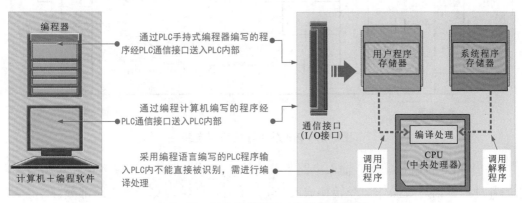

图5-67 用户程序在PLC内的编译过程

3 >> PLC用户程序的执行过程

PLC用户程序的执行过程为PLC工作的核心内容，执行过程如图5-68所示。

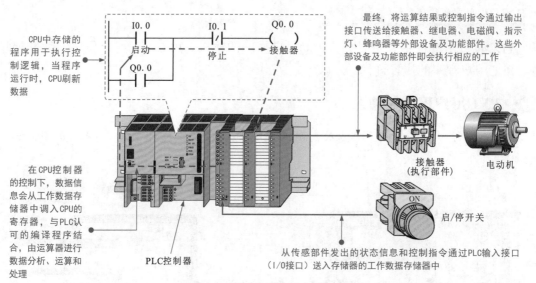

CPU中存储的程序用于执行控制逻辑，当程序运行时，CPU刷新数据

在CPU控制器的控制下，数据信息会从工作数据存储器中调入CPU的寄存器，与PLC认可的编译程序结合，由运算器进行数据分析、运算和处理

PLC控制器

启动 I0.0　停止 I0.1　接触器 Q0.0

最终，将运算结果或控制指令通过输出接口传送给接触器、继电器、电磁阀、指示灯、蜂鸣器等外部设备及功能部件。这些外部设备及功能部件即会执行相应的工作

接触器（执行部件）　电动机

启/停开关

从传感部件发出的状态信息和控制指令通过PLC输入接口（I/O接口）送入存储器的工作数据存储器中

图5-68　PLC用户程序的执行过程

为了更清晰地了解PLC的工作过程，可将PLC内部等效为3个功能电路，即输入电路、运算控制电路（PLC的CPU及程序文件部分）、输出电路，如图5-69所示。

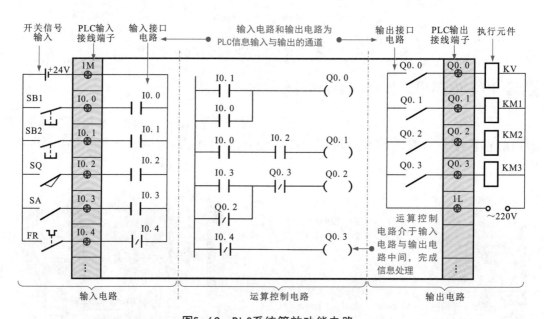

图5-69　PLC系统等效功能电路

（1）PLC的输入电路。输入电路主要为输入信号采集部分，输入电路可将被控对象的各种控制信息及操作命令转换成PLC输入信号，送给运算控制电路部分。

PLC输入电路根据输入端电源类型的不同可分为直流输入电路和交流输入电路。

例如，典型PLC中的直流输入电路主要由电阻器R1、电阻器R2、电容器C、光耦合器IC、发光二极管LED等构成，如图5-70所示。其中，R1为限流电阻；R2与C构成滤波电路，用于滤除输入信号中的高频干扰；光耦合器起到光电隔离的作用，防止现场的强电干扰进入PLC中；发光二极管用于显示输入点的状态。

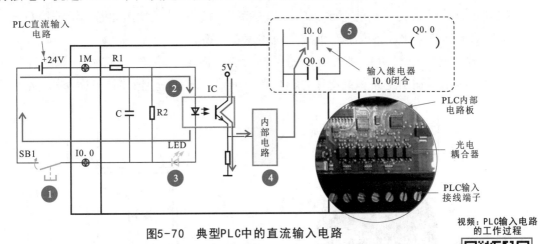

图5-70　典型PLC中的直流输入电路

视频：PLC输入电路
的工作过程

【1】按下PLC外接开关部件（按钮SB1）。

【2】PLC内光电耦合器导通。

【3】发光二极管LED点亮，表示开关部件SB1处于闭合状态。

【4】光电耦合器输出端输出高电平，送到内部电路中。

【5】CPU识别该信号时，将用户程序中对应的输入继电器触点置1。

　相反，当按钮SB1断开时，光电耦合器不导通，发光二极管LED不亮，CPU识别该信号时，将用户程序中对应的输入继电器触点置0。

　　图5-17所示为PLC的交流输入电路。该电路与直流输入电路基本相同，外接交流电源的大小根据不同CPU的类型会略有不同（可参阅相应的使用手册）。

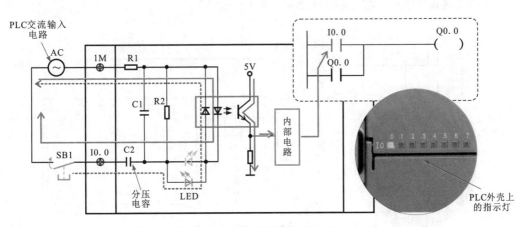

图5-71　PLC的交流输入电路

　　例如，在典型PLC交流输入电路中，电容器C2用于隔离交流强电中的直流分量，防止强电干扰损坏PLC。另外，光电耦合器内部为两个方向相反的发光二极管，任意一个发光二极管导通都可以使光电耦合器中的光敏晶体管导通并输出相应的信号。状态指示灯也采用两个反向并联的发光二极管，光电耦合器中任意一个二极管导通都能使状态指示灯点亮（直流输入电路也可以采用该结构，外接直流电源时可不用考虑极性）。

（2）PLC的输出电路。输出电路即开关量的输出单元，由PLC输出接口电路、接线端子、外部设备及功能部件构成，CPU完成的运算结果由PLC提供给被控负载，完成PLC主机与工业设备或生产机械之间的信息交换。

根据输出电路所用开关器件的不同，PLC输出电路主要有3种，即晶体管输出电路、晶闸管输出电路和继电器输出电路，其工作过程分别如图5-72～图5-74所示。

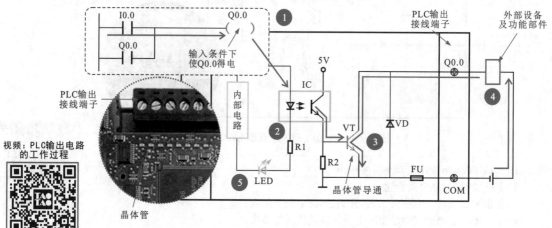

图5-72　PLC晶体管输出电路的工作过程

【1】PLC内部电路接收到输入电路的开关量信号，使对应于晶体管VT的内部继电器置1，相应的输出继电器得电。

【2】所对应的输出电路的光电耦合器导通。

【3】晶体管VT导通。

【4】PLC外部设备及功能部件得电。

【5】状态指示灯LED点亮，表示当前该输出点状态为1。

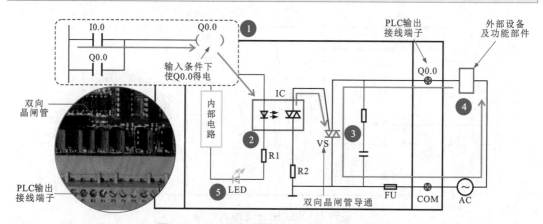

图5-73　PLC晶闸管输出电路的工作过程

【1】PLC内部电路接收到输入电路的开关量信号，使对应于双向晶闸管VS的内部继电器置1，相应的输出继电器得电。

【2】所对应的输出电路的光电耦合器导通。

【3】双向晶闸管VS导通。

【4】PLC外部设备及功能部件得电。

【5】状态指示灯LED点亮，表示当前该输出点状态为1。

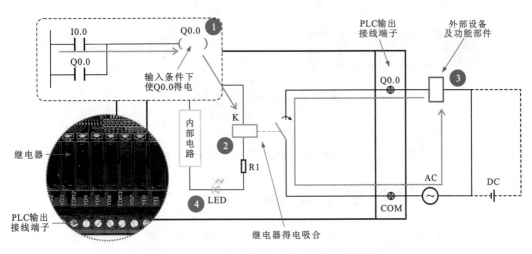

图5-74 PLC继电器输出电路的工作过程

【1】PLC内部电路接收到输入电路的开关量信号，使对应于继电器K的内部继电器置1，相应的输出继电器得电。
【2】继电器K线圈得电，其常开触点闭合。
【3】PLC外部设备及功能部件得电。
【4】状态指示灯LED点亮，表示当前该输出点状态为1。

上述3种PLC输出电路都有各自的特点，可作为选用PLC时的重要参考因素，使PLC控制系统达到最佳控制状态。表5-4所列为3种PLC输出电路的比较。

表5-4 3种PLC输出电路的比较

输出电路类型	电源类型	特 点
晶体管输出电路	直流	●无触点开关，使用寿命长，适用于需要输出点频繁通、断的场合 ●响应速度快
晶闸管输出电路	直流或交流	●无触点开关，适用于需要输出点频繁通、断的场合 ●多用于驱动交流功能部件 ●驱动能力比继电器大，可直接驱动小功率接触器 ●响应时间介于晶体管和继电器之间
继电器输出电路	直流或交流	●有触点开关，触点电气使用寿命一般为10万～30万次，不适用于需要输出点频繁通、断的场合 ●既可驱动交流功能部件，也可驱动直流功能部件 ●继电器型输出电路输出与输入存在时间延迟，滞后时间一般约为10ms

🖊 补充说明

　　常见的PLC根据输入或输出电路的公共端子接线方式可分为共点式、分组式、隔离式。
　　（1）共点式输入或输出电路是指输入或输出电路中所有I/0点共用一个公共端子。
　　（2）分组式输入或输出电路是指将输入或输出电路中所有I/0点分为若干组，每组各共用一个公共端子。
　　（3）隔离式输入或输出电路是指具有公共端子的各组输入或输出点之间互相隔离，可各自使用独立的电源。

第6章

PLC编程

6.1 PLC的编程方式

PLC所实现的各项控制功能都是根据用户程序实现的，而用户程序又是编程人员根据控制的具体要求编写的。PLC用户程序的编程方式主要有软件编程和手持式编程器编程两种。

6.1.1 软件编程

软件编程是指借助PLC专用的编程软件来编写程序。软件编程需要先将编程软件安装在匹配的计算机中，再在计算机上根据编程软件的编写规则编写具有相应控制功能的PLC控制程序（梯形图程序或语句表程序），最后借助通信电缆将编写好的程序写入PLC内部即可，如图6-1所示。

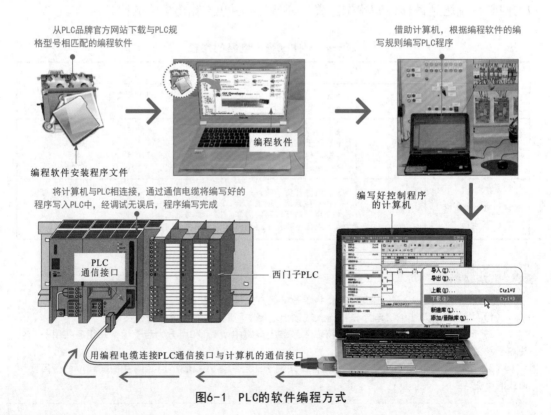

从PLC品牌官方网站下载与PLC规格型号相匹配的编程软件

借助计算机，根据编程软件的编写规则编写PLC程序

编程软件

编程软件安装程序文件

将计算机与PLC相连接，通过通信电缆将编写好的程序写入PLC中，经调试无误后，程序编写完成

编写好控制程序的计算机

PLC通信接口

西门子PLC

用编程电缆连接PLC通信接口与计算机的通信接口

图6-1 PLC的软件编程方式

6.1.2 | 编程器编程

编程器编程是指借助PLC专用的编程器设备直接向PLC中编写程序。在实际应用中，编程器多为手持式编程器，具有体积小、重量轻、携带方便等特点，常应用于一些小型PLC的用户程序编制、现场调试、监视等场合。

编程器编程是一种基于指令语句表的编程方式。首先需要根据PLC的型号、系列选择匹配的编程器，然后借助通信电缆将编程器与PLC相连接，通过操作编程器上的按键，直接向PLC中写入语句表指令。

图6-2所示为PLC采用手持式编程器编程的示意图。

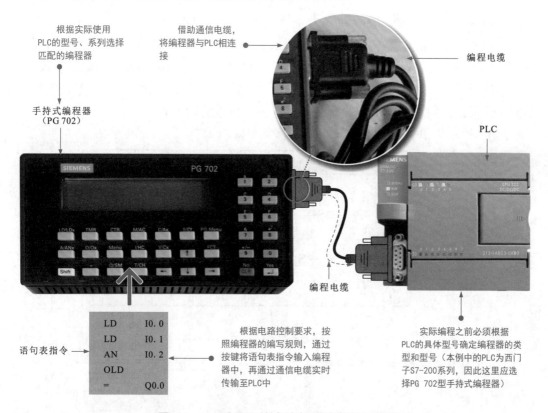

图6-2 PLC采用手持式编程器编程的示意图

🏵 补充说明

不同品牌或不同型号的PLC所采用的编程器的类型也不相同，在将指令语句表程序写入PLC时，应注意选择合适的编程器。表6-1所列为各种PLC对应匹配的手持式编程器型号汇总。

表6-1 各种PLC对应匹配的手持式编程器型号汇总

PLC		手持式编程器
三菱	F/F1/F2系列	F1-20P-E、GP-20F-E、GP-80F-2B-E、F2-20P-E
	FX系列	FX-20P-E
西门子	S7-200系列	PG 702
	S7-300/400系列	一般采用编程软件编程

续表

PLC		手持式编程器
欧姆龙	C**P/C200H系列	C120-PR015
	C**P/C200H/C1000H/C2000H系列	C500-PR013、C500-PR023
	C**P系列	PR027
	C**H/C200H/C200HS/C200Ha/CPM1/CQM1系列	C200H-PR027
光洋	KOYO SU-5/SU-6/SU-6B系列	S-01P-EX
	KOYO SR21系列	A-21P

采用编程器编程时，编程器多为手持式编程器，与PLC连接后即可向PLC写入程序、读出程序、插入程序、删除程序、监视PLC的工作状态等。下面以西门子S7-200系列适用的手持式编程器PG 702为例，简单介绍西门子PLC的编程器编程方式。

使用手持式编程器PG 702进行编程前，首先需要了解该编程器各功能按键的具体功能，并根据使用说明书及相关介绍了解各按键符号的输入方法。

图6-3所示为手持式编程器PG 702的操作面板。

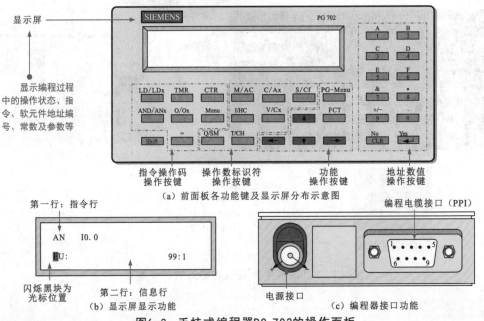

（a）前面板各功能键及显示屏分布示意图

（b）显示屏显示功能　　　（c）编程器接口功能

图6-3　手持式编程器PG 702的操作面板

补充说明

不同型号和品牌的手持式编程器的具体操作方法会有些许不同。手持式编程器PG 702各指令的具体操作方法这里不作介绍，用户可根据编程器相应的用户使用手册中规定的要求、方法进行输入和使用。

目前，大多数新型西门子PLC不再采用手持式编程器进行编程，且随着笔记本电脑的日益普及，在一些需要现场编程和调试的场合，使用笔记本电脑便可完成工作任务。

在实际应用中，一般使用专用的工业笔记本式计算机进行编程。例如，西门子工业编程器PG M3就是专用的工业笔记本式计算机，它属于一种新型的自动化工具，具有优秀的性能、为工业使用所优化的硬件以及预安装的SIMATIC工程软件等特点，目前已得到了广泛的应用。

6.2 PLC的编程软件

6.2.1 PLC的编程软件的下载及安装

编程软件是指专门用于对某品牌或某型号PLC进行程序编写的软件。不同品牌的PLC可用的编程软件不一定相同，相同品牌不同系列的PLC可用的编程软件也不一定相同。

表6-2所列为几种常用的PLC品牌可用的编程软件汇总。需要注意的是，随着PLC的不断更新换代，其对应的编程软件及版本都有不同程度的升级和更换，用户在实际选择编程软件时应先对应其品牌和型号查找匹配的编程软件。

表6-2 几种常用的PLC品牌可用的编程软件汇总

PLC		编程软件
三菱	三菱通用	GX Developer
	FX系列	FXGP-WIN-C
	Q、QnU、L、FX等系列	Gx Work 2（PLC综合编程软件）
西门子	S7-200 SMART PLC	STEP 7-Micro/WIN SMART
	S7-200 PLC	STEP 7-Micro/WIN
	S7-300/400 PLC	STEP 7 V
松下		FPWIN-GR
欧姆龙		CX-Programmer
施耐德		unity pro XL
台达		WPL Soft 或ISP Soft
AB		Logix 5000

下面以西门子S7-200 SMART系列的PLC编程软件为例进行介绍。

该系列PLC采用STEP 7-Micro/WIN SMART软件编程。软件可在Windows XP SP3、Windows 7（支持32位和64位）等操作系统中运行，软件支持LAD（梯形图）、STL（语句表）、FBD（功能块图）等编程语言，部分语言之间还可进行自由转换。

1 STEP 7-Micro/WIN SMART编程软件的下载

要安装STEP 7-Micro/WIN SMART编程软件，首先要在西门子官方网站注册并下载该软件的安装程序，再将下载的压缩包文件解压缩，如图6-4所示。

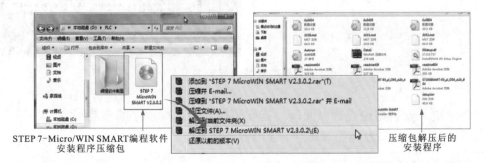

STEP 7-Micro/WIN SMART编程软件
安装程序压缩包

压缩包解压后的
安装程序

图6-4 下载并解压STEP 7-Micro/WIN SMART编程软件的安装程序压缩包文件

2 >> STEP 7-Micro/WIN SMART编程软件的安装

在解压后的文件中，找到setup安装程序文件，双击该文件，即可进入软件安装界面，如图6-5所示。

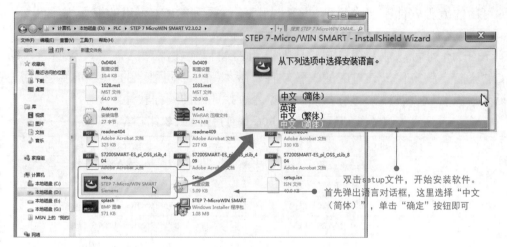

图6-5 双击安装程序文件开始安装

根据安装向导逐步进行操作，设置完后单击"下一步"按钮，如图6-6所示。

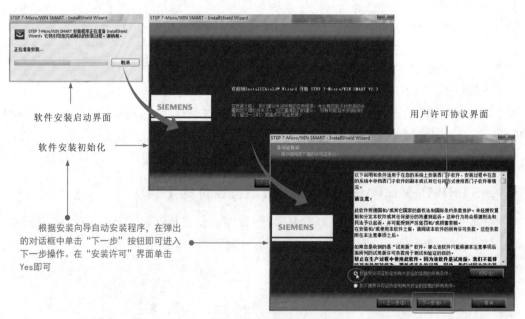

图6-6 根据安装向导安装文件

接下来进入安装路径设置界面，根据安装需要，选择程序的安装路径。在没有特殊要求的情况下，选择默认路径即可，如图6-7所示。

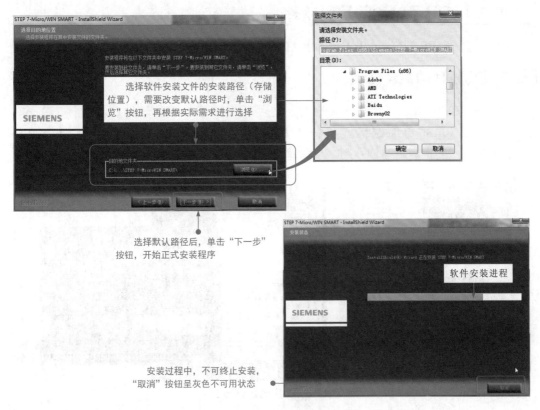

选择软件安装文件的安装路径（存储位置），需要改变默认路径时，单击"浏览"按钮，再根据实际需求进行选择

选择默认路径后，单击"下一步"按钮，开始正式安装程序

软件安装进程

安装过程中，不可终止安装，"取消"按钮呈灰色不可用状态

图6-7 程序安装路径的选择

程序自动完成各项数据的解码和初始化，最后单击"完成"按钮完成安装，如图6-8所示。

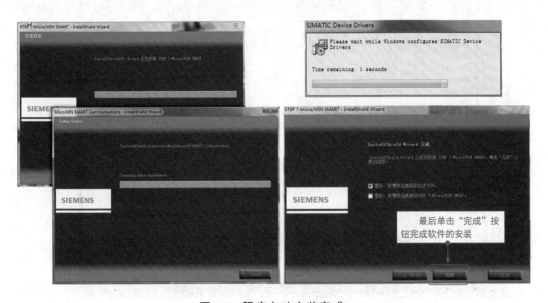

最后单击"完成"按钮完成软件的安装

图6-8 程序自动安装完成

6.2.2 西门子PLC的编程软件

以西门子STEP 7-Micro/WIN SMART编程软件为例。

1 >> 编程软件的启动与运行

使用STEP 7-Micro/WIN SMART时，先将已安装好的编程软件启动运行。在软件安装完成后，单击桌面图标或执行"开始"→"所有程序"→STEP 7-MicroWIN SMART命令，即可打开软件，进入编程环境，如图6-9所示。

图6-9 软件的启动及运行

打开STEP 7-Micro/WIN SMART编程软件后，即可看到该软件中的基本编程工具、工作界面等，如图6-10所示。

图6-10 STEP 7-Micro/WIN SMART软件的工作界面

2 建立编程设备（计算机）与PLC主机之间的硬件连接

使用STEP 7-Micro/WIN SMART编程软件编写程序时，首先要让安装了STEP 7-Micro/WIN SMART编程软件的计算机设备与PLC主机之间建立硬件连接。

计算机设备与PLC主机之间的连接比较简单，借助普通网络线缆（以太网通信电缆）将计算机网络接口与S7-200 SMART PLC主机上的通信接口相连接即可，如图6-11所示。

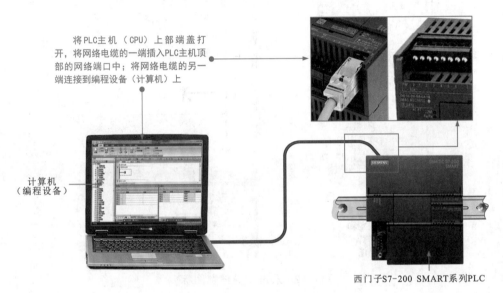

将PLC主机（CPU）上部端盖打开，将网络电缆的一端插入PLC主机顶部的网络端口中；将网络电缆的另一端连接到编程设备（计算机）上

计算机
（编程设备）

西门子S7-200 SMART系列PLC

图6-11　计算机设备与PLC主机之间的硬件连接

补充说明

在PLC主机（CPU）和编程设备之间建立通信时应注意以下两点。

（1）单个PLC主机（CPU）不需要硬件配置。如果想要在同一个网络中安装多个CPU，则必须将默认的IP地址更改为新的唯一的IP地址。

（2）建立一对一通信时不需要使用以太网交换机；网络中有两个以上的设备时需要使用以太网交换机。

3 建立STEP 7-Micro/WIN SMART编程软件与PLC主机之间的通信

建立STEP 7-Micro/WIN SMART编程软件与PLC主机之间的通信，首先要在计算机中启动STEP 7-Micro/WIN SMART编程软件，在软件操作界面双击项目树中的"通信"图标（或单击导航栏中的"通信"按钮），如图6-12所示。

弹出"通信"对话框，如图6-13所示。"通信"对话框提供了两种方法来选择所要访问的PLC主机（CPU）。

（1）单击"查找CPU"按钮以使STEP 7-Micro/WIN SMART在本地网络中搜索CPU。查到的各个CPU的IP地址将在"找到CPU"下列出。

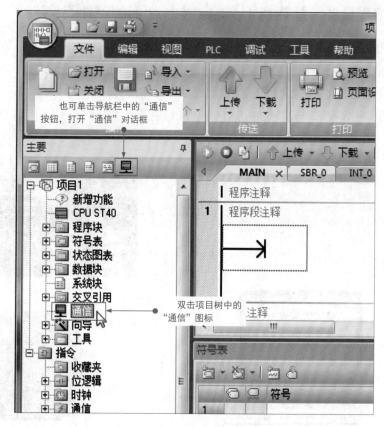

图6-12 双击"通信"图标

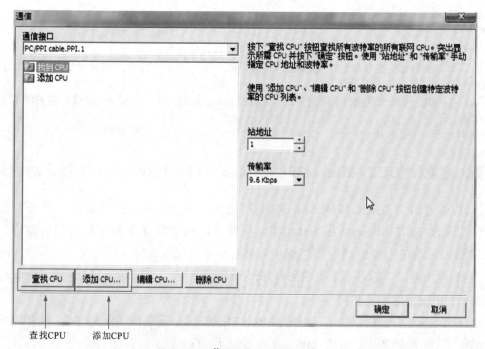

查找CPU   添加CPU

图6-13 "通信"对话框

（2）单击"添加CPU"按钮，并手动输入所要访问的CPU的访问信息（IP地址等）。 通过此方法手动添加的各个CPU的IP地址将在"添加CPU"中列出并保留，如图6-14所示。

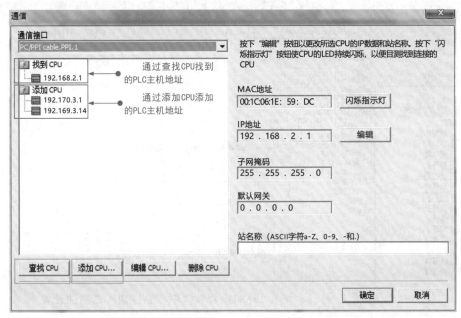

图6-14 "查找CPU"或"添加CPU"选项

在"通信"对话框中，可通过单击右侧的"编辑"按钮调整IP地址，调整完后，单击面板右侧的"闪烁指示灯"按钮，观察PLC模块中相应指示灯的状态来检测通信是否成功建立，如图6-15所示。

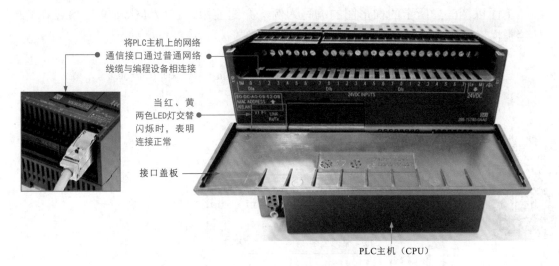

图6-15 PLC模块中指示灯的状态

若PLC模块中红、黄色LED灯交替闪烁，就表明通信设置正常，STEP 7-Micro/WIN SMART编程软件已经与PLC建立连接。

接下来，在STEP 7-Micro/WIN SMART编程软件中对"系统块"进行设置，如图6-16所示，以便SMART能够编译出正确的代码文件。

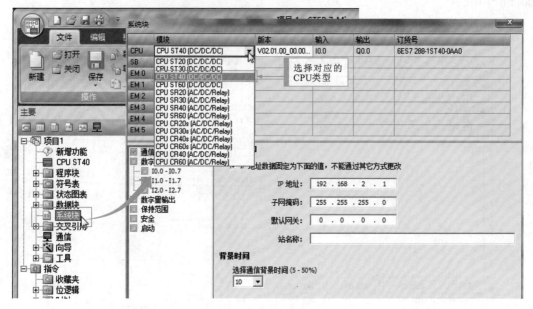

图6-16　STEP 7-Micro/WIN SMART编程软件中"系统块"选项的设置

完成"系统块"选项的设置后，接下来就可以在STEP 7-Micro/WIN SMART编程软件中编写PLC程序了，将编译程序下载到PLC模块中可进行调试运行。

4 >> 在STEP 7-Micro/WIN SMART编程软件中编写梯形图程序

下面以图6-17所示的梯形图的编写为例，介绍使用STEP 7-Micro/WIN SMART软件绘制梯形图的方法。

视频：使用WIN SMART
软件绘制西门子
PLC梯形图

图6-17　梯形图

1 绘制梯形图

（1）放置编程元件符号，输入编程元件地址。在软件的编辑区域添加编程元件，根据要求绘制梯形图案例，首先绘制表示常开触点的编程元件"I0.0"，如图6-18所示。

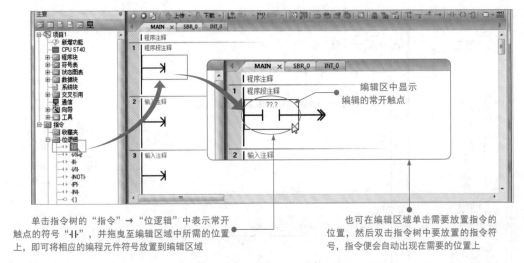

单击指令树的"指令"→"位逻辑"中表示常开触点的符号"⊢⊣"，并拖曳至编辑区域中所需的位置上，即可将相应的编程元件符号放置到编辑区域

也可在编辑区域单击需要放置指令的位置，然后双击指令树中要放置的指令符号，指令便会自动出现在需要的位置上

图6-18　放置表示常开触点的编程元件I0.0符号

放好编程元件的符号后，单击编程元件符号上方的"??.?"，将光标定位在输入框内，即可以输入该常开触点的地址"I0.0"，然后按Enter键完成输入，如图6-19所示。

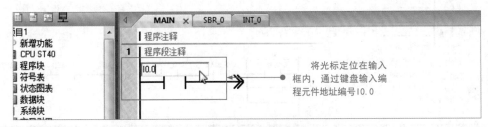

将光标定位在输入框内，通过键盘输入编程元件地址编号I0.0

图6-19　编程元件地址的输入

（2）按照同样的操作步骤分别输入第一条程序的其他元件，其过程如下：

单击指令树中的"⊣⊢"指令，拖曳到编辑图相应位置上，在"??.?"中输入"I0.1"，然后按Enter键。

单击指令树中的"⊣⊢"指令，拖曳到编辑图相应位置上，在"??.?"中输入"I0.2"，然后按Enter键。

单击指令树中的"⊣⊢"指令，拖曳到编辑图相应位置上，在"??.?"中输入"I0.3"，然后按Enter键。

单击指令树中的"⊣⊢"指令，拖曳到编辑图相应位置上，在"??.?"中输入"Q0.1"，然后按Enter键。

　　单击指令树中的"{}"指令，拖曳到编辑图相应位置上，在"??.?"中输入"Q0.0"，然后按Enter键，至此第一条程序绘制完成。

　　根据梯形图案例，接下来需要输入常开触点"I0.0"的并联元件"T38"和"Q0.0"，如图6-20所示。

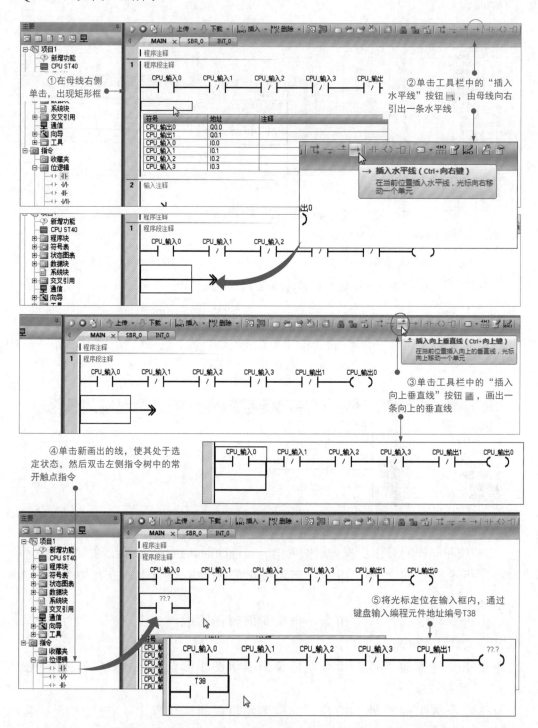

图6-20　在STEP 7-Micro/WIN SMART软件中绘制梯形图中的并联元件（一）

然后按照相同的操作方法并联常开触点Q0.0，如图6-21所示。

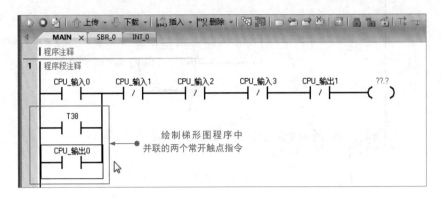

图6-21 在STEP 7-Micro/WIN SMART软件中绘制梯形图中的并联元件（二）

（3）绘制梯形图的第二条程序，过程如下。

单击指令树中的"-||-"指令，拖曳到编辑图相应位置上，在"??.?"中输入"I0.3"，然后按Enter键。

单击指令树中的"-()-"指令，拖曳到编辑图相应位置上，在"??.?"中输入"Q0.2"，然后按Enter键。

接下来需要在编辑软件中放置指令框。这里应选择具有接通延时功能的定时器（TON），即需要在指令树中选择"定时器"→"TON"，然后将"TON"拖曳到编辑区中，如图6-22所示。

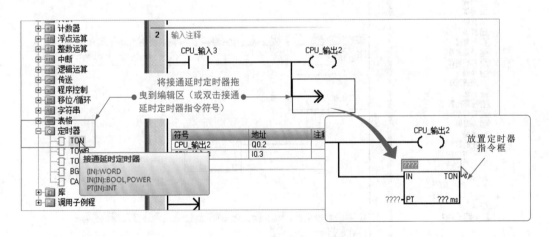

图6-22 放置指令框符号

在有接通延时功能的定时器（TON）的"????"中分别输入"T37"和"300"，完成定时器指令的输入，如图6-23所示。

（4）用相同的方法绘制第三条梯形图。

单击指令树中的"-||-"指令，拖曳到编辑图相应位置上，在"??.?"中输入"I0.4"，然后按Enter键。

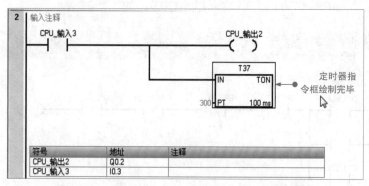

图6-23　定时器指令框名称和定时时间的设置

单击指令树中的"{}"指令，拖曳到编辑图相应位置上，在"??.?"中输入"Q0.3"，然后按Enter键。

单击指令树中的"定时器"→"TON"，拖曳到编辑区中，在两个"????"中分别输入"T38"和"600"，完成梯形图的绘制，如图6-24所示。

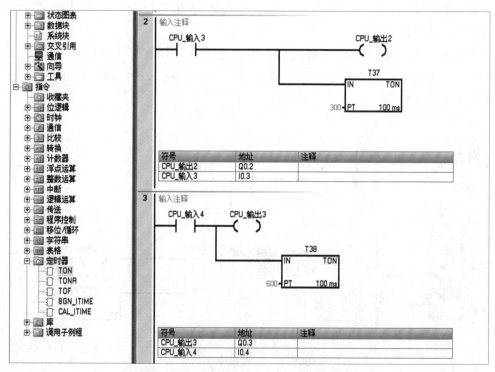

图6-24　梯形图案例中第三条指令的绘制

补充说明

在编写程序的过程中，如果需要对梯形图进行删除、插入等操作，可选择工具栏中的插入、删除等按钮进行相应的操作，或在需要调整的位置右击，即可显示"插入"→"列"或"行"、删除行、删除列等选项，然后选择相应的选项即可，如图6-25所示。

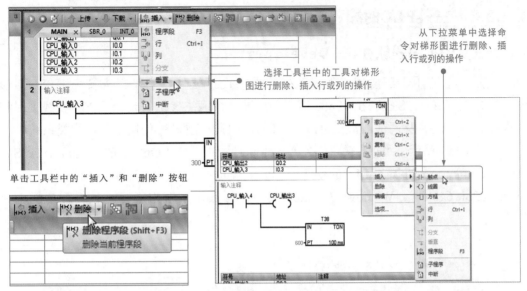

图6-25 在STEP 7-Micro/WIN SMART软件中插入或删除梯形图某行或某列程序

2 编辑符号表

编辑符号表可将元件地址用有实际意义的符号代替，实现对程序相关信息的标注，如图6-26所示，这样做有利于对梯形图的识读。特别是对于一些复杂和庞大的梯形图程序，相关的标注信息更加重要。

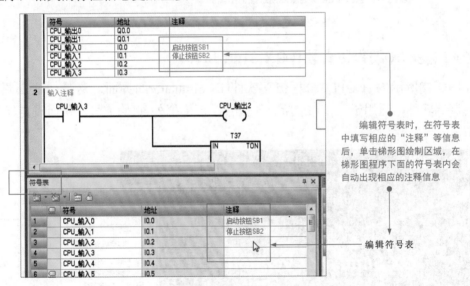

图6-26 在STEP 7-Micro/WIN SMART软件中编辑符号表

5 保存项目

程序编写完成后，可用指定的文件名在指定的位置保存项目。即在"文件"菜单功能区中单击"保存"按钮下的向下箭头以显示"另存为"按钮，单击"另存为"按钮，在"另存为"对话框中输入项目名称，设置保存项目的位置后单击"保存"按钮保存项目。保存项目后，可以下载程序到PLC主机（CPU）中。

6.2.3 三菱PLC的编程软件

1 三菱PLC编程软件GX Developer

这是一款适用于三菱PLC全部系列的程序设计软件，它不仅支持三菱PLC梯形图，指令表，SFC、ST及FB，Label语言程序设计，网络参数设定，还支持在线上对程序进行更改、监控及调试，甚至可以将其制作成标准化程序，使用于其他同类系统中。

如图6-27所示，编程软件GX Developer适用于Q、QnU、QS、QnA、AnS、AnA、FX等全系列所有PLC的编程，可在Windows XP（32bit/64bit）、Windows Vista（32bit/64bit）、Windows 7（32bit/64bit）等操作系统中运行，且编程功能十分强大。

编程软件支持IL（指令表）、LD（梯形图）、SFC（顺序功能图）、FBD（功能块图）、ST（结构化文本）、Label语言程序设计，网络参数设定，可进行程序的线上更改、监控及调试，具有异地读写PLC程序的功能

图6-27 三菱PLC编程软件GX Developer

2 三菱PLC编程仿真软件GX Simulator

图6-28所示为三菱PLC编程仿真软件GX Simulator的界面。这是一款三菱PLC仿真的调试软件，适用于三菱PLC所有的型号，可模拟外部I/O信号，从而设定软件状态与数值。

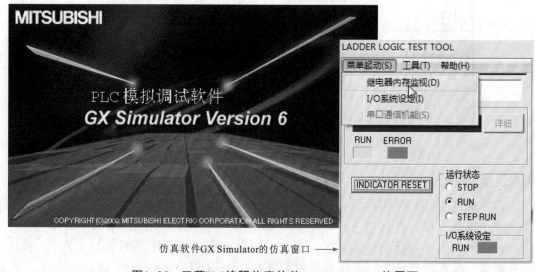

仿真软件GX Simulator的仿真窗口 ⟶

图6-28 三菱PLC编程仿真软件GX Simulator的界面

在使用三菱PLC编程仿真软件GX Simulato时，首先要打开编程软件GX Developer，然后创建一个新工程，如图6-29所示。

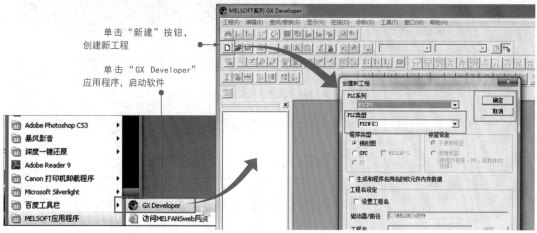

单击"新建"按钮，创建新工程

单击"GX Developer"应用程序，启动软件

图6-29　启动GX Developer并创建一个新工程

图6-30所示为GX Developer编程界面，通过这个编程界面可以进行PLC的程序编写。

视频：使用GX Developer软件绘制三菱PLC梯形图

一个简单的PLC梯形图程序

图6-30　通过GX Developer编程界面编写PLC程序

在编程软件GX Developer的菜单栏中单击"工具"选项，在其下拉菜单中即可看到"梯形图逻辑测试起动"选项，单击该选项可以启动仿真软件GX Simulator。具体操作如图6-31所示。

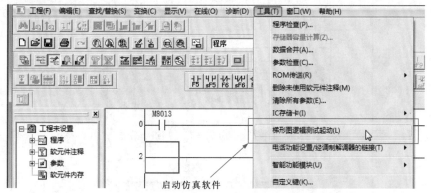

启动仿真软件

图6-31　三菱PLC编程仿真软件GX Simulator的仿真窗口

补充说明

另外，也可以通过编程软件GX Developer工具栏上的快捷图标启动仿真软件，如图6-32所示。

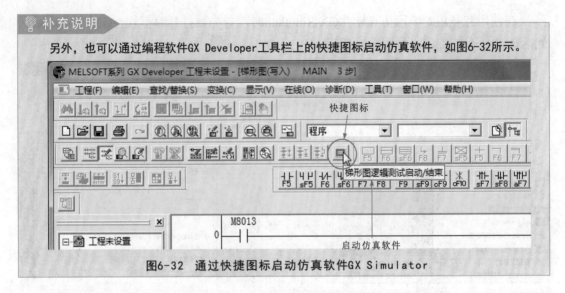

图6-32 通过快捷图标启动仿真软件GX Simulator

图6-33所示为启动仿真软件GX Simulator后弹出的"LADDER LOGIC TEST TOOL"窗口。

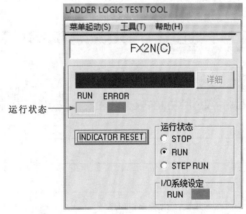

图6-33 "LADDER LOGIC TEST TOOL"窗口

启动仿真后，程序开始在计算机上模拟PLC写入过程，如图6-34所示。

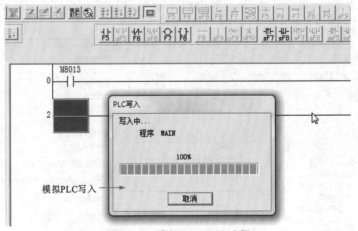

图6-34 模拟PLC写入过程

模拟写入完后，程序开始运行。在仿真软件启动运行的状态下，可以通过"在线"中的"软元件测试"功能来强制输入条件ON或者OFF，监控程序的运行状态。

选择菜单栏中的"在线"→"调试"→"软元件测试"命令或者直接单击"软元件测试"图标，如图6-35所示。

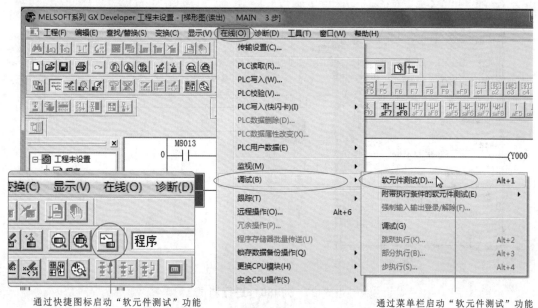

通过快捷图标启动"软元件测试"功能　　　　　　　　　　通过菜单栏启动"软元件测试"功能

图6-35 启动"软元件测试"功能

弹出"软元件测试"对话框，如图6-36所示。

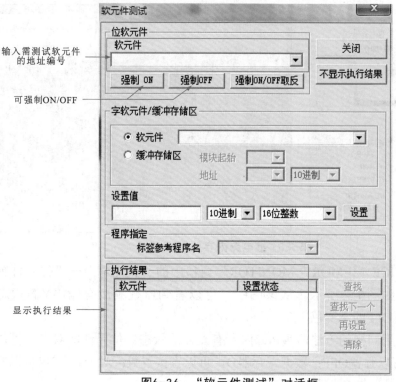

图6-36 "软元件测试"对话框

补充说明

例如，在"软元件测试"对话框的"位软元件"选项组中输入要强制的软元件，如M8013，如果需要把该元件置为ON，就单击"强制ON"按钮；如果需要把该元件置为OFF，就单击"强制OFF"按钮。同时会在"执行结果"选项组中显示被强制的状态，如图6-37所示。

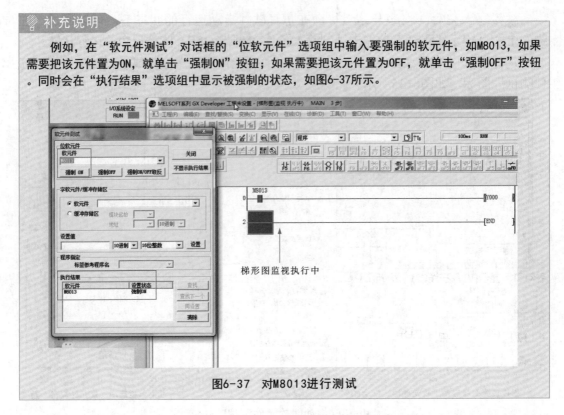

图6-37　对M8013进行测试

选择仿真窗口中的"菜单起动"→"继电器内存监视"命令，会弹出图6-38所示的窗口。

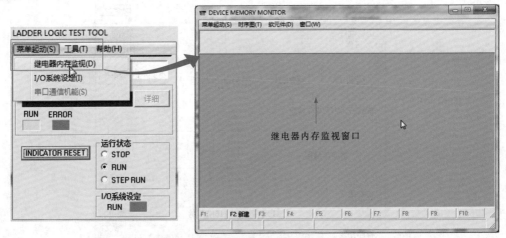

图6-38　继电器内存监视窗口

选择"DEVICE MEMORY MONITOR"窗口中的"软元件"→"位元件窗口"→"Y"命令，如图6-39所示。从该图中，可以看到监视到所有输出Y的状态，置ON的为黄色，置OFF的不变色。

同样，也可用同样的方法监视PLC内所有元件的状态。位元件，双击，可以强置ON，再双击，可以强置OFF；数据寄存器D，可以直接置数；对于T、C也可以修改当前值，因此调试程序非常方便。

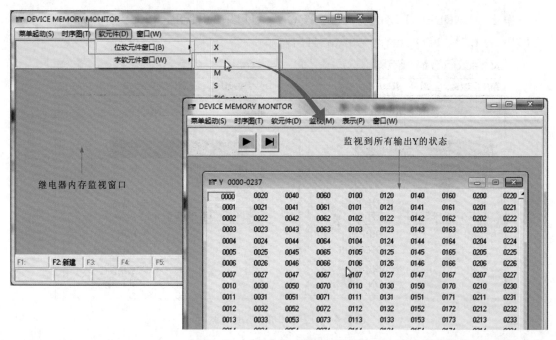

图6-39 对"Y"的监视状态

选择"DEVICE MEMORY MONITOR"窗口中的"时序图"→"起动"命令，会弹出"时序图"窗口，如图6-40所示。

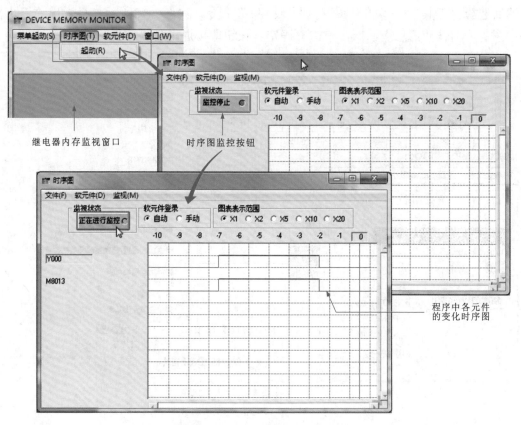

图6-40 "时序图"窗口

单击"LADDER LOGIC TEST TOOL"窗口中的STOP，PLC会停止运行，再单击RUN，PLC又会继续运行，如图6-41所示。

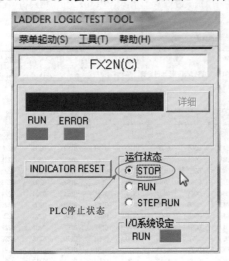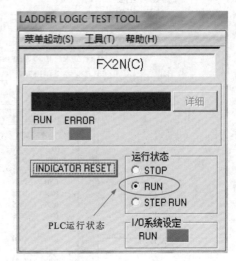

图6-41 控制PLC的停止和运行

在进行程序仿真测试时，通常需要对程序进行修改，这时要退出PLC仿真运行，重新对程序进行编辑修改。

退出仿真软件时，首先单击"LADDER LOGIC TEST TOOL"窗口中的STOP，然后选择"工具"→"梯形图逻辑测试结束"命令，如图6-42所示。会弹出"停止梯形图逻辑测试"消息提示框，单击"确定"按钮即可退出仿真软件。

图6-42 退出仿真软件的操作

3 三菱PLC编程软件GX Explorer

GX Explorer是一款可支持全部三菱PLC系列的维护工具软件，可提供三菱PLC一些维护时必要的功能。与Windows操作类似，通过拖动进行三菱PLC程序的上传/下载，还可同时打开多个窗口对多个CPU系统的资料进行监控，配合GX RemoteService-I使用网际网络维护功能。

图6-43所示为三菱PLC编程软件GX Explorer的界面。

维护工具软件GX Explorer

图6-43 三菱PLC编程软件GX Explorer的界面

选择菜单栏中的Start→"所有程序"→"MELSOFT应用程序"→GX Developer命令，打开软件，进入编程环境。图6-44所示为三菱PLC编程软件GX Developer的工作界面。

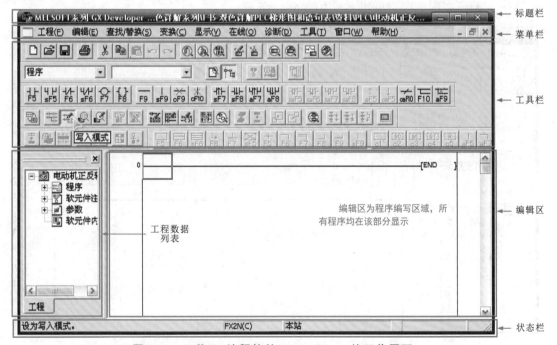

图6-44 三菱PLC编程软件GX Explorer的工作界面

如图6-45所示，要编写一个程序，首先需要新建一个工程文件。打开该软件后，选择菜单栏中的"工程"→"创建新工程"命令或使用快捷键Ctrl+N均可进行新建工程的操作。执行该命令后，会弹出"创建新工程"对话框。在这个对话框中可根据编程前期的分析来确定选用PLC的系列及类型。

图6-45　在GX Developer软件中新建工程

单击工具栏中的"⬚"按钮或按F2键，使GX Developer编程软件的编辑区进入梯形图写入模式，然后单击"⬚"按钮（梯形图/指令表显示切换），选择以梯形图的形式显示，为绘制梯形图做好准备，如图6-46所示。

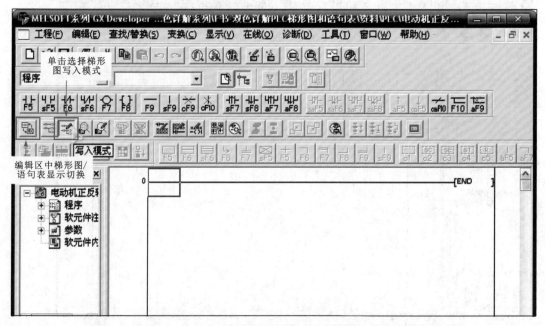

图6-46　在GX Developer软件中切换至梯形图或指令表的编程模式

在软件编辑区域的蓝色方框中添加编程元件，根据前面的梯形图，绘制表示常闭触点的编程元件X2，如图6-47所示。

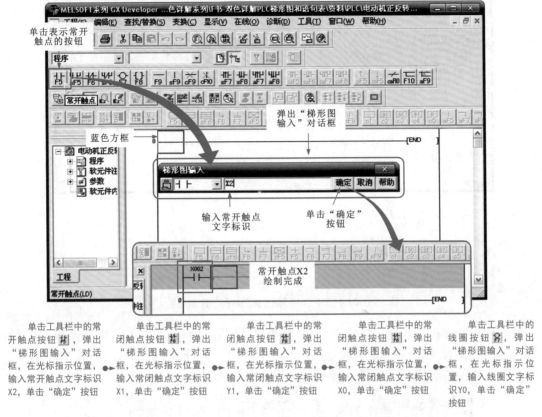

单击工具栏中的常开触点按钮，弹出"梯形图输入"对话框，在光标指示位置，输入常开触点文字标识X2，单击"确定"按钮

单击工具栏中的常闭触点按钮，弹出"梯形图输入"对话框，在光标指示位置，输入常闭触点文字标识X1，单击"确定"按钮

单击工具栏中的常闭触点按钮，弹出"梯形图输入"对话框，在光标指示位置，输入常闭触点文字标识Y1，单击"确定"按钮

单击工具栏中的常闭触点按钮，弹出"梯形图输入"对话框，在光标指示位置，输入常闭触点文字标识X0，单击"确定"按钮

单击工具栏中的线圈按钮，弹出"梯形图输入"对话框，在光标指示位置，输入线圈文字标识Y0，单击"确定"按钮

图6-47　放置编程元件符号，输入编程元件地址

接着输入常开触点X2的并联元件Y0，在该步骤中用户需要了解垂直线和水平线的绘制方法，如图6-48所示。

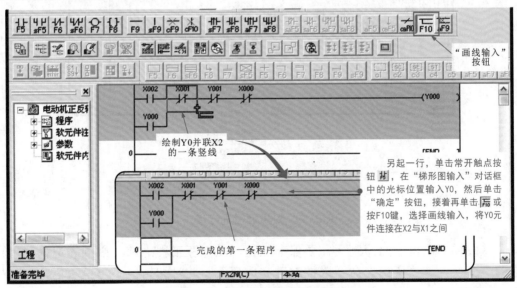

图6-48　绘制垂直线和水平线

图6-49所示为PLC梯形图编写好的效果。

| 单击常开触点按钮，在"梯形图输入"对话框的光标位置输入X3，然后单击"确定"按钮 | 依次单击3次按钮，在"梯形图输入"对话框的光标位置依次输入X1、Y0、X0，然后单击"确定"按钮 | 单击 按钮，在"梯形图输入"对话框的光标位置输入Y1，然后单击"确定"按钮 | 另起一行，单击 按钮，在"梯形图输入"对话框的光标位置输入Y1，然后单击"确定"按钮 | 单击 按钮或按"F10"键，选择画线输入，将Y1元件连接在X3与X1之间 |

图6-49 PLC梯形图编写好的效果

在编写程序的过程中，如果需对梯形图进行删除、修改或插入等操作，可在需要进行操作的位置单击，则该位置会显示一个蓝色方框，在蓝色方框处右击，即可显示各种操作选项，选择相应的操作即可，如图6-50所示。

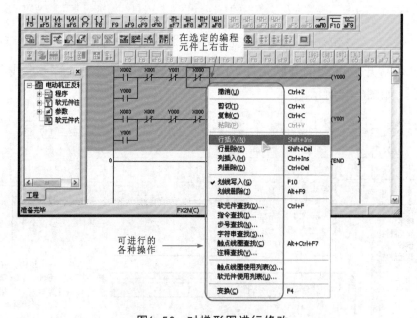

图6-50 对梯形图进行修改

完成梯形图程序的绘制后需要保存工程，在保存工程之前，必须先选择菜单栏中的"变换"→"变换"命令或按F4键完成变换，此时编辑区不再呈灰色状态，如图6-51所示。

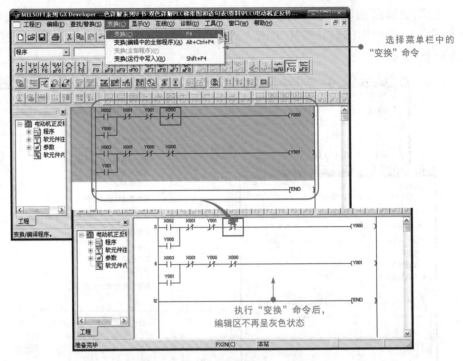

图6-51 执行变换操作

梯形图变换完后选择菜单栏中的"工程"中的"保存工程"或"另存工程为"命令，然后在弹出的对话框中单击"保存"按钮即可（若在新建工程的过程中未对保存路径及工程名称进行设置，则可在这个弹出的对话框中进行设置），如图6-52所示。

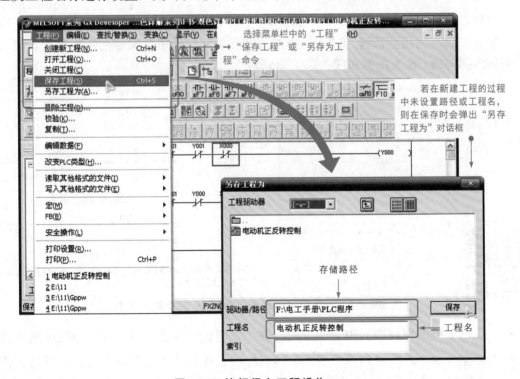

图6-52 执行保存工程操作

绘制完梯形图后，应执行"程序检查"指令，即选择菜单栏中的"工具"→"程序检查"，在弹出的对话框中单击"执行"按钮，即可检查绘制的梯形图是否正确，如图6-53所示。

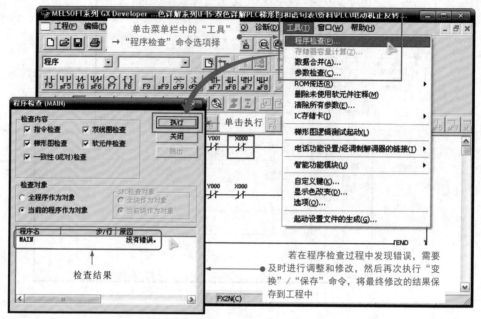

图6-53 对梯形图程序进行检查

6.3 PLC梯形图

PLC梯形图是PLC程序设计中最常用的一种编程语言。它继承了继电器控制线路的设计理念，采用图形符号的连接形式直观形象地展现电气线路的控制过程。电气控制原理图与PLC梯形图的对应关系如图6-54所示。

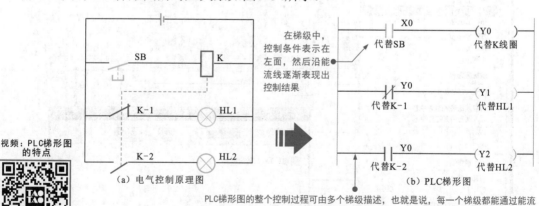

视频：PLC梯形图的特点

图6-54 电气控制原理图与PLC梯形图的对应关系

从电气控制原理图到PLC梯形图，整个程序设计保留了电气控制原理图的风格。在PLC梯形图中，特定的符号和文字标识标注了控制线路中的各电气部件及其工作状态。这种编程设计习惯非常直观、形象，与电气线路图十分对应，控制关系一目了然。

6.3.1 PLC梯形图的构成元素

梯形图的构成元素包括母线、触点和线圈，如图6-55所示。

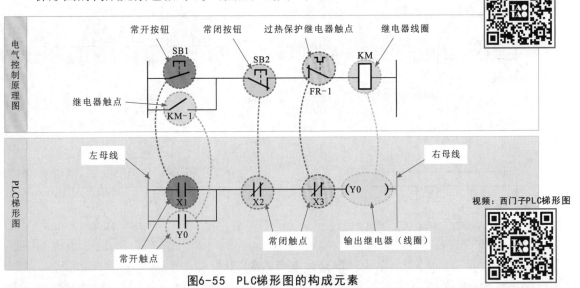

图6-55　PLC梯形图的构成元素

> **补充说明**
>
> 　　左、右的垂直线被称为左、右母线；触点对应电气控制原理图中的开关、按钮、继电器或接触器触点等电气部分；线圈对应电气控制原理图中的继电器或接触器线圈等，用来控制外部的指示灯、电动机等输出元件。

1 ▶ 母线

梯形图中两侧的竖线被称为母线，如图6-56所示。通常假设左母线代表电源的正极，右母线代表电源的负极。

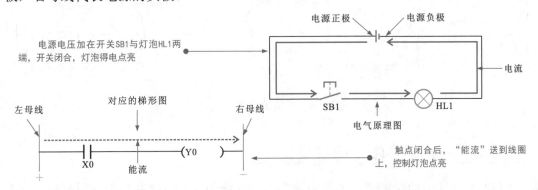

图6-56　电气控制线路与PLC梯形图的对应关系

> **补充说明**
>
> 　　在电气原理图中，电流由电源的正极流出，经开关SB1加到灯泡HL1上，最后流入电源的负极构成一个完整的回路。在电气原理图所对应的梯形图中，假定左母线代表电源的正极，右母线代表电源的负极，母线之间有"能流"（代表电流）从左向右流动，即"能流"由左母线经触点X0加到线圈Y0上，与右母线构成一个完整的回路。

2 ▶ 触点

在PLC的梯形图中有两类触点：常开触点和常闭触点，触点的通、断情况与触点的逻辑赋值有关，如图6-57所示。

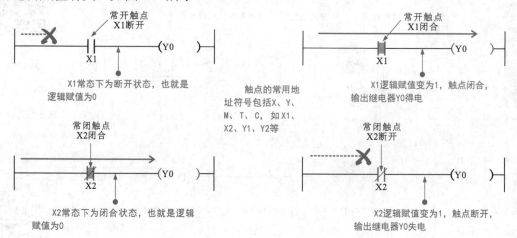

图6-57 触点的含义及特点

3 ▶ 线圈

PLC梯形图中的线圈种类有很多，如输出继电器线圈、辅助继电器线圈、定时器线圈等，线圈的得电、失电情况与线圈的逻辑赋值有关，如图6-58所示。

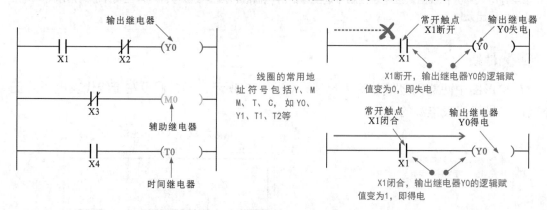

图6-58 线圈的含义及特点

6.3.2 | PLC梯形图中的继电器

PLC梯形图中的图形和符号代表许多不同功能的元件。这些图形和符号并不是真正的物理元件，而是由电子电路和存储器组成的软元件，如X代表输入继电器，由输入电路和输入映像寄存器构成，用于直接为PLC输入物理量；Y代表输出继电器，由输出电路和输出映像寄存器构成，用于从PLC中直接输出物理量；T代表定时器、M代表辅助继电器、C代表计数器、S代表状态继电器、D代表数据寄存器，它们都是由存储器构成的，用于PLC内部的运算。

1 >> 输入、输出继电器

输入继电器常使用字母X标识，与PLC的输入端子相连；输出继电器常使用字母Y标识，与PLC的输出端子相连，如图6-59所示。

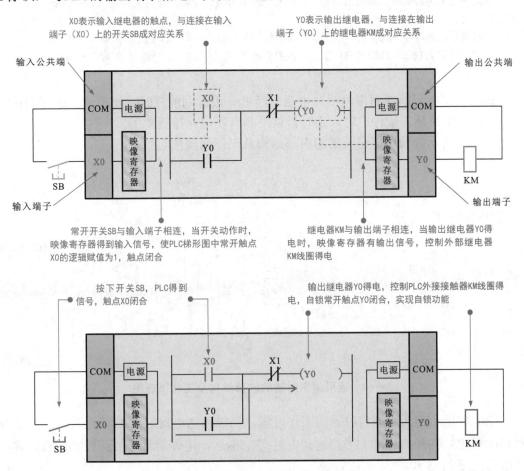

X0表示输入继电器的触点，与连接在输入端子（X0）上的开关SB成对应关系

Y0表示输出继电器，与连接在输出端子（Y0）上的继电器KM成对应关系

输入公共端

输出公共端

常开开关SB与输入端子相连，当开关动作时，映像寄存器得到输入信号，使PLC梯形图中常开触点X0的逻辑赋值为1，触点闭合

继电器KM与输出端子相连，当输出继电器Y0得电时，映像寄存器有输出信号，控制外部继电器KM线圈得电

输入端子

输出端子

按下开关SB，PLC得到信号，触点X0闭合

输出继电器Y0得电，控制PLC外接触器KM线圈得电，自锁常开触点Y0闭合，实现自锁功能

图6-59 输入、输出继电器的特点

2 >> 定时器

PLC梯形图中的定时器相当于电气控制线路中的时间继电器，常使用字母T标识。不同品牌型号PLC的定时器种类不同。以三菱FX_{2N}系列PLC定时器为例，如图6-60所示，三菱FX_{2N}系列PLC定时器可分为通用型定时器和累计型定时器。不同类型、不同号码的定时器所对应的分辨率等级不同。

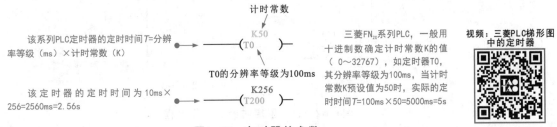

该系列PLC定时器的定时时间T=分辨率等级（ms）×计时常数（K）

计时常数

K50

(T0)

T0的分辨率等级为100ms

该定时器的定时时间为10ms×256=2560ms=2.56s

K256

(T200)

三菱FN_{2x}系列PLC，一般用十进制数确定计时常数K的值（0～32767），如定时器T0，其分辨率等级为100ms，当计时常数K预设值为50时，实际的定时时间T=100ms×50=5000ms=5s

视频：三菱PLC梯形图中的定时器

图6-60 定时器的参数

补充说明

通用型定时器：
    定时器号码为T0～T199的通用型定时器的分辨率等级为100ms，计时范围为0.1～3276.7s。
    定时器号码为T200～T245的通用型定时器的分辨率等级为10ms，计时范围为0.01～327.67s。
累计型定时器：
    定时器号码为T246～T249的通用型定时器的分辨率等级为1ms，计时范围为0.001～32.767s。
    定时器号码为T250～T255的通用型定时器的分辨率等级为100ms，计时范围为0.1～3276.7s。

    通用型定时器的线圈得电或失电后，经过一段时间的延时，触点才会进行相应动作，当输入电路断开或停电时，定时器就不具有断电保持功能了。

    图6-61所示为通用型定时器的内部结构及工作原理图。

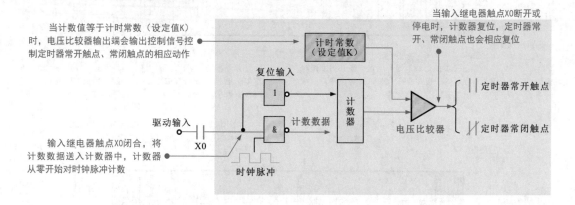

图6-61　通用型定时器的内部结构及工作原理图

    图6-62所示为通用型定时器的工作过程。当输入继电器触点X1闭合时，定时器线圈T200得电，并开始计时。当到达预定时间2.56s后，定时器常开触点T200闭合，输出继电器线圈Y1得电。

    累计型定时器与通用型定时器不同的是，累计型定时器在定时过程中断电或输入电路断开时，定时器具有断电保持功能，能够保持当前计数值，当通电或输入电路闭合时，定时器会在保持当前计数值的基础上继续累计计数。

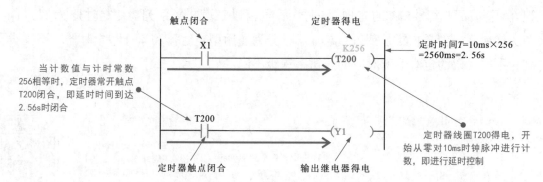

图6-62　通用型定时器的工作过程

图6-63所示为累计型定时器的内部结构及工作原理图。

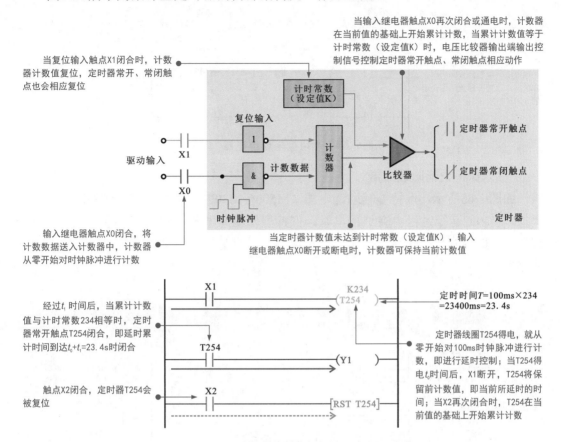

图6-63　累计型定时器的内部结构及工作原理图

补充说明

当输入继电器的触点X1闭合时，定时器线圈T254得电，开始计时；当定时器线圈T254得电t_0时间后，X1断开，T254将保留计时时间；当X1再次闭合时，T254在当前时间的基础上开始累计计时，经过t_1时间后到达预定时间23.4s时，定时器常开触点T254闭合，输出继电器线圈Y1得电。当复位输入触点X2闭合时，定时器T254被复位，当前值变为零，常开触点T254也随之复位断开。

3 辅助继电器

PLC梯形图中的辅助继电器相当于电气控制线路中的中间继电器，常使用字母M标识，是PLC编程中应用较多的一种软元件。辅助继电器不能直接读取外部输入，也不能直接驱动外部负载，只能用于辅助运算。常见的辅助继电器有通用型辅助继电器、保持型辅助继电器和特殊型辅助继电器3种。

（1）通用型辅助继电器

通用型辅助继电器（M0～M499）在PLC中常用于辅助运算、移位运算等，不具备断电保持功能，如图6-64所示，即在PLC运行过程中突然断电时，通用型辅助继电器线圈全部变为OFF状态，当PLC再次接通电源时，由外部输入信号控制的通用型辅助继电器变为ON状态，其余通用型辅助继电器均保持OFF状态。

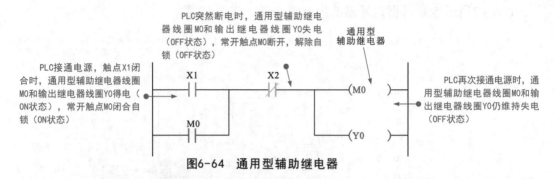

图6-64　通用型辅助继电器

（2）保持型辅助继电器

如图6-65所示，保持型辅助继电器（M500～M3071）能够记忆电源中断前的瞬时状态，当PLC运行过程中突然断电时，保持型辅助继电器可使用备用锂电池对其映像寄存器中的内容进行保持，再次接通电源后，保持型辅助继电器线圈仍会保持断电前的瞬时状态。

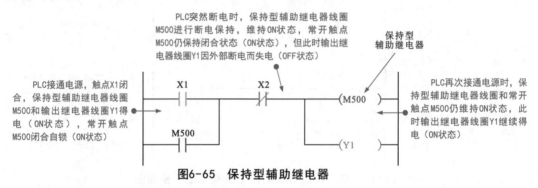

图6-65　保持型辅助继电器

（3）特殊型辅助继电器

如图6-66所示，特殊型辅助继电器（M8000～M8255）具有特殊功能，如设定计数方向、禁止中断、PLC的运行方式、步进顺控等。

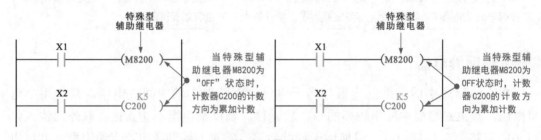

图6-66　特殊型辅助继电器

4 计数器

PLC梯形图中的计数器常使用字母C标识。下面以三菱FX2N系列PLC计数器为例进行介绍。该系列PLC计数器根据记录开关量的频率分为内部信号计数器和外部高速计数器。内部信号计数器又可分为16位加计数器和32位加/减计数器。这两种类型的计数器又分别可分为通用型计数器和累计型计数器两种。

图6-67所示为通用型16位加计数器的工作过程。

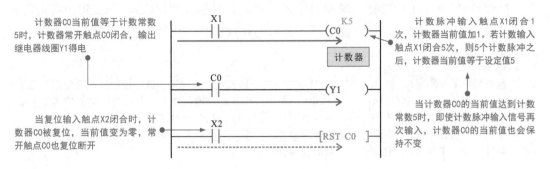

计数器C0当前值等于计数常数5时，计数器常开触点C0闭合，输出继电器线圈Y1得电

当复位输入触点X2闭合时，计数器C0被复位，当前值变为零，常开触点C0也复位断开

计数脉冲输入触点X1闭合1次，计数器当前值加1。若计数输入触点X1闭合5次，则5个计数脉冲之后，计数器当前值等于设定值5

当计数器C0的当前值达到计数常数5时，即使计数脉冲输入信号再次输入，计数器C0的当前值也会保持不变

图6-67　通用型16位加计数器的工作过程

补充说明

　　累计型16位加计数器与通用型16位加计数器的工作过程基本相同。不同的是，累计型计数器在计数过程中断电后，计数器具有断电保持功能，能够保持当前的计数值，通电时，计数器会在保持当前计数值的基础上继续累计计数。

　　图6-68所示为32位加/减计数器的工作过程。32位加/减计数器具有双向计数功能，其计数方向是由特殊型辅助继电器M8200～M8234进行设定的。

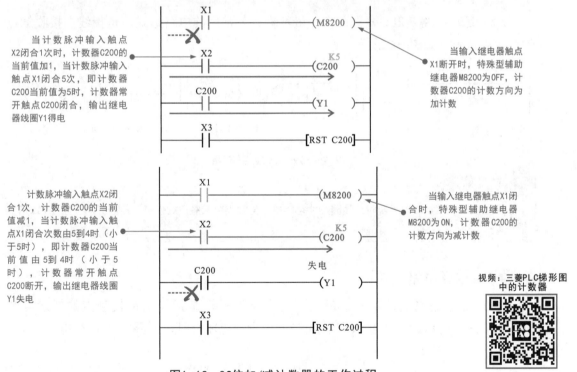

当计数脉冲输入触点X2闭合1次时，计数器C200的当前值加1，当计数脉冲输入触点X1闭合5次，即计数器C200当前值为5时，计数器常开触点C200闭合，输出继电器线圈Y1得电

当输入继电器触点X1断开时，特殊型辅助继电器M8200为OFF，计数器C200的计数方向为加计数

计数脉冲输入触点X2闭合1次，计数器C200的当前值减1，当计数脉冲输入触点X1闭合次数由5到4时（小于5时），即计数器C200当前值由5到4时（小于5时），计数器常开触点C200断开，输出继电器线圈Y1失电

当输入继电器触点X1闭合时，特殊型辅助继电器M8200为ON，计数器C200的计数方向为减计数

视频：三菱PLC梯形图中的计数器

图6-68　32位加/减计数器的工作过程

　　外部高速计数器简称高速计数器。其类型均为32位加/减计数器，设定值为−2147483648～+2147483648，计数方向也是由特殊辅助继电器或指定的输入端子设定的。当某一输入端子被高速计数器占用时，此端子就不能用于其他高速计数器的输入或其他用途。

高速计数器分为单相无启动/复位端子高速计数器C235～C240、单相带启动/复位端子高速计数器C241～C245、单相双输入（双向）高速计数器C246～C250、双相输入高速计数器C251～C255。同时使用不同类型的计数器时，计数器的输入点不能冲突。

> **补充说明**
>
> 　状态继电器常用字母S标识，是PLC中顺序控制的一种软元件，常与步进顺控指令配合使用，若不使用步进顺控指令，则状态继电器可在PLC梯形图中作为辅助继电器使用。其状态继电器的类型主要有初始状态继电器、回零状态继电器、保持状态继电器、报警状态继电器等。
>
> 　数据寄存器常用字母D标识，主要用于存储各种数据和工作参数。其类型主要有通用寄存器、保持寄存器、特殊寄存器、文件寄存器、变址寄存器等。

6.3.3 梯形图的基本电路

PLC编程语言可完成各种不同的控制任务，根据控制任务的不同，绘制编写的梯形图也有不同的类型，如AND（与）运算电路、OR（或）运算电路、自锁电路、分支电路、互锁电路、时间电路等基本电路结构。

1 AND运算电路

AND运算电路是PLC编程语言中最基本、最常用的电路形式，是指线圈接收触点的与运算结果，如图6-69所示。

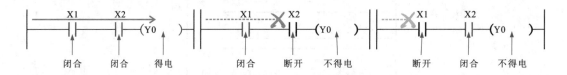

图6-69　AND运算电路

> **补充说明**
>
> 　当触点X1和触点X2均闭合时，线圈Y0才可得电；当触点X1和触点X2任意一点断开时，线圈Y0均不能得电。

2 OR运算电路

OR运算电路也是最基本、最常用的电路形式，是指线圈接收触点的或运算结果，如图6-70所示，当触点X1和触点X2的任意一点闭合时，线圈Y0均可得电。

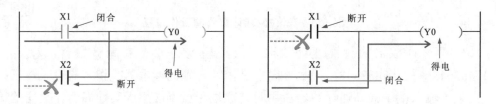

图6-70　OR运算电路

3 >> 自锁电路

自锁电路是机械锁定开关电路编程中常用的一种电路形式，它的工作原理是：当输入继电器触点闭合时，输出继电器线圈得电，接着控制输出继电器触点锁定输入继电器触点，即使输入继电器触点断开，输出继电器触点也能维持输出继电器线圈得电。

PLC编程中常用的自锁电路有两种形式：关断优先式自锁电路和启动优先式自锁电路。

如图6-71所示，在关断优先式自锁电路中，当输入继电器常闭触点X2断开时，无论输入继电器常开触点X1处于闭合还是断开状态，输出继电器线圈Y0均不能得电。

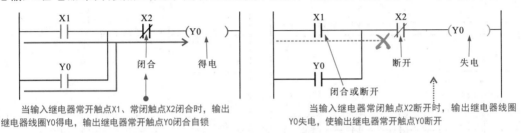

当输入继电器常开触点X1、常闭触点X2闭合时，输出继电器线圈Y0得电，输出继电器常开触点Y0闭合自锁

当输入继电器常闭触点X2断开时，输出继电器线圈Y0失电，使输出继电器常开触点Y0断开

图6-71 关断优先式自锁电路

如图6-72所示，在启动优先式自锁电路中，输入继电器常开触点X1闭合时，无论输入继电器常闭触点X2处于闭合还是断开状态，输出继电器线圈Y0均能得电。

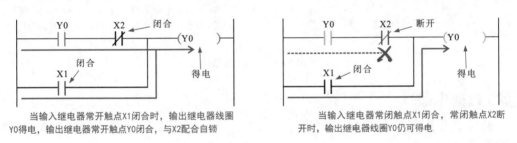

当输入继电器常开触点X1闭合时，输出继电器线圈Y0得电，输出继电器常开触点Y0闭合，与X2配合自锁

当输入继电器常闭触点X1闭合，常闭触点X2断开时，输出继电器线圈Y0仍可得电

图6-72 启动优先式自锁电路

4 >> 分支电路

分支电路是由一条输入指令控制两条输出结果的一种电路形式，如图6-73所示，触点X1可同时对输出继电器Y0、Y1的得电、失电进行控制。

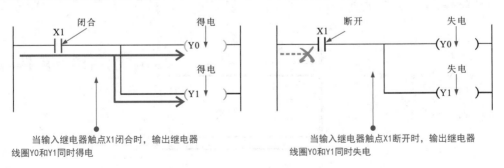

当输入继电器触点X1闭合时，输出继电器线圈Y0和Y1同时得电

当输入继电器触点X1断开时，输出继电器线圈Y0和Y1同时失电

图6-73 分支电路

5 ▶ 互锁电路

互锁电路是控制两个继电器不能同时动作的一种电路形式，通过其中一个线圈触点锁定另一个线圈，使其不能够得电，如图6-74所示，当触点X1先闭合时，输出继电器Y2被锁定；当触点X3先闭合时，输出继电器Y1被锁定。

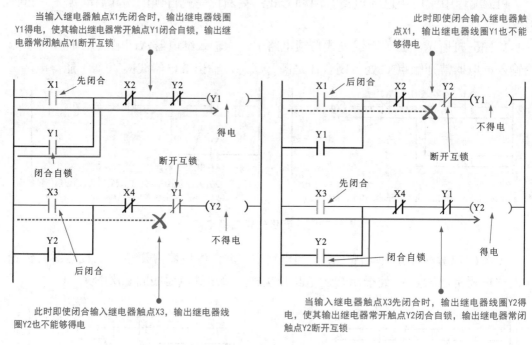

图6-74 互锁电路

6 ▶ 时间电路

时间电路是指由定时器进行延时、定时和脉冲控制的一种电路形式，相当于电气控制电路中的时间继电器。

PLC编程中常用的时间电路主要包括由一个定时器控制的时间电路、由两个定时器组合控制的时间电路、定时器串联控制的时间电路等。

图6-75所示为由一个定时器控制的时间电路。

定时器T1的定时时间T=100ms×30=3000ms=3s，即当定时器线圈T1得电后，延时3s，控制器常开触点T1闭合。

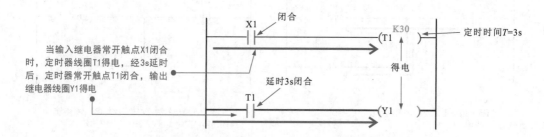

图6-75 一个定时器控制的时间电路

图6-76所示为由两个定时器组合控制的时间电路。

定时器T1的定时时间T=100ms×30=3000ms=3s，即当定时器线圈T1得电后，延时3s，控制器常开触点T1闭合。

定时器T245的定时时间T=10ms×456=4560ms=4.56s，即当定时器线圈T245得电后，延时4.56s，控制器常开触点T245闭合。

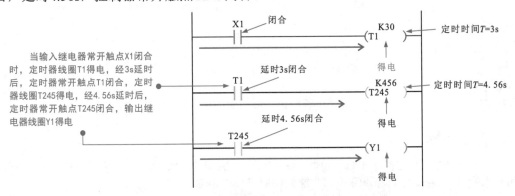

图6-76 由两个定时器组合控制的时间电路

图6-77所示为由定时器串联控制的时间电路。

定时器T1的定时时间T=100ms×15=1500ms=1.5s，即当定时器线圈T1得电后，延时1.5s后，控制器常开触点T1闭合。

定时器T2的定时时间T=100ms×30=3000ms=3s，即当定时器线圈T2得电后，延时3s，控制器常开触点T2闭合。

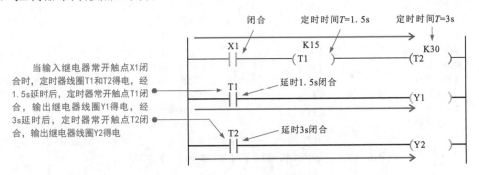

图6-77 由定时器串联控制的时间电路

6.4 PLC语句表

6.4.1 PLC语句表的构成

PLC语句表是PLC中的另一种编程语言，是一种与汇编语言中指令相似的助记符表达式，也称作指令表，是将一系列由操作指令（助记符）组成的控制流程通过编程器存入PLC中。

如图6-78所示，PLC语句表是由序号、操作码和操作数构成的。

视频：三菱PLC
语句表的结构

视频：西门子PLC
语句表的结构

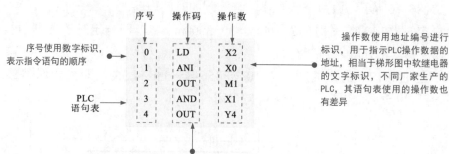

序号使用数字标识，表示指令语句的顺序

操作数使用地址编号进行标识，用于指示PLC操作数据的地址，相当于梯形图中软继电器的文字标识，不同厂家生产的PLC，其语句表使用的操作数也有差异

PLC语句表

操作码使用助记符标识，也称作编程指令，用于完成PLC的控制功能。不同厂家生产的PLC，其语句表使用的助记符也不相同

图6-78 PLC语句表的构成

> **补充说明**
>
> PLC梯形图的图示化特色与PLC语句表正好相反，其程序最终会以"文本"的形式体现。图6-79和图6-80所示分别为三菱PLC和西门子PLC中常用的操作码及操作数。

三菱FX系列常用操作码（助记符）		西门子S7-200系列常用操作码（助记符）	
读指令（逻辑段开始—常开触点）	LD	读指令（逻辑段开始—常开触点）	LD
读反指令（逻辑段开始—常闭触点）	LDI	读反指令（逻辑段开始—常闭触点）	LDN
输出指令（驱动线圈指令）	OUT	输出指令（驱动线圈指令）	=
"与"指令	AND	"与"指令	A
"与非"指令	ANI	"与非"指令	AN
"或"指令	OR	"或"指令	O
"或非"指令	ORI	"或非"指令	ON
"电路块"与指令	ANB	"电路块"与指令	ALD
"电路块"或指令	ORB	"电路块"或指令	OLD
"置位"指令	SET	"置位"指令	S
"复位"指令	RST	"复位"指令	R
"进栈"指令	MPS	"进栈"指令	LPS
"读栈"指令	MRD	"读栈"指令	LRD
"出栈"指令	MPP	"出栈"指令	LPP
上升沿脉冲指令	PLS	上升沿脉冲指令	EU
下降沿脉冲指令	PLF	下降沿脉冲指令	ED

图6-79 三菱PLC和西门子PLC中常用的操作码

三菱FX系列常用操作数		西门子S7-200系列常用操作数	
输入继电器	X	输入继电器	I
输出继电器	Y	输出继电器	Q
定时器	T	定时器	T
计数器	C	计数器	C
辅助继电器	M	通用辅助继电器	M
状态继电器	S	特殊标志继电器	SM
		变量存储器	V
		顺序控制继电器	S

图6-80 三菱PLC和西门子PLC中常用的操作数

6.4.2 PLC语句表指令

PLC语句表与梯形图之间具有一一对应的关系，为了更好地了解PLC语句表中各指令的功能，可结合相对应的PLC梯形图进行分析理解。

虽然不同厂家生产的PLC所使用的语句表指令不同，但其指令含义及应用含义基本相同。下面以三菱FX系列为例，具体介绍一下这些指令的具体含义及应用。

1 逻辑读及驱动指令（LD、LDI、OUT）

逻辑读及驱动指令包括LD、LDI、OUT3个基本指令。

LD读指令和LDI读反指令通常用于每条电路的第一个触点，用于将触点接到输入母线上，如图6-81所示。

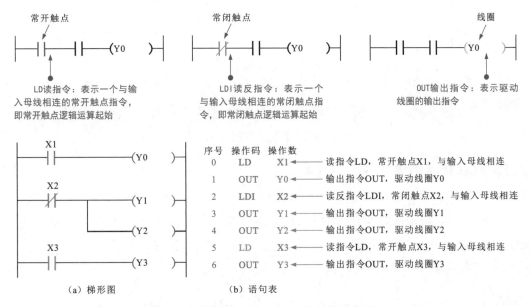

图6-81 逻辑读、读反指令的含义及应用

OUT输出指令是用于驱动输出继电器、辅助继电器、定时器、计数器等线圈的，但不能用于驱动输入继电器，如图6-82所示。

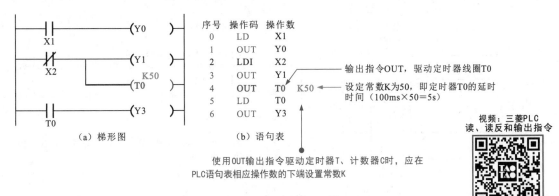

视频：三菱PLC读、读反和输出指令

图6-82 驱动指令的含义及应用

2 ▶▶ 触点串联指令（AND、ANI）

触点串联指令包括AND、ANI两个基本指令。

AND与指令和ANI与非指令可控制触点进行简单的串联连接。其中，AND用于常开触点的串联，ANI用于常闭触点的串联，它们串联触点的个数没有限制，且这些指令可以多次重复使用，如图6-83所示。

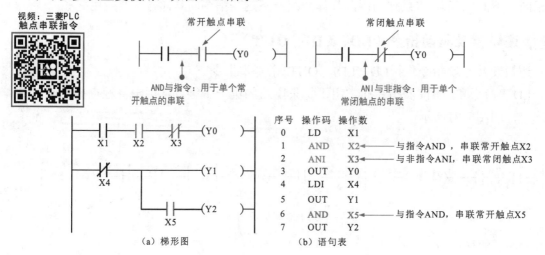

图6-83 触点串联指令的含义及应用

3 ▶▶ 触点并联指令（OR、ORI）

触点并联指令包括OR、ORI两个基本指令。

OR或指令和ORI或非指令可控制触点进行简单的并联连接。其中，OR用于常开触点的并联；ORI用于常闭触点的并联。它们并联触点的个数没有限制，且这些指令可以多次重复使用，如图6-84所示。

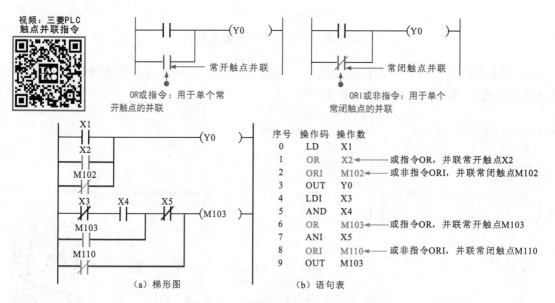

图6-84 触点并联指令的含义及应用

4 电路块连接指令（ORB、ANB）

电路块连接指令包括ORB、ANB两个基本指令。

ORB串联电路块或指令是用于串联电路块后再进行并联连接的指令。其中，串联电路块是指两个或两个以上的触点串联连接的电路模块，如图6-85所示。

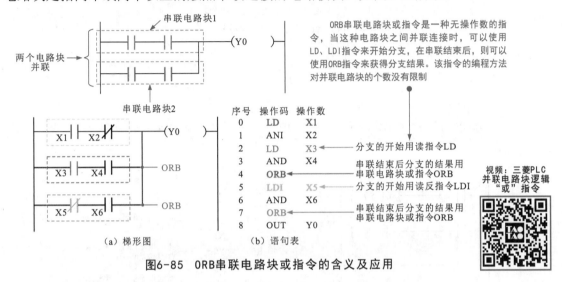

图6-85 ORB串联电路块或指令的含义及应用

ANB并联电路块与指令是用于并联电路块后再进行串联连接的指令。其中，并联电路块是指两个或两个以上的触点并联连接的电路模块，如图6-86所示。

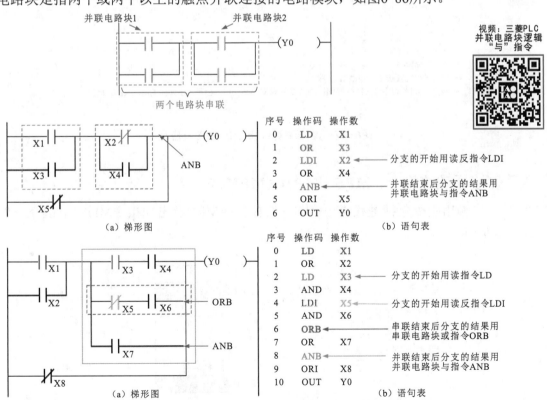

图6-86 ANB并联电路块与指令的含义及应用

5 >> 置位和复位指令（SET、RST）

置位和复位指令包括SET、RST两个基本指令，如图6-87所示。

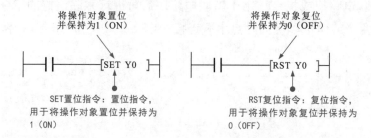

将操作对象置位
并保持为1（ON）

将操作对象复位
并保持为0（OFF）

SET置位指令：置位指令，
用于将操作对象置位并保持为
1（ON）

RST复位指令：复位指令，
用于将操作对象复位并保持为
0（OFF）

SET置位指令可对Y（输出继电器）、M（辅助继电器）、S（状态继电器）进行置位操作。当X0闭合时，SET置位指令将线圈Y0置位并保持为1，即线圈Y0得电，当X0断开时，线圈Y0仍保持得电

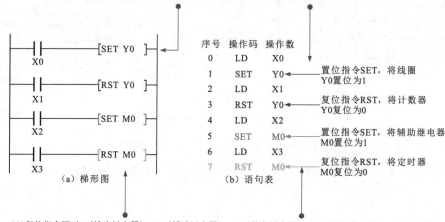

序号	操作码	操作数
0	LD	X0
1	SET	Y0
2	LD	X1
3	RST	Y0
4	LD	X2
5	SET	M0
6	LD	X3
7	RST	M0

置位指令SET，将线圈
Y0置位为1

复位指令RST，将计数器
Y0复位为0

置位指令SET，将辅助继电器
M0置位为1

复位指令RST，将定时器
M0复位为0

（a）梯形图

（b）语句表

RST复位指令可对Y（输出继电器）、M（辅助继电器）、S（状态继电器）、D（数据寄存器）、T（定时器）、C（计数器）进行复位操作。当X1闭合时，RST复位指令将计数器线圈C200复位并保持为0，即计数器线圈C200复位断开，当X1断开时，计数器线圈C200仍保持断开状态

SET置位指令和RST复位指令在PLC中可不限次数、不限顺序地使用，但是对于外部输出，只有最后执行的指令才有效果

图6-87 置位和复位指令的含义及应用

6 >> 多重输出指令（MPS、MRD、MPP）

多重输出指令包括进栈指令MPS、读栈指令MRD及出栈指令MPP 3个指令，如图6-88所示。

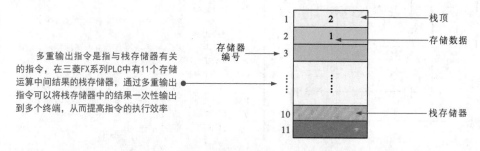

多重输出指令是指与栈存储器有关的指令，在三菱FX系列PLC中有11个存储运算中间结果的栈存储器，通过多重输出指令可以将栈存储器中的结果一次性输出到多个终端，从而提高指令的执行效率

存储器
编号

栈顶

存储数据

栈存储器

图6-88 多重输出指令的含义及应用

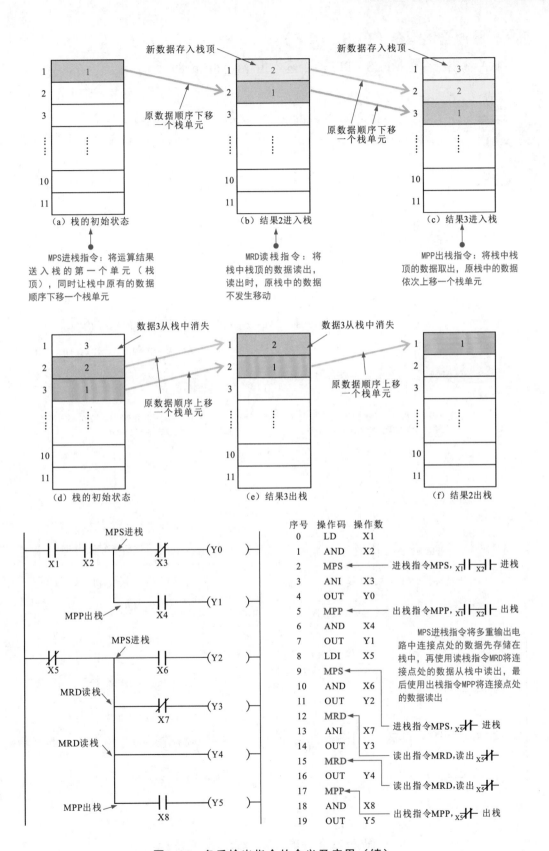

图6-88　多重输出指令的含义及应用（续）

7 >> 脉冲输出指令（PLS、PLF）

脉冲输出指令包括PLS、PLF两个基本指令，如图6-89所示。

视频：三菱PLC
脉冲输出指令

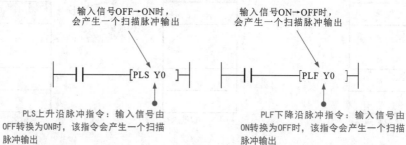

序号	操作码	操作数
0	LD	X0
1	PLS	Y0
2	LD	X1
3	PLF	Y1

（a）梯形图   （b）语句表

输入上升沿脉冲指令PLS，Y0在X0闭合后（上升沿）的一个扫描周期内产生一个脉冲输出信号

输入下降沿脉冲指令PLF，Y1在X1断开后（下降沿）的一个扫描周期内产生一个脉冲输出信号

使用PLS上升沿脉冲指令，线圈Y或M仅在驱动输入闭合后（上升沿）的一个扫描周期内动作，执行脉冲输出。使用PLF下降沿脉冲指令，线圈Y或M仅在驱动输入断开后（下降沿）的一个扫描周期动作，执行脉冲输出

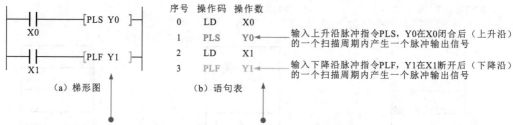

（c）上升沿脉冲指令波形图及执行过程   （d）下降沿脉冲指令波形图及执行过程

置位和复位指令与脉冲输出指令的混合应用

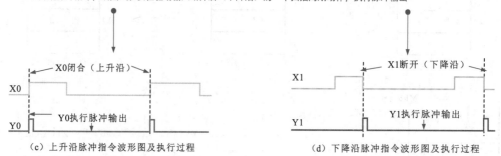

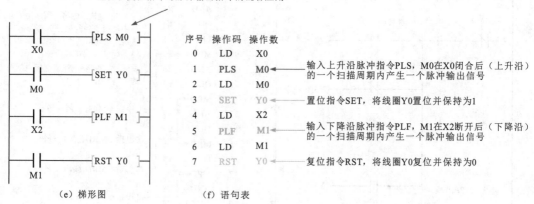

序号	操作码	操作数
0	LD	X0
1	PLS	M0
2	LD	M0
3	SET	Y0
4	LD	X2
5	PLF	M1
6	LD	M1
7	RST	Y0

输入上升沿脉冲指令PLS，M0在X0闭合后（上升沿）的一个扫描周期内产生一个脉冲输出信号

置位指令SET，将线圈Y0置位并保持为1

输入下降沿脉冲指令PLF，M1在X2断开后（下降沿）的一个扫描周期内产生一个脉冲输出信号

复位指令RST，将线圈Y0复位并保持为0

（e）梯形图   （f）语句表

图6-89 脉冲输出指令的含义及应用

8 >> 主控和主控复位指令（MC、MCR）

主控和主控复位指令包括MC、MCR两个基本指令，如图6-90所示。

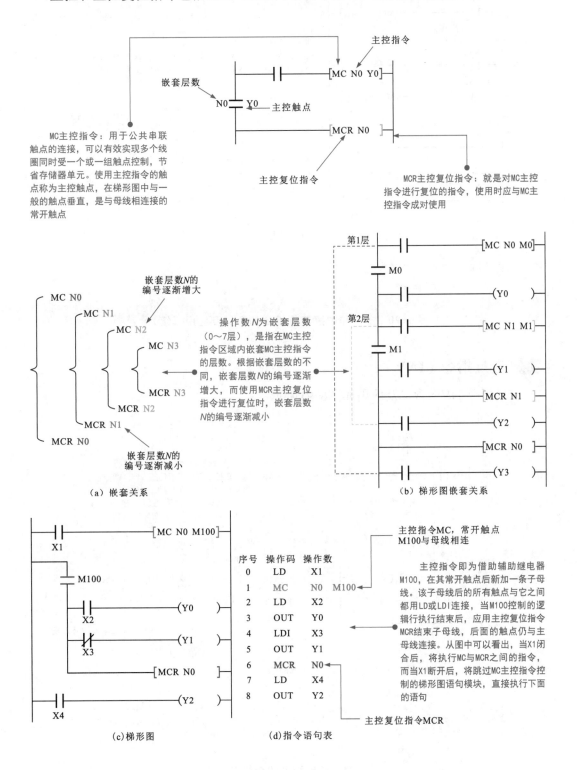

图6-90 主控和主控复位指令的含义及应用

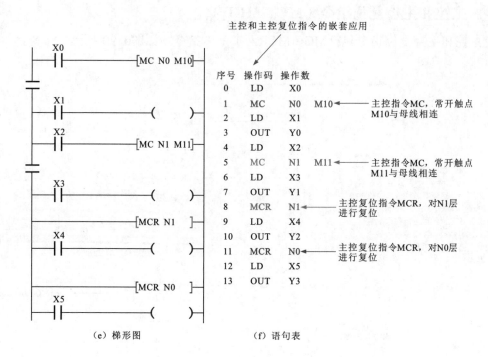

（e）梯形图　　　　　　　（f）语句表

图6-90 主控和主控复位指令的含义及应用（续）

9 ▶▶ 取反指令（INV）

取反指令INV的含义及应用如图6-91所示。

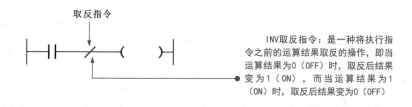

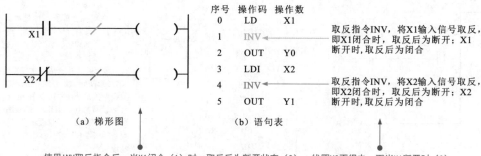

（a）梯形图　　　　　　　（b）语句表

　　使用INV取反指令后，当X1闭合（1）时，取反后为断开状态（0），线圈Y0不得电；而当X1断开时（0），取反后为闭合状态（1），此时线圈Y0得电。同样，当X2闭合（0）时，取反后为断开状态（1），线圈Y0不得电；而当X2断开时（1），取反后为闭合状态（0），此时线圈Y0得电

图6-91 取反指令的含义及应用

10 空操作和程序结束指令（NOP、END）

空操作和程序结束指令包括NOP、END两个基本指令，如图6-92所示。

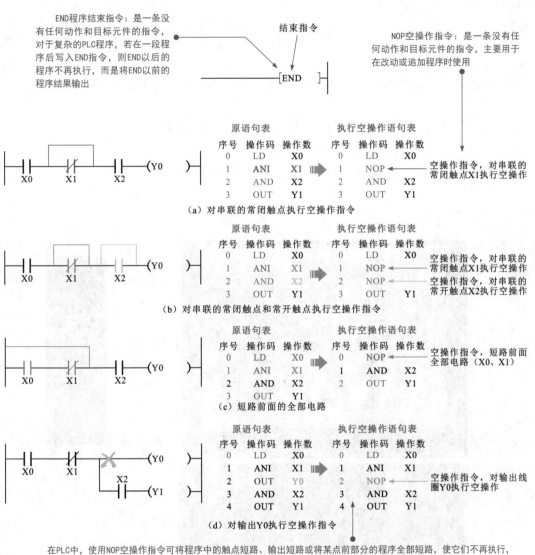

END程序结束指令：是一条没有任何动作和目标元件的指令，对于复杂的PLC程序，若在一段程序后写入END指令，则END以后的程序不再执行，而是将END以前的程序结果输出

结束指令

NOP空操作指令：是一条没有任何动作和目标元件的指令，主要用于在改动或追加程序时使用

[END]

空操作指令，对串联的常闭触点X1执行空操作

（a）对串联的常闭触点执行空操作指令

空操作指令，对串联的常闭触点X1执行空操作
空操作指令，对串联的常开触点X2执行空操作

（b）对串联的常闭触点和常开触点执行空操作指令

空操作指令，短路前面全部电路（X0、X1）

（c）短路前面的全部电路

空操作指令，对输出线圈Y0执行空操作

（d）对输出Y0执行空操作指令

在PLC中，使用NOP空操作指令可将程序中的触点短路、输出短路或将某点前部分的程序全部短路，使它们不再执行，但它会占据一个程序步，当在程序中加入空操作指令NOP时，可适当改变或追加程序的运行速度

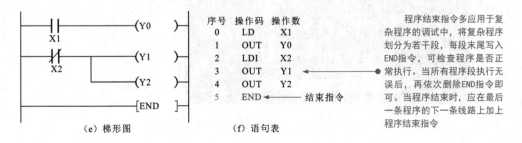

程序结束指令多应用于复杂程序的调试中，将复杂程序划分为若干段，每段末尾写入END指令，可检查程序是否正常执行。当所有程序段执行无误后，再依次删除END指令即可。当程序结束时，应在最后一条程序的下一条线路上加上程序结束指令

（e）梯形图　　　　　（f）语句表

图6-92　空操作和程序结束指令的含义及应用

第7章

PLC触摸屏

7.1　西门子Smart 700 IE V3触摸屏

7.1.1　西门子Smart 700 IE V3触摸屏的结构

图7-1所示为西门子Smart 700 IE V3触摸屏的结构。

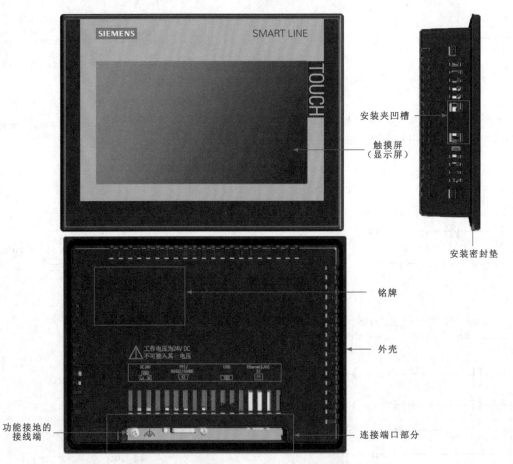

图7-1　西门子Smart 700 IE V3触摸屏的结构

　　西门子Smart 700 IE V3触摸屏适用于小型自动化系统。该规格的触摸屏采用了增强型CPU和存储器，性能得到了大幅度的提升。

7.1.2 | 西门子Smart 700 IE V3触摸屏的接口

西门子Smart 700 IE V3触摸屏除了以触摸屏为主体外，还设有多种连接端口，如电源连接端口、RS-422/485端口（网络通信端口）、RJ-45端口（以太网端口）和USB端口等。图7-2所示为西门子Smart 700 IE V3触摸屏的接口。

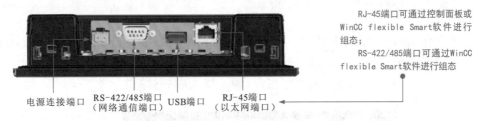

RJ-45端口可通过控制面板或WinCC flexible Smart软件进行组态；

RS-422/485端口可通过WinCC flexible Smart软件进行组态

电源连接端口　　RS-422/485端口　　USB端口　　RJ-45端口
　　　　　　　（网络通信端口）　　　　　　　（以太网端口）

图7-2　西门子Smart 700 IE V3触摸屏的接口

1 ▶▶ 电源连接端口

图7-3所示为西门子Smart 700 IE V3触摸屏的电源连接端口。西门子Smart 700 IE V3触摸屏的电源连接端口位于触摸屏底部，该电源连接端口有两个引脚，分别为24V直流供电端和接地端。

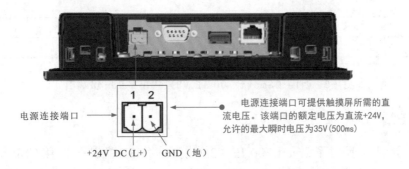

1　2

电源连接端口

电源连接端口可提供触摸屏所需的直流电压。该端口的额定电压为直流+24V，允许的最大瞬时电压为35V（500ms）

+24V DC（L+）　　GND（地）

图7-3　西门子Smart 700 IE V3触摸屏的电源连接端口

2 ▶▶ RS-422/485端口

图7-4所示为西门子Smart 700 IE V3触摸屏的RS-422/485端口。

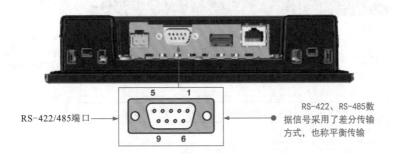

5　1

RS-422/485端口

RS-422、RS-485数据信号采用了差分传输方式，也称平衡传输

9　6

图7-4　西门子Smart 700 IE V3触摸屏的RS-422/485端口

补充说明

RS-422/485端口是串行数据接口的标准。RS-422是一种单机发送、多机接收的单向、平衡传输规范。为了扩展应用范围，之后在RS-422的基础上制定了RS-485标准，增加了多点、双向通信能力，即允许多个发送器连接到同一条总线上。

3 RJ-45端口

西门子Smart 700 IE V3触摸屏的RJ-45端口是普通的网线连接插座，它与计算机主板上的网络接口相同，可通过普通网络线缆连接到以太网。

图7-5所示为西门子Smart 700 IE V3触摸屏的RJ-45端口。

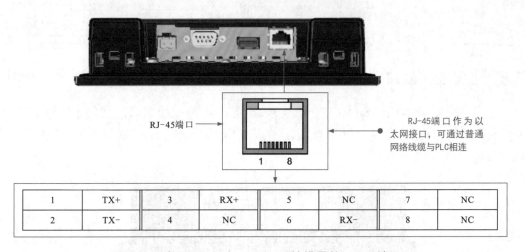

RJ-45端口

RJ-45端口作为以太网接口，可通过普通网络线缆与PLC相连

| 1 | TX+ | 3 | RX+ | 5 | NC | 7 | NC |
| 2 | TX- | 4 | NC | 6 | RX- | 8 | NC |

图7-5 西门子Smart 700 IE V3触摸屏的RJ-45端口

4 USB端口

图7-6所示为西门子Smart 700 IE V3触摸屏的USB端口。通用USB（Universal Serial Bus，串行总线）接口是一种即插即用接口，支持热插拔，并且支持127种硬件设备的连接。

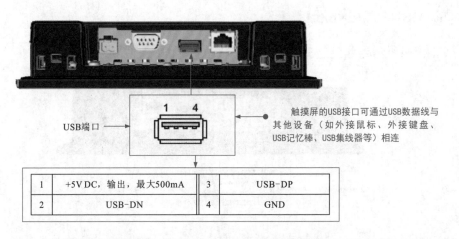

USB端口

触摸屏的USB接口可通过USB数据线与其他设备（如外接鼠标、外接键盘、USB记忆棒、USB集线器等）相连

| 1 | +5V DC，输出，最大500mA | 3 | USB-DP |
| 2 | USB-DN | 4 | GND |

图7-6 西门子Smart 700 IE V3触摸屏的USB端口

补充说明

表7-1所列为可与西门子Smart 700 IE V3触摸屏兼容的PLC型号说明。

表7-1 可与西门子Smart 700 IE V3触摸屏兼容的PLC型号说明

可与西门子Smart 700 IE V3触摸屏兼容的PLC型号	支持的协议
SIEMENS S7-200	以太网、PPI、MPI
SIEMENS S7-200 CN	以太网、PPI、MPI
SIEMENS S7-200 Smart	以太网、PPI、MPI
SIEMENS LOGO!	以太网
Mitsubishi FX *	点对点串行通信
Mitsubishi Protocol 4 *	多点串行通信
Modicon Modbus PLC *	点对点串行通信
Omron CP、CJ *	多点串行通信

7.2 西门子Smart 700 IE V3触摸屏的安装与连接

7.2.1 西门子Smart 700 IE V3触摸屏的安装

安装西门子Smart 700 IE V3触摸屏前，应先了解安装的环境要求，如温度、湿度等；再明确安装位置的要求，如散热距离、打孔位置等；最后按照设备的安装步骤进行安装。

1 >> 安装环境的温度要求

图7-7所示为西门子Smart 700 IE V3触摸屏安装环境的温度要求（控制柜安装环境）。

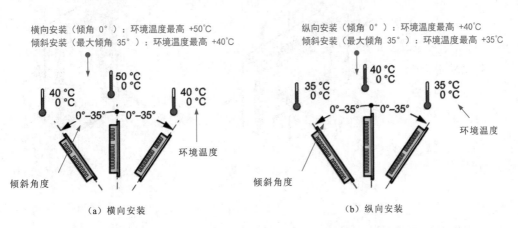

（a）横向安装   （b）纵向安装

图7-7 西门子Smart 700 IE V3触摸屏安装环境的温度要求（控制柜安装环境）

补充说明

　　HMI设备倾斜安装会减少设备承受的对流，因此会降低操作时允许的最高环境温度。如果施加充分的通风，设备也要在不超过纵向安装所允许的最高环境温度下在倾斜的安装位置运行；否则，该设备可能会因过热而导致损坏。

　　西门子Smart 700 IE V3触摸屏安装环境的其他要求见表7-2。

表7-2　西门子Smart 700 IE V3触摸屏安装环境的其他要求

条件类型	运输和存储状态	运行状态	
温度	-20～+60℃	横向安装	0～50℃
		倾斜安装，倾斜角最大35°	0～40℃
		纵向安装	0～40℃
		倾斜安装，倾斜角最大35°	0～35℃
大气压	1080～660hPa，相当于海拔1000～3500m	1080～795hPa，相当于海拔1000～2000m	
相对湿度	10%～90%，无凝露		
污染物浓度	SO_2< 0.5ppm；相对湿度 小于60%，无凝露 H_2S< 0.1ppm；相对湿度 小于60%，无凝露		

2 >> 安装位置的要求

　　西门子Smart 700 IE V3触摸屏一般会安装在控制柜中。HMI设备是自通风设备，对安装的位置有明确要求，包括与控制柜四周的距离、安装允许倾斜的角度等。

　　图7-8所示为西门子Smart 700 IE V3触摸屏安装在控制柜中与四周的距离要求。

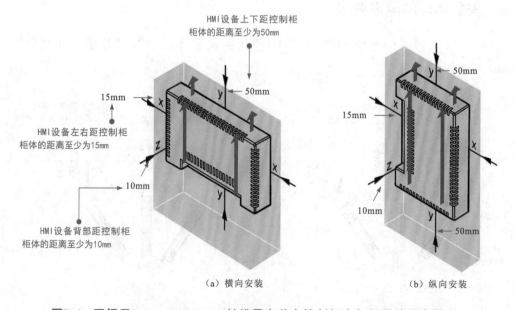

（a）横向安装　　　（b）纵向安装

图7-8　西门子Smart 700 IE V3触摸屏安装在控制柜中与四周的距离要求

3 >> 在控制柜中安装打孔的要求

首先确定西门子Smart 700 IE V3触摸屏的安装环境符合要求，接下来就应该在选定的位置打孔，为之后触摸屏的安装固定做好准备。

图7-9所示为通用控制柜中安装西门子Smart 700 IE V3触摸屏的开孔尺寸要求。

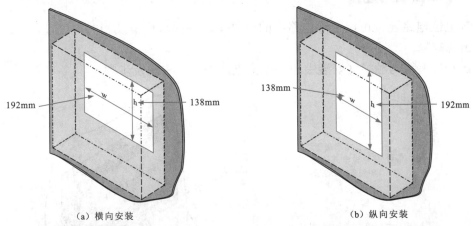

（a）横向安装　　　　　　　　（b）纵向安装

图7-9　通用控制柜中安装西门子Smart 700 IE V3触摸屏的开孔尺寸要求

补充说明

安装开孔区域的材料强度必须足以保证能承受住HMI设备和安装的安全。
安装夹的受力或对设备的操作不会导致材料变形，从而达到如下所述的防护等级：
· 符合防护等级为IP65的安装开孔处的材料厚度为2～6mm；
· 安装开孔处允许的与平面的偏差≤0.5mm（已安装的HMI设备必须符合此条件）。

4 >> 触摸屏的安装固定

控制柜开孔完成后，将触摸屏平行插入安装孔中，并使用安装夹固定好触摸屏。图7-10所示为触摸屏的安装固定方法。

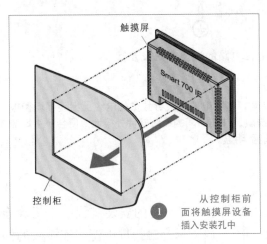
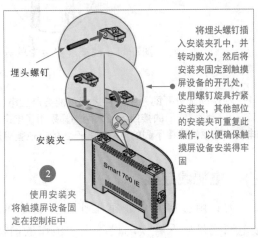

图7-10　触摸屏的安装固定方法

7.2.2 │ 西门子Smart 700 IE V3触摸屏的连接

西门子Smart 700 IE V3触摸屏的连接包括等电位电路连接、电源线连接、组态计算机（PC）连接、PLC设备连接等。

1 >> 等电位电路连接

等电位电路连接可以消除电路中的电位差，确保触摸屏及相关电气设备在运行时不会出现故障。

图7-11所示为触摸屏安装中的等电位电路的连接方法及步骤。

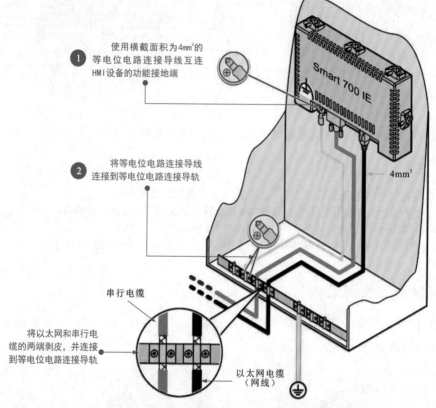

① 使用横截面积为4mm²的等电位电路连接导线互连HMI设备的功能接地端

② 将等电位电路连接导线连接到等电位电路连接导轨

4mm²

串行电缆

将以太网和串行电缆的两端剥皮，并连接到等电位电路连接导轨

以太网电缆（网线）

图7-11 触摸屏安装中的等电位电路的连接方法及步骤

补充说明

在空间上分开的系统组件之间可能会产生电位差。这些电位差会导致数据电缆上出现高均衡电流，从而毁坏它们的接口。如果两端都采用了电缆屏蔽，并在不同的系统部件处接地，便会产生均衡电流。当系统连接不同的电源时，产生的电位差可能更明显。

2 >> 电源线连接

要让触摸屏设备正常工作需要满足DC 24V供电。在设备的安装过程中，正确连接电源线是确保触摸屏设备正常工作的前提。图7-12所示为触摸屏电源线连接头的加工方法。

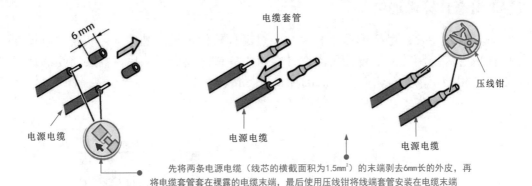

先将两条电源电缆（线芯的横截面积为1.5mm²）的末端剥去6mm长的外皮，再将电缆套管套在裸露的电缆末端，最后使用压线钳将线端套管安装在电缆末端

图7-12　触摸屏电源线连接头的加工方法

图7-13所示为触摸屏电源线的连接方法。

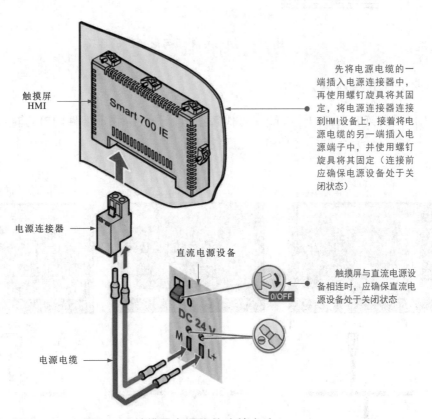

图7-13　触摸屏电源线的连接方法

> ⊛ 补充说明
>
> 　　西门子Smart 700 IE V3触摸屏的直流电源供电设备的输出电压规格应为24V（200mA）直流电源，若电源规格不符合设备的要求，则会损坏触摸屏设备。
> 　　直流电源供电设备应选用具有安全电气隔离的DC 24V电源装置；若使用非隔离系统组态，则应将24V电源输出端的GND24V接口进行等电位连接，以统一基准电位。

3 组态计算机连接

在计算机中安装触摸屏编程软件，通过编程软件可组态触摸屏，实现对触摸屏显示画面内容和控制功能的设计。当在计算机中完成触摸屏组态后，需要将组态计算机与触摸屏相连，以便对软件中完成的项目进行传输。

图7-14所示为组态计算机与触摸屏的连接。

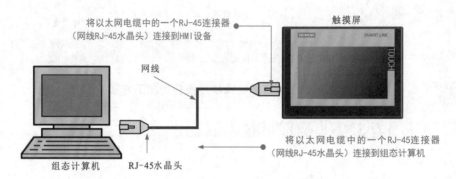

图7-14 组态计算机与触摸屏的连接

4 PLC设备连接

触摸屏连接PLC的输入端，可代替按钮、开关等物理部件向PLC输入指令信息。

图7-15所示为触摸屏与PLC之间的连接。

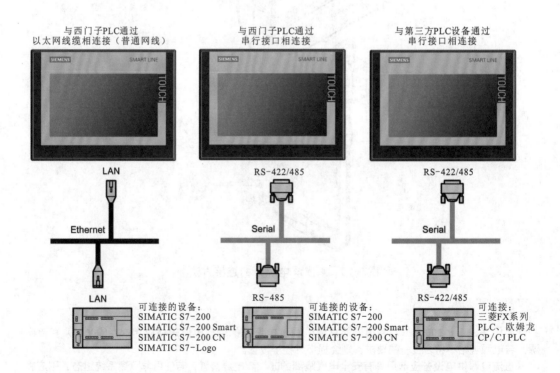

图7-15 触摸屏与PLC之间的连接

7.2.3　西门子Smart 700 IE V3触摸屏的数据备份与恢复

　　组态西门子Smart 700 IE V3触摸屏，首先要接通电源，打开Loader程序，再通过程序窗口中的Control Panel按钮打开控制面板，如图7-16所示，最后在控制面板中对触摸屏进行参数设置。

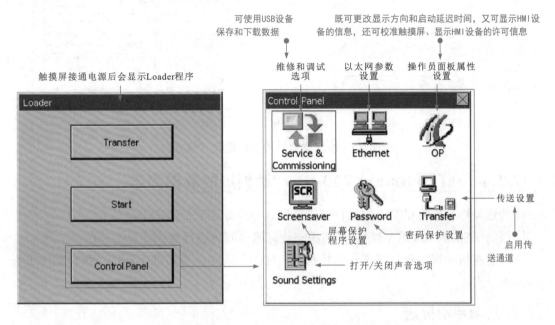

图7-16　在控制面板中可对触摸屏进行参数配置

　　在触摸屏控制面板中，维修和调试选项的主要功能是使用USB设备保存和下载数据。用手指或触摸笔单击该选项即可弹出Service & Commissioning对话框，从该对话框中的Backup选项中可选择Complete backup进行触摸屏数据的备份。图7-17所示为触摸屏数据的备份操作。

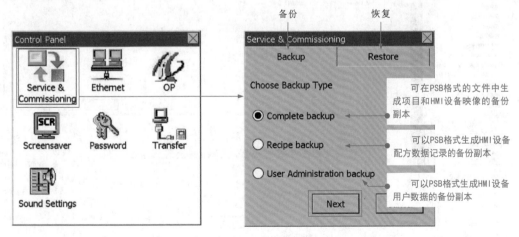

图7-17　触摸屏数据的备份操作

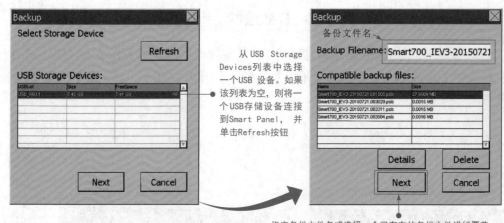

从USB Storage Devices列表中选择一个USB设备。如果该列表为空，则将一个USB存储设备连接到Smart Panel，并单击Refresh按钮

备份文件名

指定备份文件名或选择一个已存在的备份文件进行覆盖，单击Next按钮完成数据的备份，并进行下一步操作

图7-17 触摸屏数据的备份操作（续）

7.2.4 西门子Smart 700 IE V3触摸屏的数据传送

传送操作是指将已编译的项目文件传送到要运行该项目的HMI设备上。

西门子Smart 700 IE V3触摸屏与组态计算机之间可进行数据信息的传送。

要想将可执行项目从组态计算机传送到HMI设备中，有启动手动传送和自动传送两种传送方式。

1 启动手动传送

图7-18所示为西门子Smart 700 IE V3触摸屏与组态计算机之间通过手动传送数据项目的操作步骤和方法。

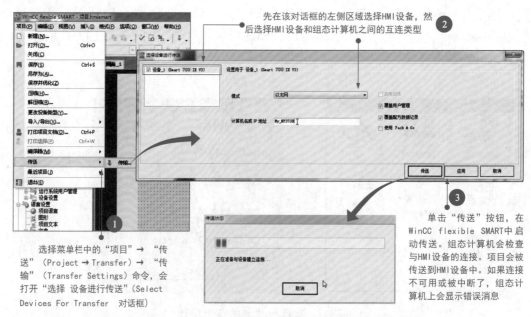

先在该对话框的左侧区域选择HMI设备，然后选择HMI设备和组态计算机之间的互连类型

选择菜单栏中的"项目"→"传送"（Project→Transfer）→"传输"（Transfer Settings）命令，会打开"选择 设备进行传送"（Select Devices For Transfer 对话框）

单击"传送"按钮，在WinCC flexible SMART中启动传送。组态计算机会检查与HMI设备的连接。项目会被传送到HMI设备中。如果连接不可用或被中断了，组态计算机上会显示错误消息

图7-18 西门子Smart 700 IE V3触摸屏与组态计算机之间通过手动传送数据项目的操作步骤和方法

在WinCC flexible SMART（触摸屏编程软件，将在下一章详细介绍）中完成组态后，可选择菜单栏中的"项目"→"编译器"→"生成"（Project→Compiler→Generate）命令来验证项目的一致性。在完成一致性检查后，系统将会生成一个已编译的项目文件，并会将已编译的项目文件传送至组态的HMI设备。

确保HMI设备已通过以太网连接到组态计算机，且在HMI设备中分配了以太网参数，调整HMI设备处于"传送"工作模式。

2 ≫ 启动自动传送

首先在HMI设备上启动自动传送，只要在连接的组态计算机上启动传送，HMI设备就会在运行时自动切换为"传送/Transfer"模式。

在HMI设备上激活自动传送并在组态计算机上启动传送后，当前正在运行的项目会自动停止。HMI设备随后会自动切换为"传送/Transfer"模式。

自动传送不适合用在调试阶段后，避免HMI设备不会在无意中被切换到传送模式。传送模式可能触发系统的意外操作。

3 ≫ HMI项目的测试

测试HMI项目有3种方法：在组态计算机中借助仿真器测试；在HMI设备上对项目进行离线测试；在HMI设备上对项目进行在线测试。

1 在组态计算机中借助仿真器测试

图7-19所示为在组态计算机中借助仿真器测试触摸屏项目的方法。在WinCC flexible SMART中完成组态和编译后，选择"项目"→"编译器"→"使用仿真器启动运行系统"命令，启动仿真器。

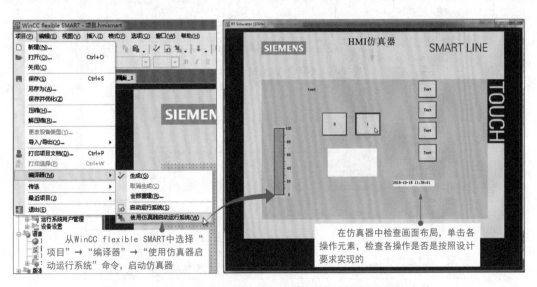

图7-19　在组态计算机中借助仿真器测试触摸屏项目的方法

② **离线测试**

离线测试是指在HMI设备不与PLC相连接的状态下，测试项目的操作元素和可视化。测试的各个项目功能不受PLC影响，PLC变量也不会更新。

③ **在线测试**

在线测试是指在HMI设备与PLC相连接并进行通信的状态下，使HMI设备处于"在线"工作模式，在HMI设备中对各个项目功能进行测试，如报警通信功能等，测试不受PLC影响，但PLC变量会进行更新。

④ **HMI数据的备份与恢复**

为了确保HMI设备中数据的安全与可靠应用，可借助计算机（安装ProSave软件）或USB存储设备备份和恢复HMI设备内部闪存中的项目与HMI设备的映像数据、密码列表、配方数据等。

7.3 WinCC flexible SMART组态软件

WinCC flexible SMART组态软件是专门针对西门子HMI触摸屏编程的软件，可对应西门子触摸屏Smart 700 IE V3、Smart 1000 IE V3（适用于S7-200 Smart PLC）进行组态。

7.3.1 WinCC flexible SMART组态软件的程序界面

图7-20所示为WinCC flexible SMART组态软件的程序界面。从图7-20中可以看到，该软件的程序界面主要由菜单栏、工具栏、工作区、项目视图、工具箱、属性视图等部分构成。

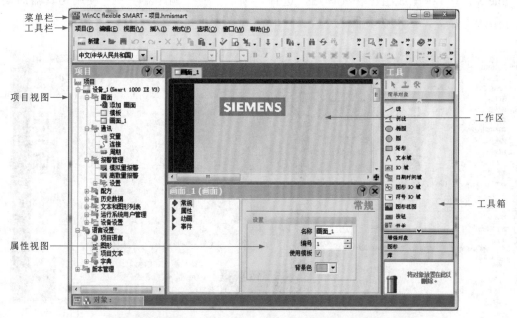

图7-20 WinCC flexible SMART组态软件的程序界面

1 菜单栏和工具栏

图7-21所示为WinCC flexible SMART组态软件的菜单栏和工具栏。菜单栏和工具栏位于WinCC flexible SMART组态软件的上方。通过菜单栏和工具栏可以访问组态HMI设备所需的全部功能。编辑器处于激活状态时，会显示此编辑器专用的菜单栏和工具栏。当鼠标指针移到某个菜单上时，还会显示对应的命令选项。

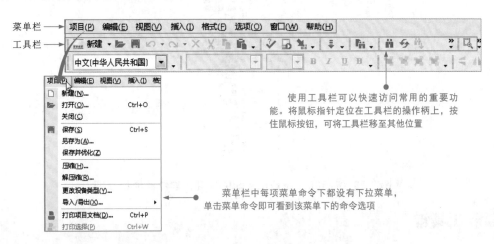

图7-21　WinCC flexible SMART组态软件的菜单栏和工具栏

2 工作区

图7-22所示为WinCC flexible SMART组态软件的工作区。工作区是WinCC flexible SMART组态软件画面的中心部分。每个编辑器在工作区中都能以单独的选项卡控件形式打开。"画面"编辑器以单独的选项卡形式显示各个画面。同时打开多个编辑器时，只会有一个选项卡处于激活状态。要选择一个不同的编辑器，可在工作区单击相应的选项卡。

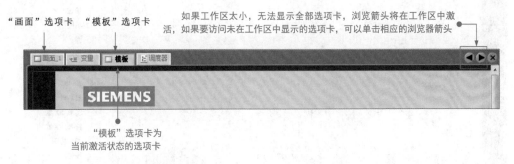

图7-22　WinCC flexible SMART组态软件的工作区

3 项目视图

图7-23所示为WinCC flexible SMART组态软件的项目视图。项目视图是项目编辑的中心控制点，其中显示了项目的所有组件和编辑器，双击相应的条目可以打开这些组件和编辑器。

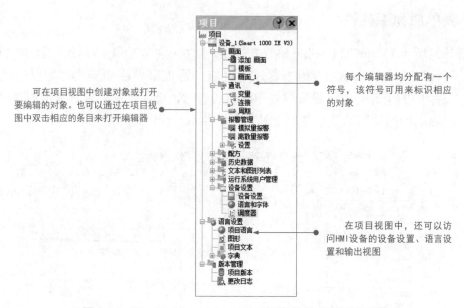

可在项目视图中创建对象或打开
要编辑的对象。也可以通过在项目视
图中双击相应的条目来打开编辑器

每个编辑器均分配有一个
符号，该符号可用来标识相应
的对象

在项目视图中，还可以访
问HMI设备的设备设置、语言设
置和输出视图

图7-23 WinCC flexible SMART组态软件的项目视图

4 》 工具箱

图7-24所示为WinCC flexible SMART组态软件的工具箱。工具箱位于WinCC
flexible SMART组态软件工作区的右侧区域，其中有可以添加到画面中的简单对象和
复杂对象，用户在工作区编辑时可以通过工具箱中的工具在画面中添加各种元素（如
图形对象或操作元素）。

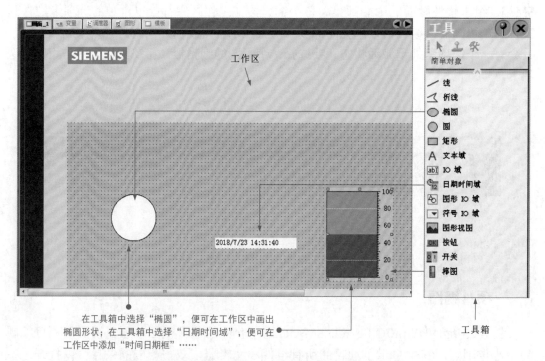

在工具箱中选择"椭圆"，便可在工作区中画出
椭圆形状；在工具箱中选择"日期时间域"，便可在
工作区中添加"时间日期框"······

图7-24 WinCC flexible SMART组态软件的工具箱

5 属性视图

图7-25所示为WinCC flexible SMART组态软件的属性视图。

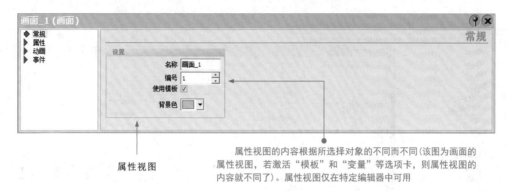

属性视图的内容根据所选择对象的不同而不同（该图为画面的属性视图，若激活"模板"和"变量"等选项卡，则属性视图的内容就不同了）。属性视图仅在特定编辑器中可用

属性视图

图7-25　WinCC flexible SMART组态软件的属性视图

属性视图位于WinCC flexible SMART组态软件工作区的下方。用户可在属性视图中编辑从工作区中选择的对象的属性。

7.3.2 WinCC flexible SMART组态软件的项目传送

传送项目操作是指将已编译的项目文件传送到要运行该项目的HMI设备上。在完成组态后，选择"项目"→"编译器"→"生成"命令即可生成一个已编译的项目文件（用于验证项目的一致性）。图7-26所示为项目传送前的编译操作。

图7-26　项目传送前的编译操作

要将已编译的项目文件传送到HMI设备，可选择菜单栏中的"项目"→"传送"→"传输"命令，弹出"选择设备进行传送"对话框，单击"传送"按钮即可开始传送。图7-27所示为向HMI设备传送项目的操作。

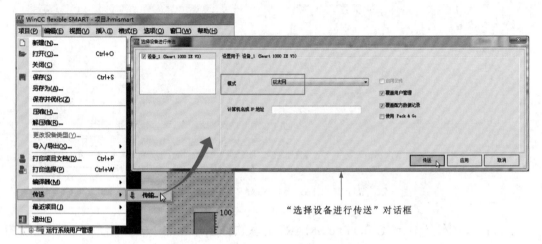

图7-27 向HMI设备传送项目的操作

7.3.3 WinCC flexible SMART组态软件的通信

图7-28所示为WinCC flexible SMART组态软件中的"变量"编辑器。

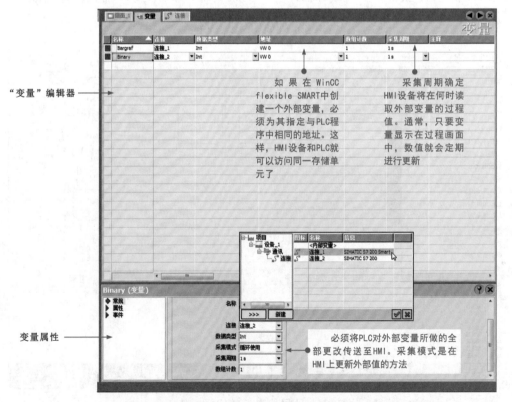

图7-28 WinCC flexible SMART组态软件中的"变量"编辑器

图7-29所示为WinCC flexible SMART组态软件中的"连接"编辑器。

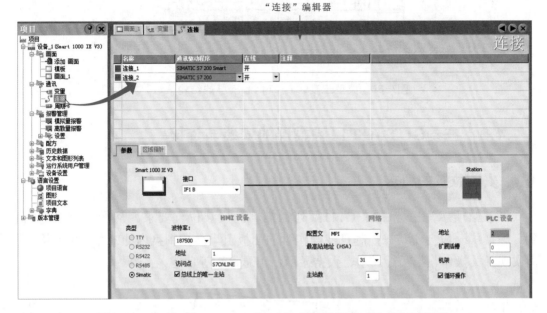

图7-29 WinCC flexible SMART组态软件中的"连接"编辑器

7.4 三菱GOT-GT11触摸屏

7.4.1 三菱GOT-GT11触摸屏的结构

图7-30所示为典型三菱GOT-GT11触摸屏的结构。GOT-GT1175触摸屏的正面是显示屏，其下方及背面是各种连接端口，用以与其他设备进行连接。

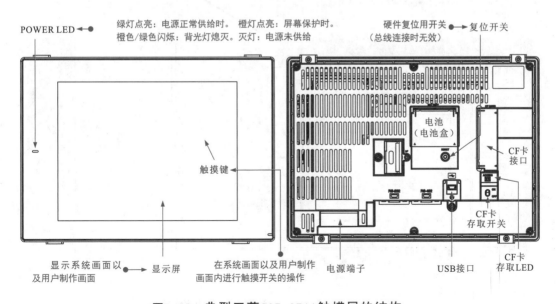

图7-30 典型三菱GOT-GT11触摸屏的结构

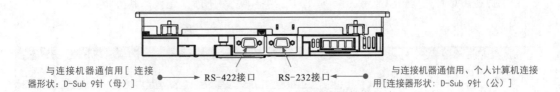

与连接机器通信用［ 连接
器形状: D-Sub 9针（母）］ ➤ RS-422接口 RS-232接口 ◄ 与连接机器通信用、个人计算机连接
用［连接器形状: D-Sub 9针（公）］

图7-30　典型三菱GOT-GT11触摸屏的结构（续）

7.4.2 三菱GOT-GT11触摸屏的安装与连接

1 >> 安装位置的要求

图7-31所示为三菱GOT-GT11系列触摸屏的安装位置要求。从图7-31中可以看到，触摸屏一般会安装在控制盘或操作盘的面板上，与控制盘内的PLC等相连接，从而实现开关操作、指示灯显示、数据显示、信息显示等功能。

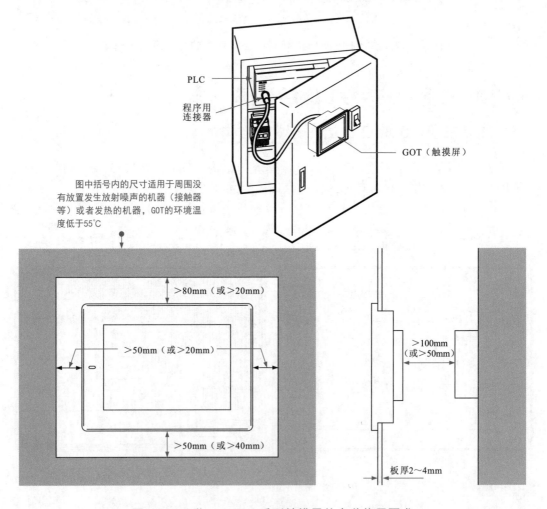

PLC

程序用
连接器

GOT（触摸屏）

图中括号内的尺寸适用于周围没有放置发生放射噪声的机器（接触器等）或者发热的机器，GOT的环境温度低于55℃

>80mm（或>20mm）

>50mm（或>20mm）

>100mm
（或>50mm）

>50mm（或>40mm）

板厚2~4mm

图7-31　三菱GOT-GT11系列触摸屏的安装位置要求

如果在控制盘内安装，三菱GOT-GT11触摸屏的安装角度如图7-32所示。控制盘内的温度应控制在4～55℃，安装角度为60°～105°。

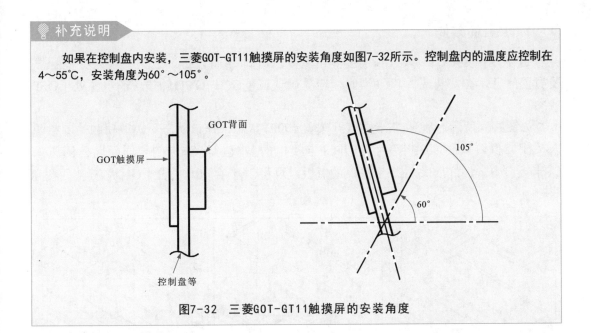

图7-32 三菱GOT-GT11触摸屏的安装角度

2 触摸屏主机的安装

图7-33所示为三菱GOT-GT11触摸屏主机的安装操作。先将三菱GOT-GT11插入面板的正面，并将安装配件的挂钩挂入三菱GOT-GT11的固定孔内，后用安装螺栓拧紧固定。

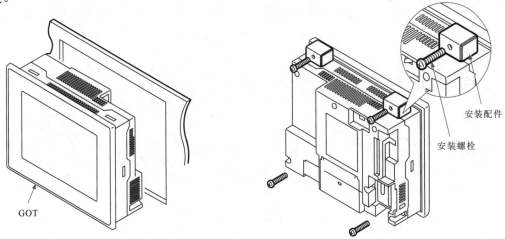

图7-33 三菱GOT-GT11触摸屏主机的安装操作

安装主机时要注意，应在规定的扭矩范围内拧紧安装螺栓。若安装螺栓太松，可能导致脱落、短路、运行错误；若安装螺栓太紧，可能导致螺栓及设备的损坏而引起的脱落、短路、运行错误。

另外，安装和使用GOT必须在其基本操作环境要求下进行，避免因操作不当引起触电、火灾、误操作，损坏产品或使产品性能变差。

3 ▷▷ CF卡的装卸

CF卡是三菱GOT-GT11触摸屏非常重要的外部存储设备。它主要用来存储程序及数据信息。在安装或拆卸CF卡时，应先确认三菱GOT-GT11触摸屏的电源处于OFF状态。

如图7-34所示，确认CF卡存取开关置于OFF状态（在该状态下，即使触摸屏电源未关闭，也可以装卸CF卡），打开CF卡接口的盖板，将CF卡的表面朝向外侧压入CF卡接口中。插好后关闭CF卡接口的盖板，再将CF卡存取开关置于ON状态。

CF卡接口的盖板

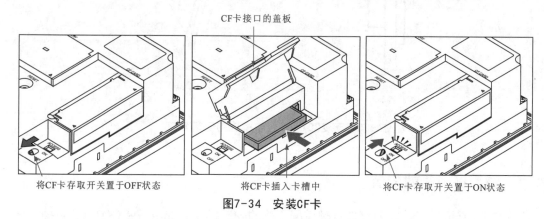

将CF卡存取开关置于OFF状态　　将CF卡插入卡槽中　　将CF卡存取开关置于ON状态

图7-34　安装CF卡

当取出CF卡时，先将GOT的CF卡存取开关置于OFF状态，确认CF卡存取LED灯熄灭，再打开CF卡接口的盖板，将GOT的CF卡弹出按钮竖起，向内按下GOT的CF卡弹出按钮，CF卡便会自动从存取卡仓中弹出。具体操作如图7-35所示。

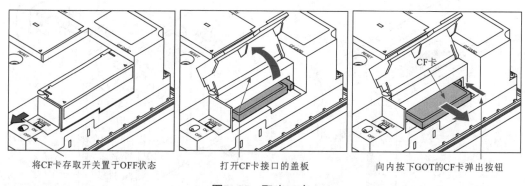

将CF卡存取开关置于OFF状态　　打开CF卡接口的盖板　　向内按下GOT的CF卡弹出按钮

图7-35　取出CF卡

补充说明

在GOT中安装或卸下CF卡，应将存储卡存取开关置为OFF状态之后（CF卡存取LED灯熄灭）进行，否则可能导致CF卡内的数据损坏或运行错误。

在GOT中安装CF卡时，插入GOT安装口，并压下CF卡直到弹出按钮被推出。如果接触不良，可能导致运行错误。

在取出CF卡时，由于CF卡有可能会弹出来，因此需要用手将其扶住；否则有可能掉落而导致CF卡破损或故障。

另外，在使用RS-232 通信下载监视数据的过程中不要装卸CF卡；否则可能会发生GT Designer2通信错误，而无法正常下载。

4 ▶▶ 电池的安装

电池是三菱GOT-GT11触摸屏的电能供给设备，用于保持或备份触摸屏中的时钟数据、报警历史及配方数据。图7-36所示为三菱GOT-GT11触摸屏电池的安装方法。

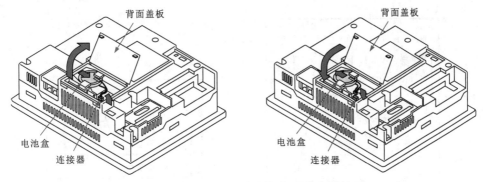

图7-36 三菱GOT-GT11触摸屏电池的安装方法

5 ▶▶ 电源接线

图7-37所示为GT11背部电源端子电源线、接地线的配线连接图。配线连接时，AC 100V/AC 200V线、DC 24V线应使用线径为0.75～2mm^{2}的粗线。将线缆拧成麻花状，以最短距离连接设备，并且不要将AC 100V/200V线、DC 24V线与主电路（高电压、大电流）线、输入/输出信号线捆扎在一起，保持间隔在100mm以上。

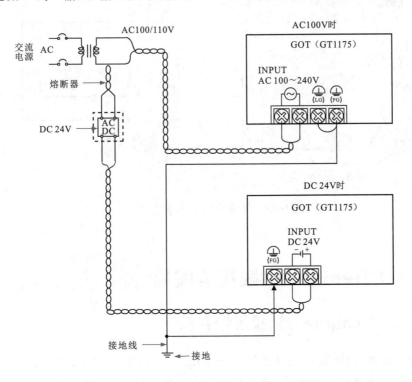

图7-37 GT11背部电源端子电源线、接地线的配线连接图

6 ▶▶ 接地方案

图7-38和图7-39所示分别为专用接地和共用接地的连接方式。接地所用电线的线径应在2mm²以上，并尽可能使接地点靠近GOT，从而最大限度地缩短接地线的长度。

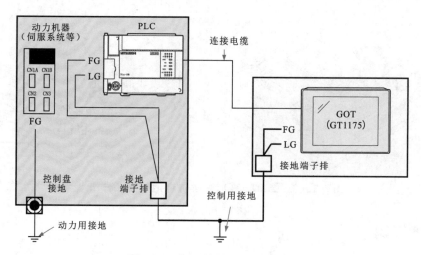

图7-38　专用接地的连接方式

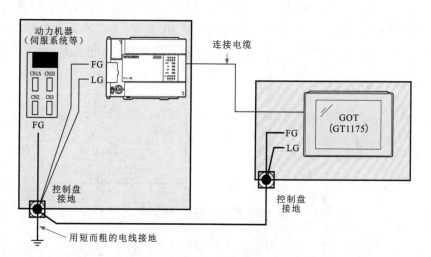

图7-39　共用接地的连接方式

7.5 GT Designer3触摸屏编程

7.5.1 | GT Designer3触摸屏编程软件

GT Designer3触摸屏编程软件是针对三菱触摸屏（GOT 1000系列）进行编程的软件。图7-40所示为GT Designer3触摸屏编程软件的程序界面。

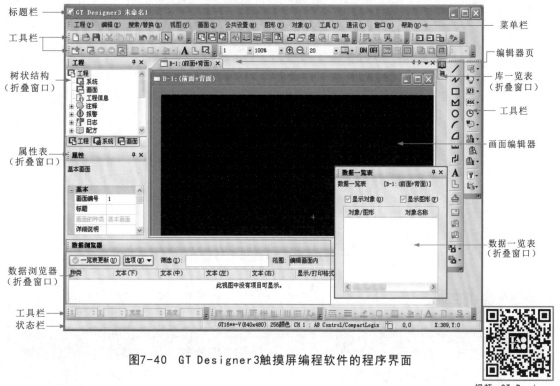

图7-40　GT Designer3触摸屏编程软件的程序界面

视频：GT-Designer3
触摸屏编程软件

1 >> 菜单栏

图7-41所示为GT Designer3触摸屏编程软件的菜单栏。菜单栏的具体构成根据所选GOT类型的不同而略有不同。

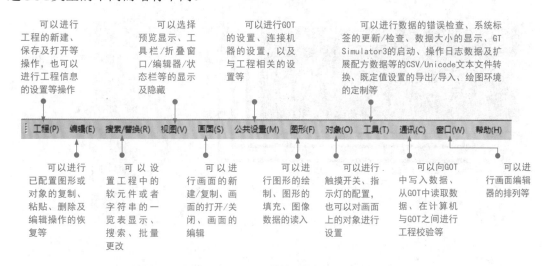

图7-41　GT Designer3触摸屏编程软件的菜单栏

2 >> 工具栏

图7-42所示为GT Designer3触摸屏编程软件的工具栏，通过"显示项目"命令可以切换各个工具栏的显示及隐藏状态。

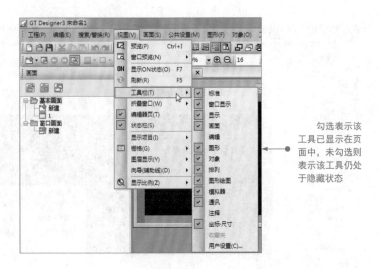

图7-42　GT Designer3触摸屏编程软件的工具栏

3 ▶▶ 编辑器页

编辑器页是设计触摸屏画面内容的地方，它位于软件画面的中间部分，一般为黑色底色，如图7-43所示。通过选择页，可选择想要编辑的画面并将其显示在最前面。关闭页，其对应的画面也会被关闭。

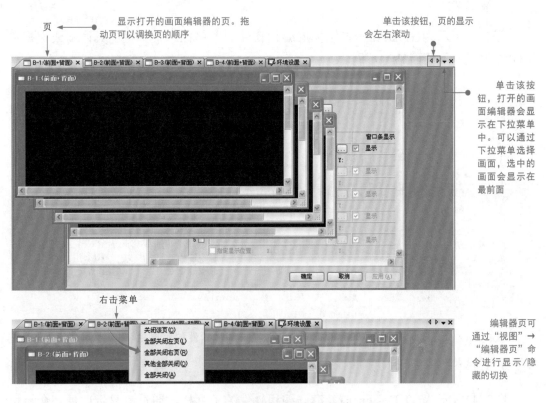

图7-43　编辑器页的相关操作

4 树状结构

树状结构是按照数据种类把工程公共设置及已创建画面等以树状形式展示出来。让用户可以轻松地对整个工程的数据进行管理及编辑。树状结构一般包括工程树状结构、画面一览表树状结构和系统树状结构，如图7-44所示。

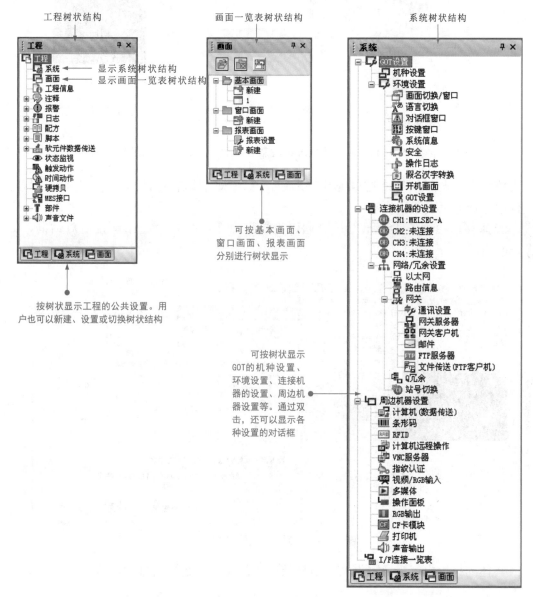

图7-44 树状结构

7.5.2 触摸屏与计算机之间的数据传输

GT Designer3触摸屏编程软件可安装在符合应用配置要求的计算机中，在计算机中创建好的工程要通过连接写入触摸屏中。

图7-45所示为将在GT Designer3触摸屏编程软件中设计的工程写入触摸屏中的方法。

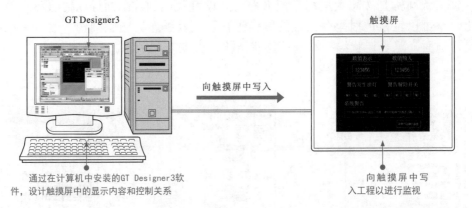

图7-45 将在GT Designer3触摸屏编程软件中设计的工程写入触摸屏中的方法

将计算机与触摸屏通过电缆连接之后，接下来需要进入GT Designer3触摸屏编程软件中进行通讯设置。

选择菜单栏中的"通讯"→"通讯设置"命令，打开"通讯设置"对话框，如图7-46所示。

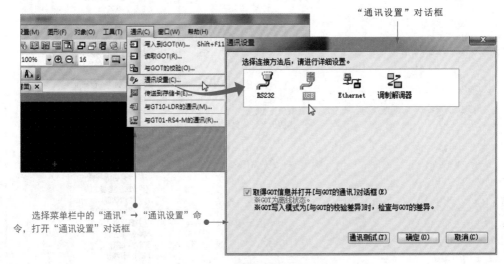

图7-46 "通讯设置"对话框

具体的设置内容需要根据实际所连接线缆的类型，选择设置的项目。

7.5.3 触摸屏与计算机之间的数据传输

图7-47所示为将工程数据写入触摸屏的方法。

在菜单栏中选择"通讯"→"通讯设置"命令，弹出"通讯设置"对话框，在其中进行设置。然后选择"通讯"→"写入到GOT"命令，弹出"与GOT的通讯"对话框，单击对话框中的"GOT写入"按钮即可写入数据。

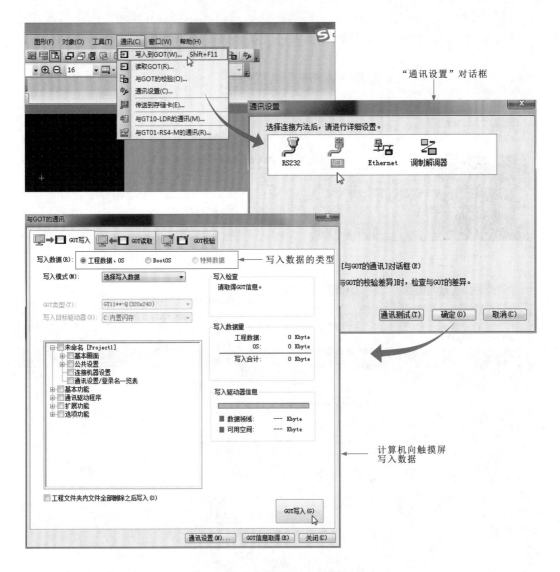

图7-47 将工程数据写入触摸屏的方法

补充说明

　　如果GT Designer3和GOT的OS版本不同，工程数据将无法正确运行，请单击"是"按钮，以写入OS。

　　一旦写入OS，就会先删除GOT的OS，然后向其中写入GT Designer3的OS，因此GOT中的OS文件种类、OS数量将可能出现变化。降低OS版本时，尚未支持的OS将被删除。中断写入时，请单击"否"按钮。

　　另外，在工程数据写入时需要注意：

　　（1）不可切断GOT的电源。

　　（2）不可按下GOT的复位按钮。

　　（3）不可拔出通信电缆。

　　（4）不可切断计算机的电源。

　　若写入工程数据失败，则需要通过GOT的实用菜单功能，先将工程数据删除，然后重新写入工程数据。

图7-48所示为从触摸屏中读取工程数据的操作。当需要对触摸屏中的工程数据进行备份时，应将GOT中的工程数据读取至计算机的硬盘中进行保存。

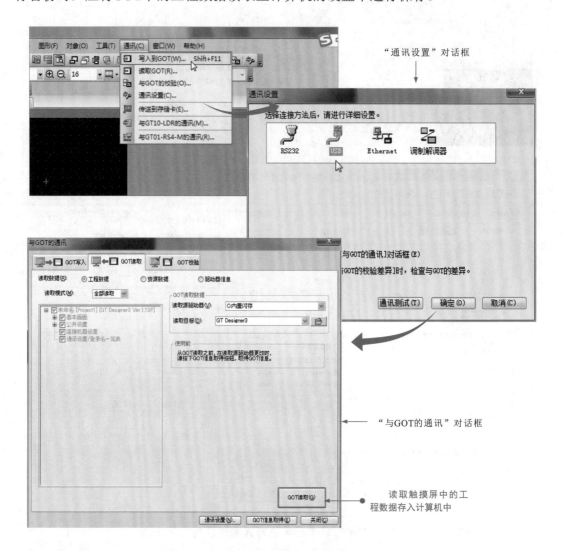

图7-48 从触摸屏中读取工程数据的操作

读取工程数据，可以在菜单栏中选择"通讯"→"通讯设置"命令，并在弹出的"通讯设置"对话框中进行通讯设置，然后选择"通讯"→"读取GOT"命令，在弹出的"与GOT的通讯"对话框中选择"GOT读取"选项。

校验工程数据是指对GOT本体中的工程数据和通过GT Designer3打开的工程数据进行校验，包括检查数据内容，用以判断工程数据是否存在差异；检查数据更新时间，用以判断工程数据的更新时间是否存在差异。

图7-49所示为工程数据的校验方法。选择菜单栏中的"通讯"选项，在下拉菜单中选择"通讯设置"，在"通讯设置"对话框中进行通讯设置，然后在"通讯"下拉菜单中选择"与GOT的校验"。

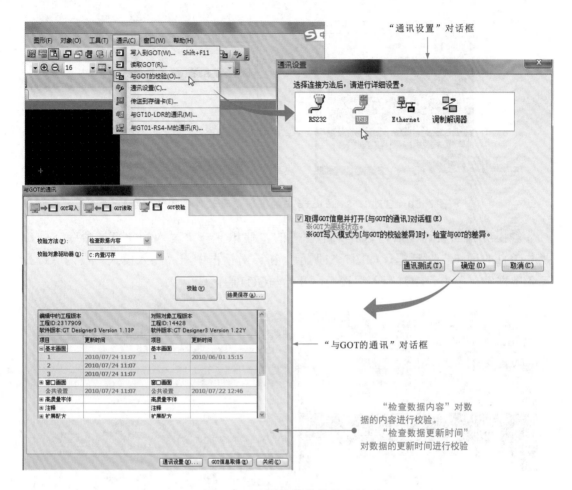

图7-49 工程数据的校验方法

7.5.4 GT Simulator3仿真软件

GT Simulator3软件是触摸屏仿真软件，也称为模拟器，用在计算机未连接触摸屏时，作为模拟器模拟出软件所设计的画面及相关操作。图7-50所示为启动GT Simulator3触摸屏仿真软件的操作。

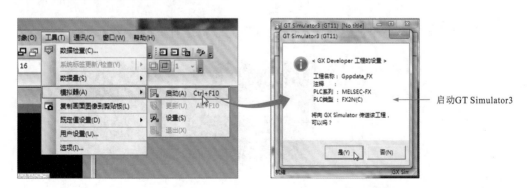

图7-50 启动GT Simulator3触摸屏仿真软件的操作

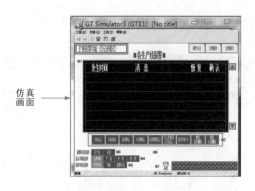

仿真
画面

图7-50 启动GT Simulator3触摸屏仿真软件的操作（续）

触摸屏画面设计完后，选择菜单栏中的"通讯"→"写入到GOT"命令，弹出"与GOT的通讯"对话框，如图7-51所示。在该对话框中将"写入模式"设为"选择写入数据"，单击"GOT写入"按钮，开始与GOT通信。

图7-51 写入GOT（软件与触摸屏的通信）

图7-52所示为"小车往返运动控制系统"的联机运行界面效果。

手指触摸任意位置，可
进入"操作界面"，在"操
作界面"中单击"返回"按
钮可返回到"欢迎界面"；
进入"操作界面"后，单击
"设定运行时间"，会弹出
小窗口，提示用户输入一个
数字作为运行时间

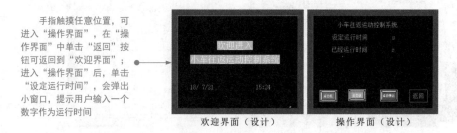

欢迎界面（设计）　　　　　操作界面（设计）

图7-52 "小车往返运动控制系统"的联机运行界面效果

第8章

PLC技术的应用

8.1 西门子PLC平面磨床控制系统

8.1.1 西门子PLC平面磨床控制系统的结构

平面磨床是一种利用砂轮旋转研磨工件平面或成形表面的设备。典型平面磨床PLC控制电路主要由控制按钮、接触器、西门子PLC、负载电动机、热保护继电器、电源总开关等部件构成，如图8-1所示。

整个电路主要由PLC、与PLC输入接口相连接的控制部件（KV-1、SB1～SB10、FR1～FR3）、与PLC输出接口相连接的执行部件（KM1～KM6）等构成。在该电路中，PLC控制器采用的是西门子S7-200 SMART型的PLC。

表8-1所列为采用西门子S7-200 SMART型PLC的M7120型平面磨床控制电路I/O分配表。

表8-1　采用西门子S7-200 SMART型PLC的M7120型平面磨床控制电路I/O分配表

输入信号及地址编号			输出信号及地址编号		
名　称	代　号	输入点地址编号	名　称	代　号	输出点地址编号
电压继电器	KV-1	I0.0	液压泵电动机M1接触器	KM1	Q0.0
总停止按钮	SB1	I0.1	砂轮及冷却泵电动机M2和M3接触器	KM2	Q0.1
液压泵电动机M1停止按钮	SB2	I0.2	砂轮升降电动机M4上升控制接触器	KM3	Q0.2
液压泵电动机M1启动按钮	SB3	I0.3	砂轮升降电动机M4下降控制接触器	KM4	Q0.3
砂轮及冷却泵电动机停止按钮	SB4	I0.4	电磁吸盘充磁接触器	KM5	Q0.4
砂轮及冷却泵电动机启动按钮	SB5	I0.5	电磁吸盘退磁接触器	KM6	Q0.5
砂轮升降电动机M4上升按钮	SB6	I0.6	—	—	—
砂轮升降电动机M4下降按钮	SB7	I0.7	—	—	—
电磁吸盘YH充磁按钮	SB8	I1.0	—	—	—
电磁吸盘YH充磁停止按钮	SB9	I1.1	—	—	—
电磁吸盘YH退磁按钮	SB10	I1.2	—	—	—
液压泵电动机M1热继电器	FR1	I1.3	—	—	—
砂轮电动机M2热继电器	FR2	I1.4	—	—	—
冷却泵电动机M3热继电器	FR3	I1.5	—	—	—

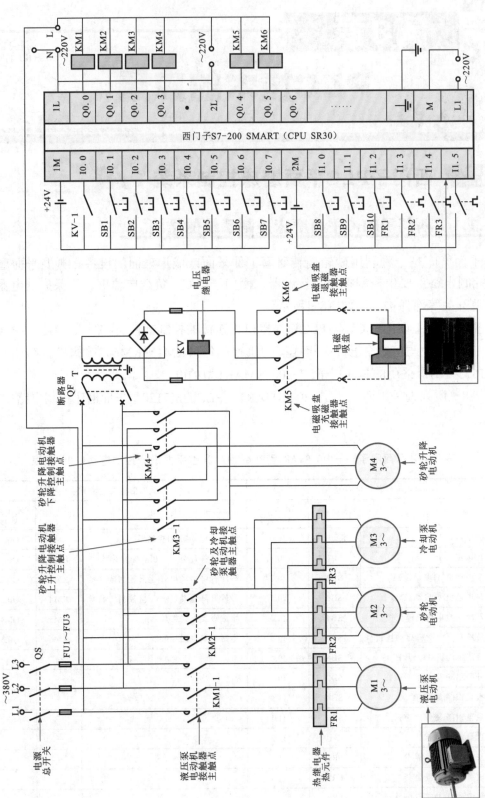

图8-1 典型平面磨床PLC控制电路的结构

8.1.2 | 西门子PLC平面磨床的控制与编程

典型平面磨床的具体控制过程，由PLC内编写的程序决定。为了方便读者理解，我们在梯形图各编程元件下方标注了它对应在传统控制系统中相应的按钮、交流接触器的触点、线圈等字母标识。

图8-2所示为典型平面磨床PLC控制电路中的梯形图及语句表。

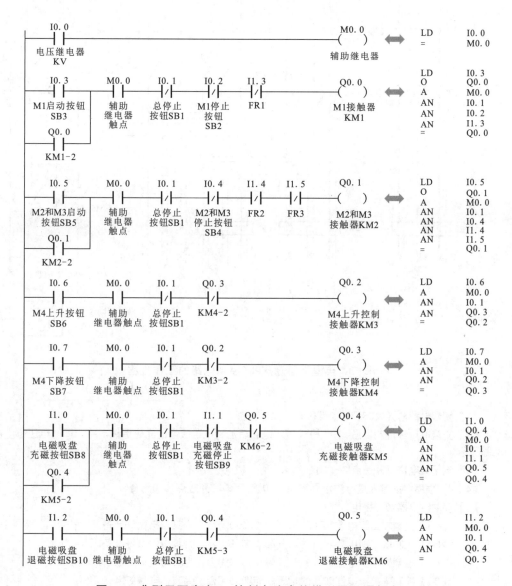

图8-2　典型平面磨床PLC控制电路中的梯形图及语句表

从控制部件、PLC内部梯形图程序与执行部件的控制关系入手，下面逐一分析各组成部件的动作状态，弄清典型平面磨床PLC控制电路的控制过程。

图8-3所示为典型平面磨床PLC控制电路的工作过程。

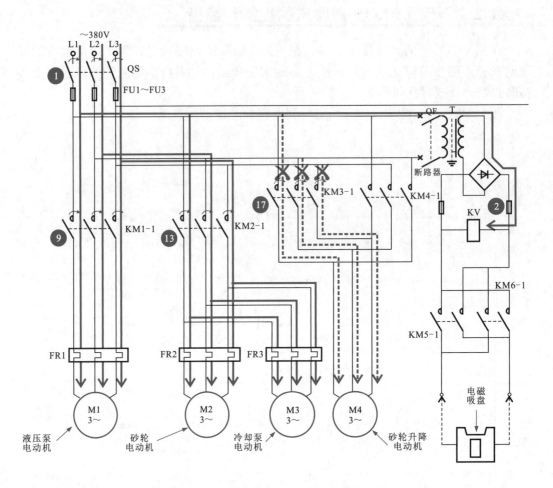

图8-3 典型平面磨床PLC控制电路的工作过程

【1】闭合电源总开关QS和断路器QF。

【2】交流电压经控制变压器T、桥式整流电路后加到电磁吸盘的充磁退磁电路，同时电压继电器KV线圈得电。

【3】电压继电器常开触点KV-1闭合。

【4】PLC程序中的输入继电器常开触点I0.0置1，即常开触点I0.0闭合。

【5】辅助继电器M0.0得电。

　　【5-1】控制输出继电器Q0.0的常开触点M0.0闭合，为其得电做好准备。

　　【5-2】控制输出继电器Q0.1的常开触点M0.0闭合，为其得电做好准备。

　　【5-3】控制输出继电器Q0.2的常开触点M0.0闭合，为其得电做好准备。

　　【5-4】控制输出继电器Q0.3的常开触点M0.0闭合，为其得电做好准备。

　　【5-5】控制输出继电器Q0.4的常开触点M0.0闭合，为其得电做好准备。

　　【5-6】控制输出继电器Q0.5的常开触点M0.0闭合，为其得电做好准备。

【6】按下液压泵电动机启动按钮SB3。

【7】PLC程序中的输入继电器常开触点I0.3置1，即常开触点I0.3闭合。

【8】输出继电器Q0.0线圈得电。

　　【8-1】自锁常开触点Q0.0闭合，实现自锁功能。

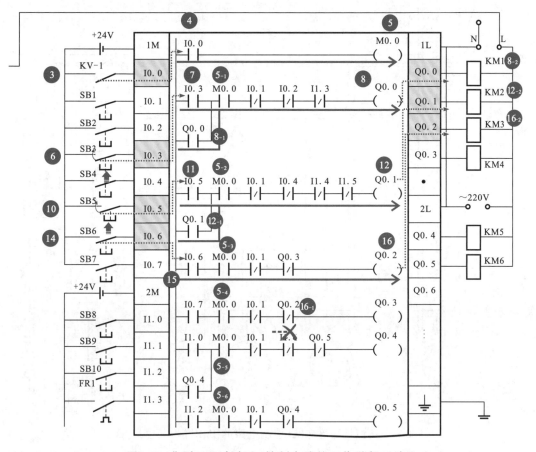

图8-3　典型平面磨床PLC控制电路的工作过程（续1）

【8-2】控制PLC外接液压泵电动机接触器KM1线圈得电吸合。

【9】主电路中的主触点KM1-1闭合，液压泵电动机M1启动运转。

【10】按下砂轮和冷却泵电动机启动按钮SB5。

【11】将PLC程序中的输入继电器常开触点I0.5置1，即常开触点I0.5闭合。

【12】输出继电器Q0.1线圈得电。

　　【12-1】自锁常开触点Q0.1闭合，实现自锁功能。

　　【12-2】控制PLC外接砂轮和冷却泵电动机接触器KM2线圈得电吸合。

【13】主电路中的主触点KM2-1闭合，砂轮和冷却泵电动机M2、M3同时启动运转。

【14】若需要对砂轮电动机M4进行点动控制时，可按下砂轮升降电动机上升启动按钮SB6。

【15】PLC程序中的输入继电器常开触点I0.6置1，即常开触点I0.6闭合。

【16】输出继电器Q0.2线圈得电。

　　【16-1】控制输出继电器Q0.3的互锁常闭触点Q0.2断开，防止Q0.3得电。

　　【16-2】控制PLC外接砂轮升降电动机接触器KM3线圈得电吸合。

【17】主电路中主触点KM3-1闭合，接通砂轮升降电动机M4正向电源，砂轮电动机M4正向启动运转，砂轮上升。

【18】当砂轮上升到要求高度时，松开按钮SB6。

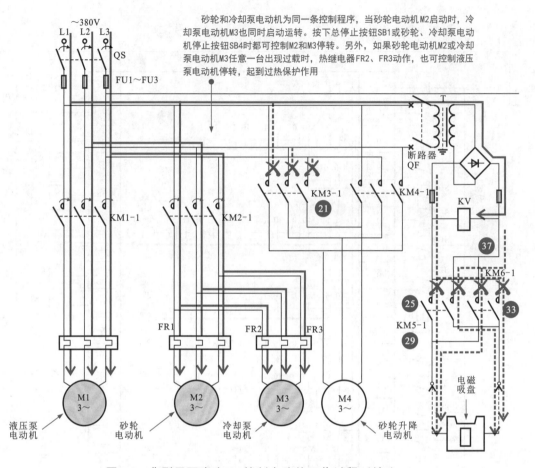

砂轮和冷却泵电动机为同一条控制程序，当砂轮电动机M2启动时，冷却泵电动机M3也同时启动运转。按下总停止按钮SB1或砂轮、冷却泵电动机停止按钮SB4时都可控制M2和M3停转。另外，如果砂轮电动机M2或冷却泵电动机M3任意一台出现过载时，热继电器FR2、FR3动作，也可控制液压泵电动机停转，起到过热保护作用

图8-3 典型平面磨床PLC控制电路的工作过程（续2）

【19】将PLC程序中的输入继电器常开触点I0.6复位置0，即常开触点I0.6断开。

【20】输出继电器Q0.2线圈失电。

【20-1】互锁常闭触点Q0.2复位闭合，为输出继电器Q0.3线圈得电做好准备。

【20-2】控制PLC外接砂轮升降电动机接触器KM3线圈失电释放。

【21】主电路中主触点KM3-1复位断开，切断砂轮升降电动机M4正向电源，砂轮升降电动机M4停转，砂轮停止上升。

液压泵停机过程与启动过程相似。按下总停止按钮SB1或液压泵停止按钮SB2都可控制液压泵电动机停转。另外，如果液压泵电动机M1过载，热继电器FR1动作，也可控制液压泵电动机停转，起到过热保护作用。

【22】按下电磁吸盘充磁按钮SB8。

【23】PLC程序中的输入继电器常开触点I1.0置1，即常开触点I1.0闭合。

【24】输出继电器Q0.4线圈得电。

【24-1】自锁常开触点Q0.4闭合，实现自锁功能。

【24-2】控制输出继电器Q0.5的互锁常闭触点Q0.4断开，防止输出继电器Q0.5得电。

【24-3】控制PLC外接电磁吸盘充磁接触器KM5线圈得电吸合。

【25】带动主电路中主触点KM5-1闭合，形成供电回路，电磁吸盘YH开始充磁，使工件牢牢吸合。

【26】待工件加工完毕，按下电磁吸盘充磁停止按钮SB9。

【27】PLC程序中的输入继电器常闭触点I1.1置1，即常闭触点I1.1断开。

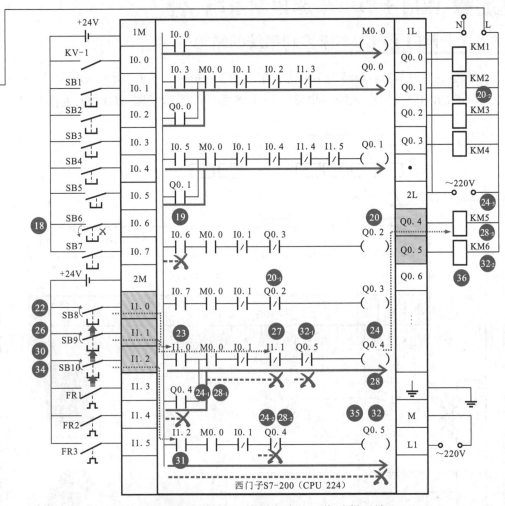

图8-3 典型平面磨床PLC控制电路的工作过程（续3）

【28】输出继电器Q0.4线圈失电。

　　【28-1】自锁常开触点Q0.4复位断开，解除自锁。

　　【28-2】互锁常闭触点Q0.4复位闭合，为Q0.5得电做好准备。

　　【28-3】控制PLC外接电磁吸盘充磁接触器KM5线圈失电释放。

【29】主电路中主触点KM5-1复位断开，切断供电回路，电磁吸盘停止充磁，但由于剩磁作用工件仍无法取下。

【30】为电磁吸盘进行退磁，按下电磁吸盘退磁按钮SB10。

【31】将PLC程序中的输入继电器常开触点I1.2置1，即常开触点I1.2闭合。

【32】输出继电器Q0.5线圈得电。

　　【32-1】控制输出继电器Q0.4的互锁常闭触点Q0.5断开，防止Q0.4得电。

　　【32-2】控制PLC外接电磁吸盘充磁接触器KM6线圈得电吸合。

【33】主带动主电路中主触点KM6-1闭合，构成反向充磁回路，电磁吸盘开始退磁。

【34】退磁完毕后，松开按钮SB10。

【35】输出继电器Q0.5线圈失电。

【36】接触器KM6线圈失电释放。

【37】主电路中主触点KM6-1复位断开，切断回路。电磁吸盘退磁完毕，此时即可取下工件。

8.2 西门子PLC车床控制系统

8.2.1 西门子PLC车床控制系统的结构

车床是主要用车刀对旋转的工件进行车削加工的机床。图8-4所示为由西门子S7-200 PLC控制的C650型卧式车床控制电路。该电路主要以西门子S7-200 PLC为控制核心。

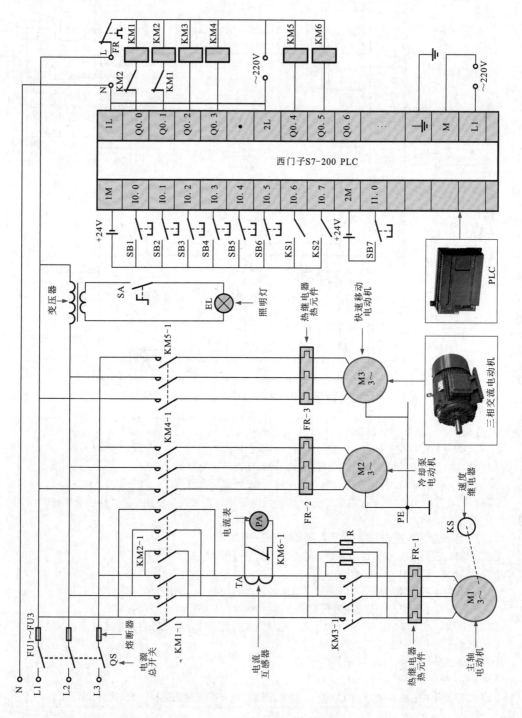

图8-4 由西门子S7-200 PLC控制的C650型卧式车床控制电路

表8-2所列为由西门子S7-200 PLC控制的C650型卧式车床控制电路的I/O地址分配。

表8-2 由西门子S7-200 PLC控制的C650型卧式车床控制电路的I/O地址分配

输入信号及地址编号			输出信号及地址编号		
名 称	代号	输入点地址编号	名 称	代号	输出点地址编号
停止按钮	SB1	I0.0	主轴电动机M1正转接触器	KM1	Q0.0
点动按钮	SB2	I0.1	主轴电动机M1反转接触器	KM2	Q0.1
正转启动按钮	SB3	I0.2	切断电阻接触器	KM3	Q0.2
反转启动按钮	SB4	I0.3	冷却泵接触器	KM4	Q0.3
冷却泵启动按钮	SB5	I0.4	快速移动电动机M3接触器	KM5	Q0.4
冷却泵停止按钮	SB6	I0.5	电流表接入接触器	KM6	Q0.5
速度继电器正转触点	KS1	I0.6			
速度继电器反转触点	KS2	I0.7			
刀架快速移动点动按钮	SB7	I1.0			

8.2.2 西门子PLC车床的控制与编程

车床的具体控制过程，由PLC内编写的程序决定。图8-5所示为C650型卧式车床PLC控制电路中PLC内部梯形图程序。

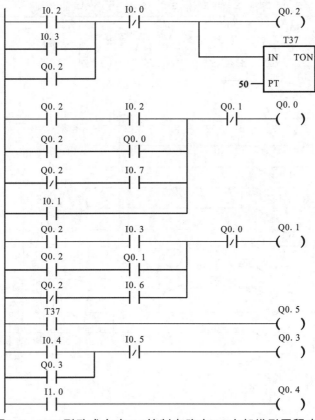

图8-5 C650型卧式车床PLC控制电路中PLC内部梯形图程序

图8-6所示为由西门子S7-200 PLC控制的C650型卧式车床控制电路的控制过程。

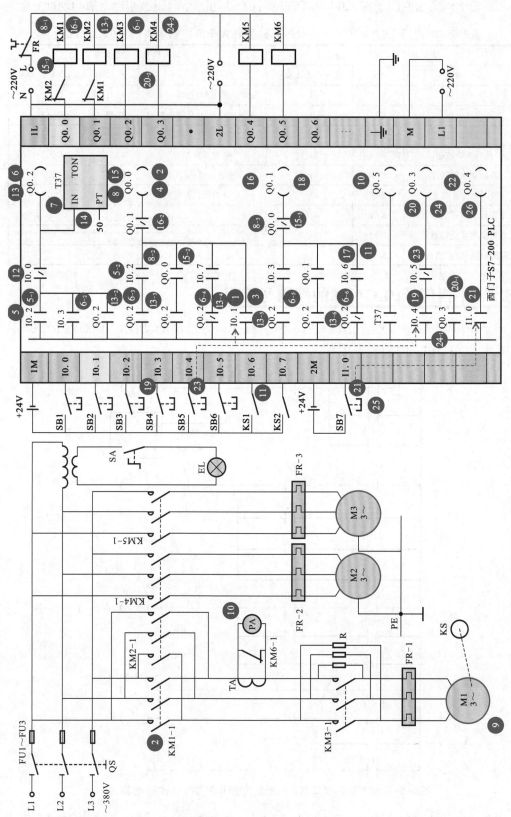

图8-6 由西门子S7-200 PLC控制的C650型卧式车床控制电路的控制过程

【1】按下点动按钮SB2，输入继电器常开触点I0.1置1，即常开触点I0.1闭合。

【2】输出继电器Q0.0的线圈得电，控制PLC外接主轴电动机M1的正转接触器KM1线圈得电，带动主电路中的主触点KM1-1闭合，接通M1正转电源，M1正转启动。

【3】松开点动按钮SB2，输入继电器常开触点I0.1复位置0，即常开触点I0.1断开。

【4】输出继电器Q0.0的线圈失电，控制PLC外接主轴电动机M1的正转接触器KM1线圈失电释放，M1停转。

上述控制过程使主轴电动机M1完成一次点动控制循环。

【5】按下正转启动按钮SB3，输入继电器I0.2的常开触点置1。

　　【5-1】控制输出继电器Q0.2的常开触点I0.2闭合。

　　【5-2】控制输出继电器Q0.0的常开触点I0.2闭合。

【5-1】→【6】输出继电器Q0.2的线圈得电。

　　【6-1】KM3的线圈得电，带动主触点KM3-1闭合。

　　【6-2】自锁常开触点Q0.2闭合，实现自锁功能。

　　【6-3】控制输出继电器Q0.0的常开触点Q0.2闭合。

　　【6-4】控制输出继电器Q0.0的常闭触点Q0.2断开。

　　【6-5】控制输出继电器Q0.1的常开触点Q0.2闭合。

　　【6-6】控制输出继电器Q0.1制动线路中的常闭触点Q0.2断开。

【5-1】→【7】定时器T37的线圈得电，开始5s计时。计时时间到，定时器延时闭合常开触点T37闭合。

【5-2】+【6-3】→【8】输出继电器Q0.0的线圈得电。

　　【8-1】KM1线圈得电吸合。

　　【8-2】自锁常开触点Q0.0闭合，实现自锁功能。

　　【8-3】控制输出继电器Q0.1的常闭触点Q0.0断开，实现互锁，防止Q0.1得电。

【6-1】+【8-1】→【9】M1短接电阻器R正转启动。

【7】→【10】输出继电器Q0.5的线圈得电，KM6的线圈得电吸合，带动主电路中常闭触点KM6-1断开，电流表PA投入使用。

【11】主轴电动机M1正转启动，转速上升至130r/min后，速度继电器KS的正转触点KS1闭合，输入继电器I0.6的常开触点置1，即常开触点I0.6闭合。

【12】按下停止按钮SB1，输入继电器常闭触点I0.0置1，即常闭触点I0.0断开。

【12】→【13】输出继电器Q0.2的线圈失电。

　　【13-1】KM3的线圈失电释放。

　　【13-2】自锁常开触点Q0.2复位断开，解除自锁。

　　【13-3】控制输出继电器Q0.0中的常开触点Q0.2复位断开。

　　【13-4】控制输出继电器Q0.0制动线路中的常闭触点Q0.2复位闭合。

　　【13-5】控制输出继电器Q0.1中的常开触点Q0.2复位断开。

　　【13-6】控制输出继电器Q0.1制动线路中的常闭触点Q0.2复位闭合。

【12】→【14】定时器线圈T37失电。

【13-3】→【15】输出继电器Q0.0的线圈失电。

　　【15-1】KM1线圈失电释放，带动主电路中常开触点KM1-1复位断开。

　　【15-2】自锁常开触点Q0.0复位断开，解除自锁。

　　【15-3】控制输出继电器Q0.1的互锁常闭触点Q0.0闭合。

【11】+【13-6】+【15-3】→【16】输出继电器Q0.1的线圈得电。

　　【16-1】控制KM2线圈得电，M1串电阻R反接启动。

　　【16-2】控制输出继电器Q0.0的互锁常闭触点Q0.1断开，防止Q0.0得电。

【16-1】→【17】当电动机转速下降至130r/min时，速度继电器KS的正转触点KS1断开，输入继电器I0.6的常开触点复位置0，即常开触点I0.6断开。

【17】→【18】输出继电器Q0.1的线圈失电，KM2的线圈失电释放，M1停转，反接制动结束。

【19】按下冷却泵启动按钮SB5，输入继电器I0.4的常开触点置1，即常开触点I0.4闭合。

【19】→【20】输出继电器线圈Q0.3得电。

【20₋₁】自锁常开触点Q0.3闭合，实现自锁功能。

【20₋₂】KM4的线圈得电吸合，带动主电路中主触点KM4-1闭合，冷却泵电动机M2启动，提供冷却液。

【21】按下刀架快速移动点动按钮SB7，输入继电器I1.0的常开触点置1，即常开触点I1.0闭合。

【21】→【22】输出继电器线圈Q0.4得电，KM5的线圈得电吸合，带动主电路中主触点KM5-1闭合，快速移动电动机M3启动，带动刀架快速移动。

【23】按下冷却泵停止按钮SB6，输入继电器I0.5的常闭触点置0，即常闭触点I0.5断开。

【23】→【24】输出继电器Q0.3的线圈失电。

【24₋₁】自锁常开触点Q0.3复位断开，解除自锁。

【24₋₂】KM4的线圈失电释放，带动主电路中主触点KM4-1断开，冷却泵电动机M2停转。

【25】松开刀架快速移动点动按钮SB7，输入继电器I1.0的常闭触点置1，即常闭触点I1.0断开。

【25】→【26】输出继电器Q0.4的线圈失电，KM5的线圈失电释放，带动主触点KM5-1断开，快速移动电动机M3停转。

8.3 三菱PLC电动葫芦控制系统

8.3.1 三菱PLC电动葫芦控制系统的结构

电动葫芦是起重运输机械的一种，主要用来提升、下降或平移重物。图8-7所示为三菱PLC电动葫芦控制电路的结构。

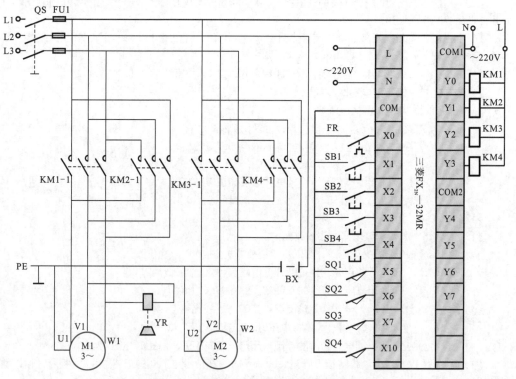

图8-7 三菱PLC电动葫芦控制电路的结构

整个电路主要由PLC、与PLC输入接口相连接的控制部件（SB1～SB4、SQ1～SQ4）、与PLC输出接口相连接的执行部件（KM1～KM4）等构成。

在该电路中，PLC控制器采用的是三菱FX$_{2N}$-32MR型PLC，外部的控制部件和执行部件都是通过PLC控制器预留的I/O接口连接到PLC上的，各部件之间没有复杂的连接关系。

表8-3所列为采用三菱FX$_{2N}$-32MR型PLC的电动葫芦控制电路I/O分配表。

表8-3　采用三菱FX$_{2N}$-32MR型PLC的电动葫芦控制电路I/O分配表

输入信号及地址编号			输出信号及地址编号		
名　称	代号	输入点地址编号	名　称	代号	输出点地址编号
电动葫芦上升点动按钮	SB1	X1	电动葫芦上升接触器	KM1	Y0
电动葫芦下降点动按钮	SB2	X2	电动葫芦下降接触器	KM2	Y1
电动葫芦左移点动按钮	SB3	X3	电动葫芦左移接触器	KM3	Y2
电动葫芦右移点动按钮	SB4	X4	电动葫芦右移接触器	KM4	Y3
电动葫芦上升限位开关	SQ1	X5			
电动葫芦下降限位开关	SQ2	X6			
电动葫芦左移限位开关	SQ3	X7			
电动葫芦右移点动按钮	SQ4	X10			

8.3.2　三菱PLC电动葫芦的控制与编程

电动葫芦的具体控制过程，由PLC内编写的程序决定。为了方便读者理解，下面在梯形图各编程元件下方标注了它对应在传统控制系统中相应的按钮、交流接触器的触点、线圈等字母标识。

图8-8所示为电动葫芦控制电路系统中PLC内部的梯形图程序。

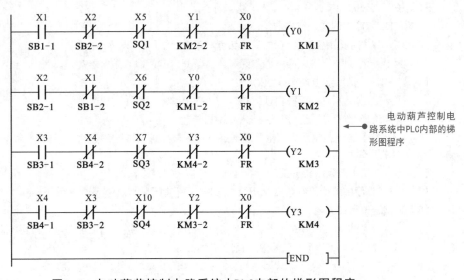

图8-8　电动葫芦控制电路系统中PLC内部的梯形图程序

将PLC内部梯形图与外部电气部件的控制关系相结合，分析电动葫芦PLC控制电路。图8-9所示为在三菱PLC控制下电动葫芦的工作过程。

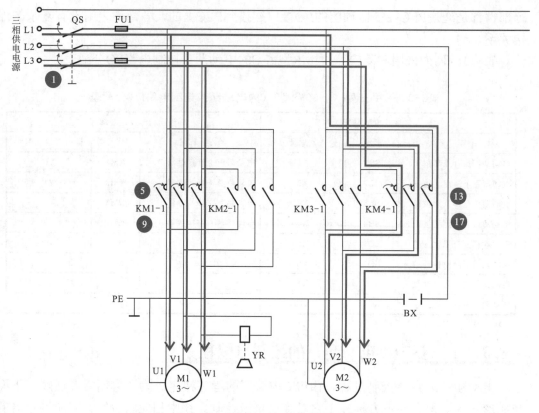

图8-9　在三菱PLC控制下电动葫芦的工作过程

【1】闭合电源总开关QS，接通三相电源。

【2】按下上升点动按钮SB1，其常开触点闭合。

【3】将PLC程序中的输入继电器触点X1置1。

　　【3-1】控制输出继电器Y0的常开触点X1闭合。

　　【3-2】控制输出继电器Y1的常闭触点X1断开，实现输入继电器互锁。

【3-1】→【4】输出继电器Y0线圈得电。

　　【4-1】常闭触点Y0断开实现互锁，防止输出继电器Y1线圈得电。

　　【4-2】控制PLC外接交流接触器KM1线圈得电。

【4-1】→【5】带动主电路中的常开主触点KM1-1闭合，接通升降电动机正向电源，电动机正向启动运转，开始提升重物。

【6】当电动机上升到限位开关SQ1位置时，限位开关SQ1动作。

【7】将PLC程序中的输入继电器常闭触点X5置1，即常闭触点X5断开。

【8】输出继电器Y0失电。

　　【8-1】控制Y1线路中的常闭触点Y0复位闭合，解除互锁，为输出继电器Y1得电做好准备。

　　【8-2】控制PLC外接交流接触器线圈KM1失电。

【8-2】→【9】带动主电路中常开主触点断开，断开升降电动机正向电源，电动机停转，停止提升重物。

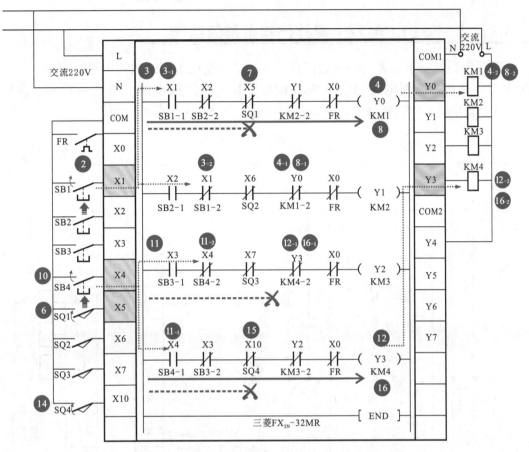

图8-9　在三菱PLC控制下电动葫芦的工作过程（续）

【10】按下右移点动按钮SB4。

【11】将PLC程序中的输入继电器触点X4置1。

　　【11-1】控制输出继电器Y3的常开触点X4闭合。

　　【11-2】控制输出继电器Y2的常闭触点X4断开，实现输入继电器互锁。

【11-1】→【12】输出继电器Y3线圈得电。

　　【12-1】常闭触点Y3断开实现互锁，防止输出继电器Y2线圈得电。

　　【12-2】控制PLC外接交流接触器KM4线圈得电。

【12-2】→【13】带动主电路中的常开主触点KM4-1闭合，接通位移电动机正向电源，电动机正向启动运转，开始带动重物向右平移。

【14】当电动机右移到限位开关SQ4位置时，限位开关SQ4动作。

【15】将PLC程序中的输入继电器常闭触点X10置1，即常闭触点X10断开。

【16】输出继电器Y3线圈失电。

　　【16-1】控制输出继电器Y2的常闭触点Y3复位闭合，解除互锁，为输出继电器Y2得电做好准备。

　　【16-2】控制PLC外接交流接触器KM4线圈失电。

【16-2】→【17】带动常开主触点KM4-1断开，断开位移电动机正向电源，电动机停转，停止平移重物。

8.4 三菱PLC混凝土搅拌控制系统

8.4.1 三菱PLC混凝土搅拌控制系统的结构

混凝土搅拌机可对砂石料进行搅拌加工，使之变成工程建筑物所用的混凝土。混凝土搅拌机PLC控制电路的结构组成如图8-10所示。该电路主要由三菱FX₂ₙ系列PLC、控制按钮、交流接触器、搅拌机电动机、热继电器等部件构成。

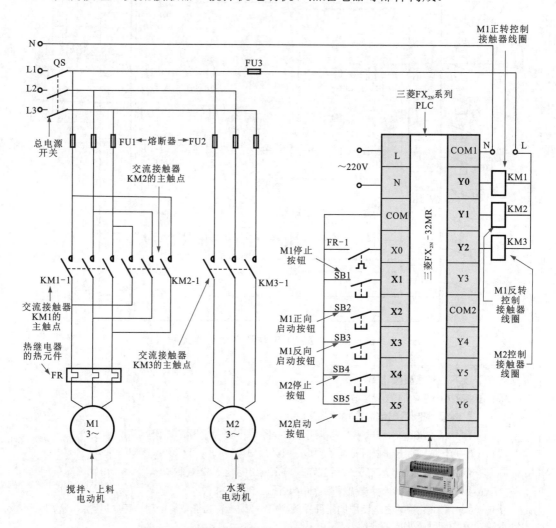

图8-10 混凝土搅拌机PLC控制电路的结构组成

在该电路中，PLC控制器采用的是三菱FX₂ₙ-32MR型PLC，它外部的控制部件和执行部件都是通过PLC控制器预留的I/O接口连接到PLC上的，各部件之间没有复杂的连接关系。

PLC输入接口外接的按钮开关、行程开关等控制部件和交流接触器线圈（即执行部件）分别连接到PLC相应的I/O接口上，它们是根据PLC控制系统设计之初建立的I/O分配表进行连接分配的，所连接的接口名称也对应于PLC内部程序的编程地址编号。

表8-4所列为由三菱FX$_{2N}$-32MR型PLC控制的混凝土搅拌机控制系统I/O分配表。

表8-4　由三菱FX$_{2N}$-32MR型PLC控制的混凝土搅拌机控制系统I/O分配表

输入信号及地址编号			输出信号及地址编号		
名　称	代号	输入点地址编号	名　称	代号	输出点地址编号
热继电器	FR	X0	搅拌、上料电动机M1正向转动接触器	KM1	Y0
搅拌、上料电动机M1停止按钮	SB1	X1	搅拌、上料电动机M1反向转动接触器	KM2	Y1
搅拌、上料电动机M1正向启动按钮	SB2	X2	水泵电动机M2接触器	KM3	Y2
搅拌、上料电动机M1反向启动按钮	SB3	X3			
水泵电动机M2停止按钮	SB4	X4			
水泵电动机M2启动按钮	SB5	X5			

8.4.2 三菱PLC混凝土搅拌系统的控制与编程

混凝土搅拌机的具体控制过程由PLC内编写的程序决定。为了方便读者理解，下面在梯形图各编程元件下方标注了它对应在传统控制系统中相应的按钮、交流接触器的触点、线圈等字母标识。

图8-11所示为混凝土搅拌机PLC控制电路中的PLC内部梯形图程序。

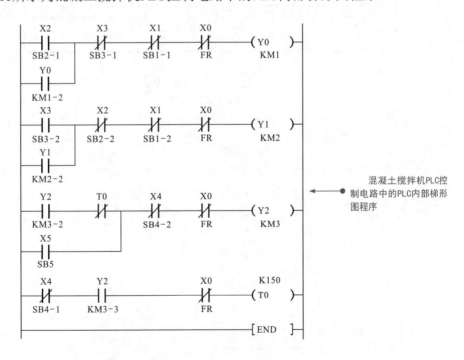

混凝土搅拌机PLC控制电路中的PLC内部梯形图程序

图8-11　混凝土搅拌机PLC控制电路中的PLC内部梯形图程序

下面将PLC输入设备的动作状态与梯形图程序结合，了解PLC外接输出设备与电动机主电路之间的控制关系，了解混凝土搅拌机的具体控制过程。

图8-12所示为在三菱PLC控制下混凝土搅拌机的工作过程。

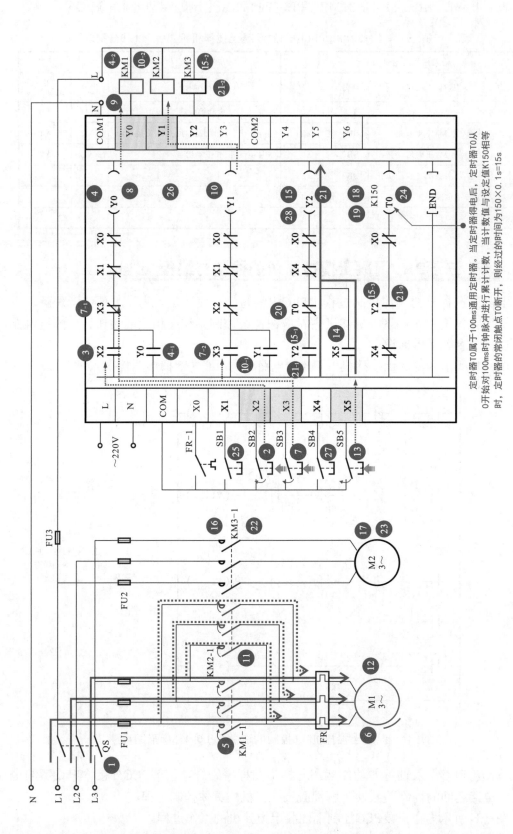

图8-12　在三菱PLC控制下混凝土搅拌机的工作过程

定时器T0属于100ms通用定时器。当定时器得电后，定时器T0从0开始对100ms时钟脉冲进行累计计数，当计数器累计数值与设定值K150相等时，定时器的常闭触点T0断开，则经过的时间为150×0.1s=15s

【1】合上电源总开关QS，接通三相电源。

【2】按下正转启动按钮SB2，令其触点闭合。

【3】将PLC内X2的常开触点置1，即该触点闭合。

【4】PLC内输出继电器Y0线圈得电。

【4-1】输出继电器Y0的常开自锁触点Y0闭合自锁，确保在松开正向启动按钮SB2时，Y0仍保持得电。

【4-2】控制PLC输出接口外接交流接触器KM1线圈得电。

【4-2】→【5】带动主电路中交流接触器KM1主触点KM1-1闭合。

【6】此时电动机接通的相序为L1、L2、L3，电动机M1正向启动运转。

【7】当需要电动机反向运转时，按下反转启动按钮SB3，其触点闭合。

【7-1】将PLC内X3的常闭触点置1，即该触点断开。

【7-2】将PLC内X3的常开触点置1，即该触点闭合。

【7-1】→【8】PLC内输出继电器Y0线圈失电。

【9】KM1线圈失电，其触点全部复位。

【7-2】→【10】PLC内输出继电器Y1线圈得电。

【10-1】输出继电器Y1的常开自锁触点Y1闭合自锁，确保松开正向启动按钮SB3时，Y1仍保持得电。

【10-2】控制PLC输出接口外接交流接触器KM2线圈得电。

【10-2】→【11】带动主电路中交流接触器KM2主触点KM2-1闭合。

【12】此时电动机接通的相序为L3、L2、L1，电动机M1反向启动运转。

【13】按下电动机M2启动按钮SB5，其触点闭合。

【14】将PLC内X5的常开触点置1，即该触点闭合。

【15】PLC内输出继电器Y2线圈得电。

【15-1】输出继电器Y2的常开自锁触点Y2闭合自锁，确保松开正向启动按钮SB5时，Y2仍保持得电。

【15-2】控制PLC输出接口外接交流接触器KM3线圈得电。

【15-3】控制时间继电器T0的常开触点Y2闭合。

【15-1】→【16】带动主电路中交流接触器KM3主触点KM3-1闭合。

【17】此时电动机M2接通三相电源，电动机M2启动运转，开始注水。

【15-3】→【18】时间继电器T0线圈得电。

【19】定时器开始为注水时间计时，计时15s后，定时器计时时间到。

【20】定时器控制输出继电器Y2的常闭触点断开。

【21】PLC内输出继电器Y2线圈失电。

【21-1】输出继电器Y2的常开自锁触点Y2复位断开，解除自锁，为下一次启动做好准备。

【21-2】控制PLC输出接口外接交流接触器KM3线圈失电。

【21-3】控制时间继电器T0的常开触点Y2复位断开。

【21-2】→【22】交流接触器KM3主触点KM3-1复位断开。

【23】水泵电动机M2失电、停转，停止注水操作。

【21-3】→【24】时间继电器T0线圈失电，时间继电器所有触点复位，为下一次计时做好准备。

【25】当按下搅拌、上料停机按钮SB1时，其将PLC内的X1置1，即该触点断开。

【26】输出继电器线圈Y0或Y1失电，同时常开触点复位断开，PLC外接交流接触器线圈KM1或KM2失电，主电路中的主触点复位断开，切断电动机M1电源，电动机M1停止正向或反向运转。

【27】当按下水泵停止按钮SB4时，其将PLC内的X4置1，即该触点断开。

【28】输出继电器线圈Y2失电，同时其常开触点复位断开，PLC外接交流接触器线圈KM3失电，主电路中的主触点复位断开，切断水泵电动机M2电源，停止对滚筒内部进行注水。同时定时器T0失电复位。

8.5 三菱PLC摇臂钻床控制系统

8.5.1 三菱PLC摇臂钻床控制系统的结构

摇臂钻床是一种对工件进行钻孔、扩孔及攻螺纹等的工控设备。由PLC与外接电气部件构成控制电路，实现电动机的启停、换向，从而实现设备的进给、升降等控制。

图8-13所示为摇臂钻床PLC控制电路的结构组成。

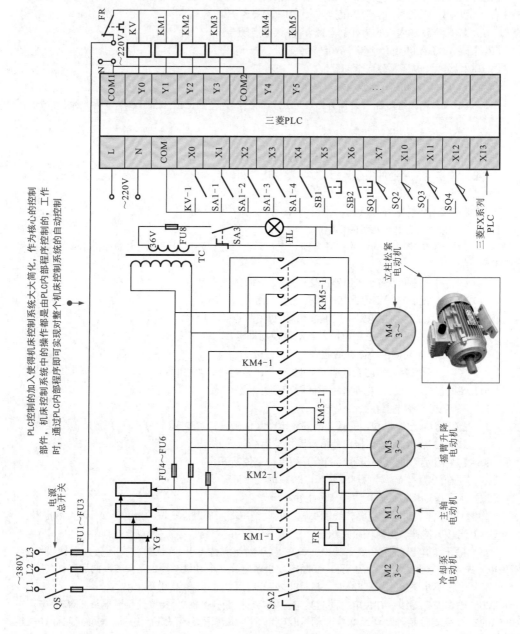

PLC控制的加入使得机床控制系统大大简化，作为核心的控制部件，机床控制系统中的操作都是由PLC内部程序控制的，工作时，通过PLC内部程序即可实现对整个机床控制系统的自动控制

图8-13 摇臂钻床PLC控制电路的结构组成

在控制电路中，摇臂钻床采用了三菱FX$_{2N}$系列的PLC，外部的按钮开关、限位开关触点和接触器线圈是根据PLC控制电路设计之初建立的I/O分配表进行连接分配的。

表8-5所列为采用三菱FX$_{2N}$系列PLC的摇臂钻床控制电路I/O分配表。

表8-5　采用三菱FX$_{2N}$系列PLC的摇臂钻床控制电路I/O分配表

输入信号及地址编号			输出信号及地址编号		
名　称	代号	输入点地址编号	名　称	代号	输出点地址编号
电压继电器触点	KV-1	X0	电压继电器	KV	Y0
十字开关的控制电路电源接通触点	SA1-1	X1	主轴电动机M1接触器	KM1	Y1
十字开关的主轴运转触点	SA1-2	X2	摇臂升降电动机M3上升接触器	KM2	Y2
十字开关的摇臂上升触点	SA1-3	X3	摇臂升降电动机M3下降接触器	KM3	Y3
十字开关的摇臂下降触点	SA1-4	X4	立柱松紧电动机M4放松接触器	KM4	Y4
立柱放松按钮	SB1	X5	立柱松紧电动机M4夹紧接触器	KM5	Y5
立柱夹紧按钮	SB2	X6	—	—	—
摇臂上升上限位开关	SQ1	X7	—	—	—
摇臂下降下限位开关	SQ2	X10	—	—	—
摇臂下降夹紧行程开关	SQ3	X11	—	—	—
摇臂上升夹紧行程开关	SQ4	X12	—	—	—

8.5.2 | 三菱PLC摇臂钻床的控制与编程

摇臂钻床的具体控制过程由PLC内编写的程序决定。图8-14所示为摇臂钻床PLC控制电路中的梯形图程序。

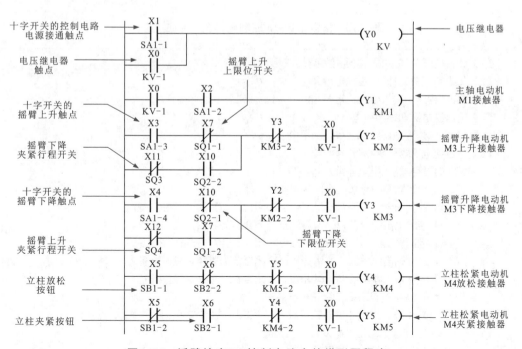

图8-14　摇臂钻床PLC控制电路中的梯形图程序

　　将PLC内部梯形图与外部电气部件的控制关系相结合，分析摇臂钻床PLC控制电路。图8-15所示为摇臂钻床PLC控制电路的控制过程。

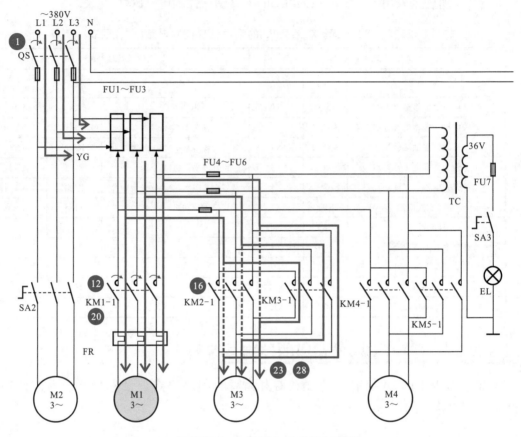

图8-15　摇臂钻床PLC控制电路的控制过程

【1】闭合电源总开关QS，接通控制电路三相电源。

【2】将十字开关SA1拨至左端，常开触点SA1-1闭合。

【3】将PLC程序中输入继电器常开触点X1置1，即常开触点X1闭合。

【4】输出继电器Y0线圈得电。

【5】控制PLC外接电压继电器KV线圈得电。

【6】电压继电器常开触点KV-1闭合。

【7】将PLC程序中输入继电器常开触点X0置1。

　【7-1】自锁常开触点X0闭合，实现自锁功能。

　【7-2】控制输出继电器Y1的常开触点X0闭合，为其得电做好准备。

　【7-3】控制输出继电器Y2的常开触点X0闭合，为其得电做好准备。

　【7-4】控制输出继电器Y3的常开触点X0闭合，为其得电做好准备。

　【7-5】控制输出继电器Y4的常开触点X0闭合，为其得电做好准备。

　【7-6】控制输出继电器Y5的常开触点X0闭合，为其得电做好准备。

【8】将十字开关SA1拨至右端，常开触点SA1-2闭合。

【9】将PLC程序中输入继电器常开触点X2置1，即常开触点X2闭合。

【7-2】+【9】→【10】输出继电器Y1线圈得电。

【11】控制PLC外接接触器KM1线圈得电。

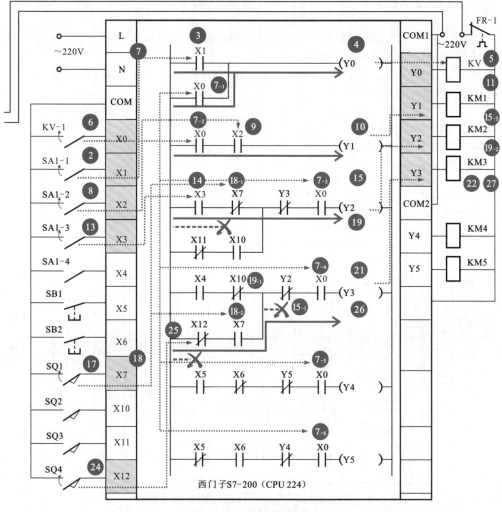

图8-15　摇臂钻床PLC控制电路的控制过程（续1）

【12】主电路中的主触点KM1-1闭合，接通主轴电动机M1电源，主轴电动机M1启动运转。

【13】将十字开关拨至上端，常开触点SA1-3闭合。

【14】将PLC程序中输入继电器常开触点X3置1，即常开触点X3闭合。

【15】输出继电器Y2线圈得电。

　【15-1】控制输出继电器Y3的常闭触点Y2断开，实现互锁控制。

　【15-2】控制PLC外接接触器KM2线圈得电。

【15-2】→【16】主触点KM2-1闭合，接通电动机M3电源，摇臂升降电动机M3启动运转，摇臂开始上升。

【17】当电动机M3上升到预定高度时，触动限位开关SQ1动作。

【18】将PLC程序中的输入继电器X7相应动作。

　【18-1】常闭触点X7置1，即常闭触点X7断开。

　【18-2】常开触点X7置1，即常开触点X7闭合。

【18-1】→【19】输出继电器Y2线圈失电。

　【19-1】控制输出继电器Y3的常闭触点Y2复位闭合。

　【19-2】控制PLC外接接触器KM2线圈失电。

【19-2】→【20】主触点KM2-1复位断开，切断M3电源，摇臂升降电动机M3停止运转，摇臂停止上升。

【18-2】+【19-1】+【7-4】→【21】输出继电器Y3线圈得电。

【22】控制PLC外接接触器KM3线圈得电。

【23】带动主电路中的主触点KM3-1闭合，接通升降电动机M3反转电源，摇臂升降电动机M3启动反向运转，将摇臂夹紧。

【24】当摇臂完全夹紧后，夹紧限位开关SQ4动作。

【25】将输入继电器常闭触点X12置1，即常闭触点X12断开。

【26】输出继电器Y3线圈失电。

【27】控制PLC外接接触器KM3线圈失电。

【28】主电路中的主触点KM3-1复位断开，电动机M3停转，摇臂升降电动机M3自动上升并夹紧的控制过程结束（十字开关拨至下端，常开触点SA1-4闭合，摇臂升降电动机M3下降并自动夹紧的工作过程与上述过程相似，可参照上述分析过程进行了解）。

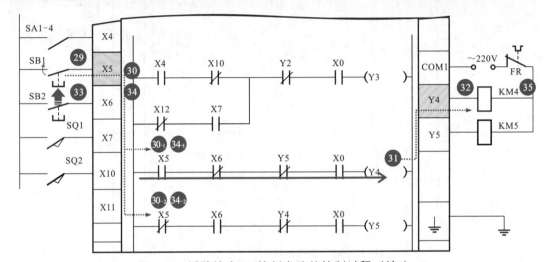

图8-15　摇臂钻床PLC控制电路的控制过程（续2）

【29】按下立柱放松按钮SB1。

【30】PLC程序中的输入继电器X5动作。

　　【30-1】控制输出继电器Y4的常开触点X5闭合。

　　【30-2】控制输出继电器Y5的常闭触点X5断开，防止Y5线圈得电，实现互锁。

【30-1】→【31】输出继电器Y4线圈得电。

　　【31-1】控制输出继电器Y5的常闭触点Y4断开，实现互锁。

　　【31-2】控制PLC外接交流接触器KM4线圈得电。

【31-2】→【32】主电路中的主触点KM4-1闭合，接通电动机M4正向电源，立柱松紧电动机M4正向启动运转，立柱松开。

【33】松开按钮SB1。

【34】PLC程序中的输入继电器X5复位。

　　【34-1】常开触点X5复位断开。

　　【34-2】常闭触点X5复位闭合。

【34-1】→【35】PLC外接接触器KM4线圈失电，主电路中的主触点KM4-1复位断开，电动机M4停转（按下按钮SB2将控制立柱松紧电动机反转，立柱将夹紧，其控制过程与立柱松开的控制过程基本相同，可参照上述分析过程进行了解）。

8.6 电动机PLC及变频启停控制系统

8.6.1 电动机PLC及变频启停控制系统的结构

图8-16为典型的电动机PLC及变频启停控制系统。

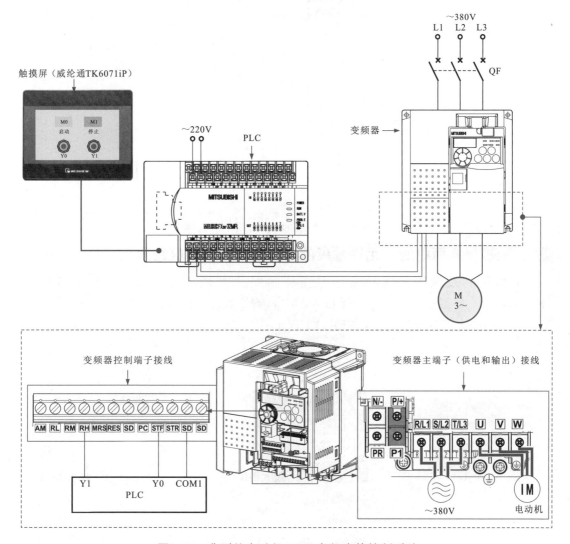

图8-16　典型的电动机PLC及变频启停控制系统

🔧 **补充说明**

变频器参数设置：上限频率为50Hz，下限频率为0Hz，加速时间为3s，减速时间为2s。

图8-17为电动机PLC及变频启停控制系统的电路结构。

触摸屏通过通信接口与PLC连接并进行通信，PLC输出端与变频器控制端子通信连接。通过触摸屏输入到PLC的控制指令控制变频器参数，从而使变频器输出端输出频率负荷要求的电源，控制电动机按功能需求运转。

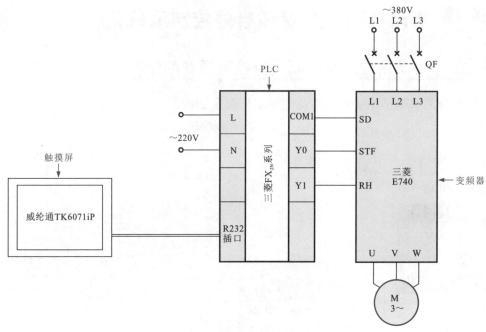

图8-17 电动机PLC及变频启停控制系统的电路结构

1 触摸屏画面中的各元件对应的PLC地址及触摸屏编程

根据控制系统的需求，设计触摸屏画面。本案例采用的触摸屏为威纶通TK6071iP型，根据触摸屏型号选择相应的组态软件进行画面设计，如图8-18所示，并为触摸屏画面中的各元件分配对应的PLC地址。

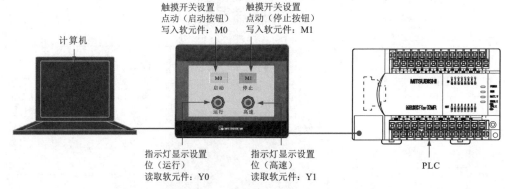

图8-18 电动机启、停综合控制系统的触摸屏画面

2 PLC的I/O分配表和梯形图PLC程序

表8-6所列为电动机启停PLC、变频器与触摸屏综合控制系统的I/O分配表。

表8-6 电动机启停PLC、变频器与触摸屏综合控制系统的I/O分配表

输入信号及地址编号			输出信号及地址编号		
名称	代号	输入地址编号	名称	代号	输出地址编号
触摸屏上的启动按钮	SB1	M0	变频器正转启动端	STF	Y0
触摸屏上的停止按钮	SB2	M1	变频器高速端	RH	Y1

图8-19所示为电动机启停PLC、变频器与触摸屏综合控制系统中PLC内的梯形图。

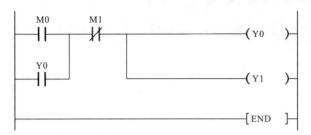

图8-19 电动机启停PLC、变频器与触摸屏综合控制系统中PLC内的梯形图

8.6.2 电动机PLC及变频启停控制系统的控制过程

图8-20所示为电动机PLC及变频启停控制系统的控制过程。

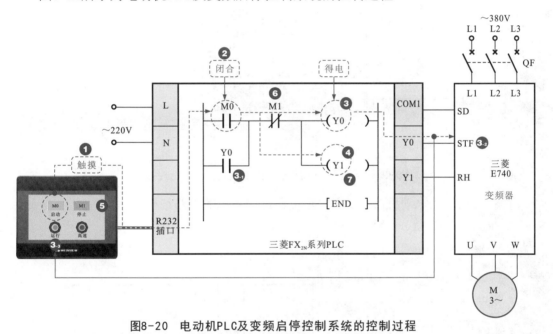

图8-20 电动机PLC及变频启停控制系统的控制过程

【1】按下触摸屏上的启动按钮SB1，由触摸屏向PLC输入启动指令。

【2】将PLC内的常开触点M0置1，常开触点M0闭合。

【2】→【3】输出继电器Y0线圈得电。

　　【3-1】输出继电器Y0的常开触点闭合自锁。

　　【3-2】PLC的Y0端输出控制信号到变频器的STF（正转启动）端，由变频器输出启动信号，控制电动机启动运转。

　　【3-3】触摸屏上的运行指示灯亮。

【2】→【4】输出继电器Y1线圈得电。PLC的Y1端输出控制信号到变频器的RH（高速）端，由变频器输出高速运转驱动信号，控制电动机高速运转。

【5】当需要电动机停机时，按下触摸屏上的停机按键SB2，由触摸屏向PLC输入停止信号。

【6】将PLC内的常闭触点M1置1，常闭触点M1断开。

【7】输出继电器Y0线圈和输出继电器Y1线圈失电，变频器控制端信号消失，输出端停止输出，电动机停止运转。

8.7 电动机PLC及变频正反转控制系统

8.7.1 电动机PLC及变频正反转控制系统的结构

图8-21所示为典型的电动机PLC及变频正反转控制系统。

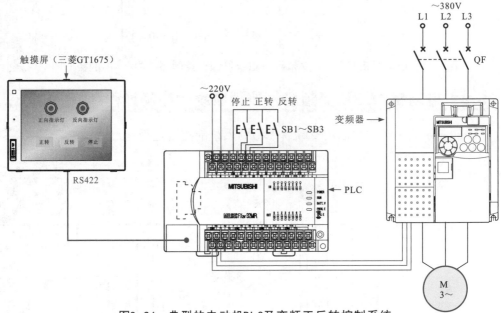

图8-21 典型的电动机PLC及变频正反转控制系统

图8-22所示为电动机PLC及变频正反转控制系统的电路结构。

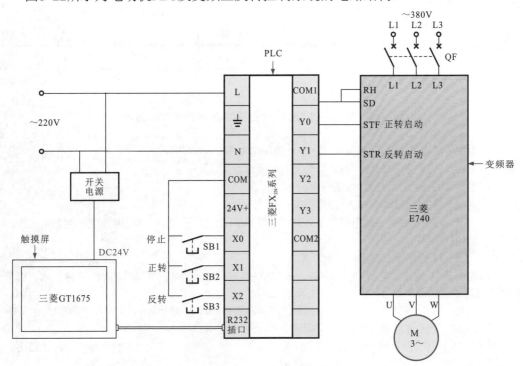

图8-22 电动机PLC及变频正反转控制系统的电路结构

1 ▶▶ 触摸屏画面中的各元件对应的PLC地址及触摸屏编程

根据控制系统的需求设计触摸屏画面。本案例采用的触摸屏为三菱GT1675型，根据触摸屏型号选择相应的组态软件进行画面设计，并为触摸屏画面中的各元件分配对应的PLC地址，如图8-23所示。

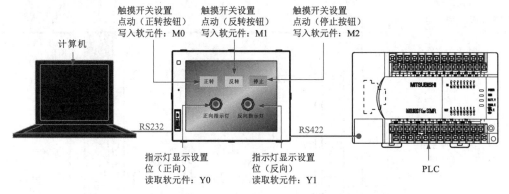

图8-23 电动机正反转综合控制系统触摸屏画面

2 ▶▶ PLC的I/O分配表和梯形图PLC程序

表8-7所列为电动机正反转PLC、变频器与触摸屏综合控制系统的I/O分配表。

表8-7 电动机正反转PLC、变频器与触摸屏综合控制系统的I/O分配表

输入信号及地址编号			输出信号及地址编号		
名称	代号	输入地址编号	名称	代号	输出地址编号
停止按钮	SB1	X0	变频器正转启动端	STF	Y0
正转按钮	SB2	X1	变频器反转启动端	STR	Y1
反转按钮	SB3	X2	触摸屏上的正向指示灯	—	Y0
触摸屏上的停止按钮	SB4	M0	触摸屏上的反向指示灯	—	Y1
触摸屏上的正转按钮	SB5	M1	—	—	—
触摸屏上的反转按钮	SB6	M2	—	—	—

图8-24所示为电动机启停PLC、变频器与触摸屏综合控制系统中PLC内的梯形图。

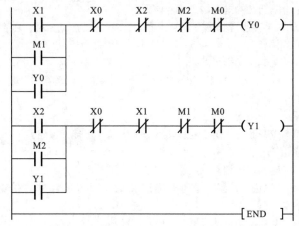

图8-24 电动机启停PLC、变频器与触摸屏综合控制系统中PLC内的梯形图

8.7.2 电动机PLC及变频正反转控制系统的控制过程

图8-25所示为电动机PLC及变频正反转控制系统的控制过程。

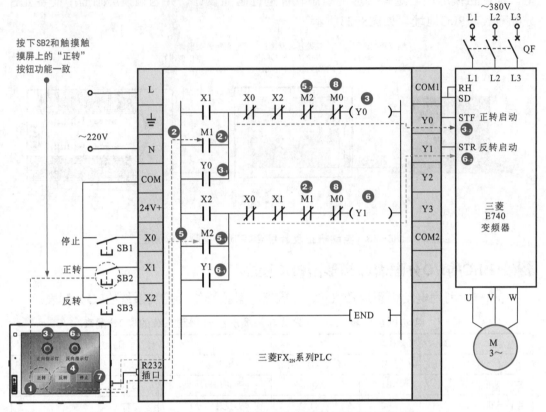

图8-25 电动机PLC及变频正反转控制系统的控制过程

【1】触摸触摸屏上的"正转"按钮SB5，由触摸屏向PLC输入启动指令。

【2】将PLC内的触点M1置1。

　　【2-1】常开触点M1闭合。

　　【2-2】常闭触点M1断开，防止在正转状态下按动"反转"按钮。

【2-1】→【3】输出继电器Y0线圈得电。

　　【3-1】输出继电器Y0的常开触点闭合自锁。

　　【3-2】PLC的Y0端输出控制信号到变频器的STF（正转启动）端，由变频器输出正转启动信号，控制电动机正向启动运转。

　　【3-3】触摸屏上的正向指示灯亮。

【4】触摸触摸屏上的"正转"按钮SB6，由触摸屏向PLC输入启动指令。

【5】将PLC内的触点M2置1。

　　【5-1】常开触点M2闭合。

　　【5-2】常闭触点M2断开，防止在反转状态下按动"正转"按钮。

【5-1】→【6】输出继电器Y1线圈得电。

　　【6-1】输出继电器Y1的常开触点闭合自锁。

　　【6-2】PLC的Y1端输出控制信号到变频器的STR（反转启动）端，由变频器输出反转启动信号，控制电动机反向启动运转。

　　【6-3】触摸屏上的反向指示灯亮。

【7】当需要电动机停止运转时，无论电动机处于正转还是反转状态，均可触摸触摸屏上的"停止"按钮SB4，由触摸屏向PLC输入停止信号。

【8】将PLC内的常闭触点M0置1，常闭触点M0断开，PLC输出继电器Y0或Y1失电，变频器停止输出，电动机停转。

在实际应用中，触摸屏与PLC、变频器组合控制系统根据控制需求的不同，会相对复杂一些，也更具实用性一些。例如，图8-26所示的由触摸屏、PLC和变频器控制的电动机正反转系统的结构，表8-8所列为其I/O分配表。

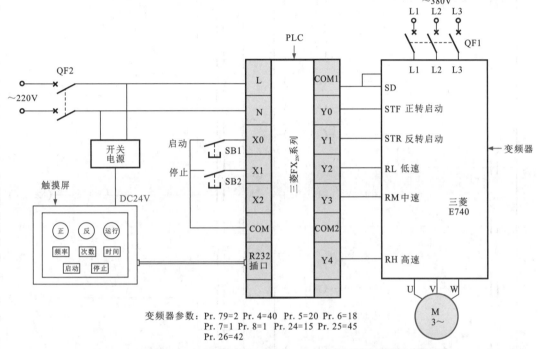

变频器参数：Pr. 79=2 Pr. 4=40 Pr. 5=20 Pr. 6=18
Pr. 7=1 Pr. 8=1 Pr. 24=15 Pr. 25=45
Pr. 26=42

图8-26 由触摸屏、PLC和变频器控制的电动机正反转系统的结构

表8-8 由触摸屏、PLC和变频器控制的电动机正反转系统的I/O分配表

输入信号及地址编号			输出信号及地址编号		
名称	代号	输入地址编号	名称	代号	输出地址编号
停止按钮	SB1	X0	正转	STF	Y0
正转按钮	SB2	X1	反转	STR	Y1
触摸屏上的启动按钮	SB4	M0（开关量）	低速	RL	Y2
触摸屏上的停止按钮	SB5	M1（开关量）	中速	RM	Y3
—	—	—	高速	RH	Y4
—	—	—	触摸屏上的正转指示	—	Y0（开关量）
—	—	—	触摸屏上的反转指示	—	Y1（开关量）
—	—	—	触摸屏上的运行指示	—	M2（开关量）
—	—	—	触摸屏上的频率显示	—	D0（数字量）
—	—	—	触摸屏上的运行时间显示	—	T0（数字量）
—	—	—	触摸屏上的运行次数显示	—	C0（数字量）

图8-27所示为由触摸屏、PLC和变频器控制的电动机正反转系统中的PLC梯形图。

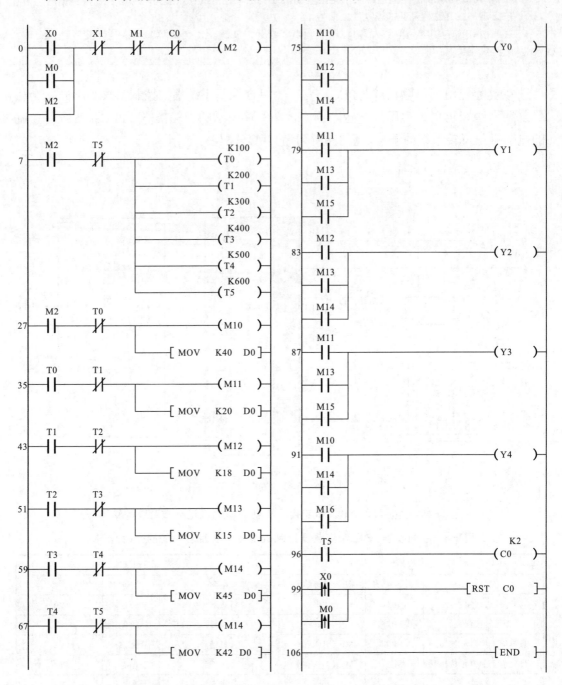

图8-27 由触摸屏、PLC和变频器控制的电动机正反转系统中的PLC梯形图

不同品牌和型号的触摸屏与PLC、变频器相组合，可构成不同的电动机正反转控制系统。图8-28所示为由触摸屏与西门子PLC、变频器组合而成的电动机正反转控制系统。在该系统的触摸屏上可输出正转启动、反转启动、设定频率等命令。PLC输入端子外接传感器可根据它实时检测的信号来决定变频器高、低两种频率的输出。

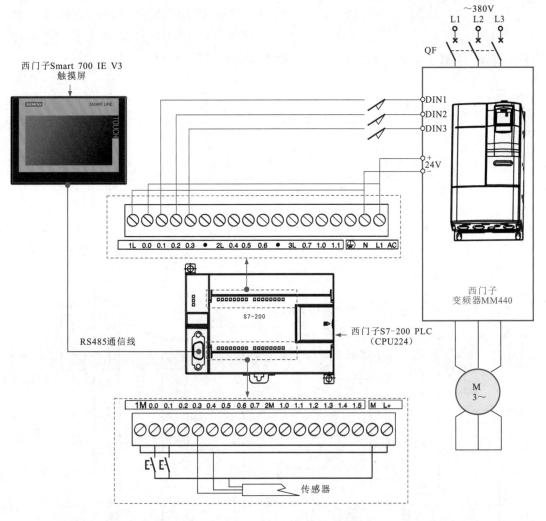

图8-28 由触摸屏与西门子PLC、变频器组合而成的电动机正反转控制系统

8.8 自动滑台机床PLC及变频器控制系统

8.8.1 自动滑台机床PLC及变频控制系统的结构

自动滑台机床是一种组合机床设备。由PLC、变频器与触摸屏综合控制的自动滑台机床主要实现工作台的工进、横向退刀、纵向退刀和横向进给4种操作，并自动连续循环这4种操作。

图8-29所示为自动滑台机床PLC、变频器与触摸屏综合控制系统的结构。

系统工作时，当自动滑台机床的滑台在A点（原始位置）时，按下启动按钮，工进电动机会以35Hz正转运行，进行切削加工，同时由接触器KM控制的主轴电动机（动力头电动机）启动。

2s后滑台到达B点，SQ2动作，工进结束，工进电动机停止，同时主轴电动机（动力头电动机）停止工作。滑台停止2s后，横退电磁阀YV1得电，滑台横向退刀，1s后，滑台到达C点，SQ3被压合，电磁阀YV1失电，横退结束。

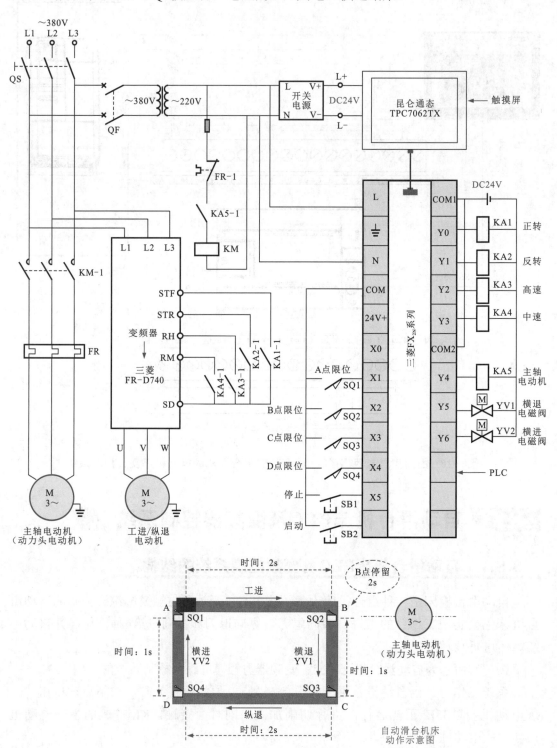

图8-29　自动滑台机床PLC、变频器与触摸屏综合控制系统的结构

接着，纵退电动机以45Hz反转运行，滑台纵向退刀。2s后，滑台退到D点，SQ4被压合，纵向退刀结束，滑台横进电磁阀YV2得电，1s后，滑台横向进给到A点（原点），当碰到SQ1时，SQ1被压合，YV2失电，完成一次循环，并自动进入下一次循环，连续运行。

按下停止按钮，滑台停止，根据加工工艺要求，滑台回到原点，压合SQ1后停止；需要再次启动时，按下启动按钮，重新开始循环，并连续运行。

图8-30所示为自动滑台PLC、变频器与触摸屏综合控制系统的接线图。

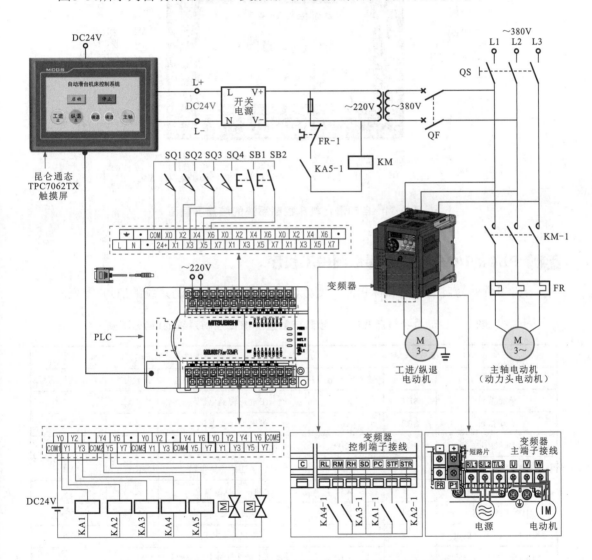

图8-30 自动滑台PLC、变频器与触摸屏综合控制系统的接线图

补充说明

三菱FR-D740变频器的参数设置：Pr.7（加速时间）=2s，Pr.8（减速时间）=1s，Pr.4（高速）=45Hz，Pr.5（中速）=35Hz。

1 >> 触摸屏画面上的各元件对应的PLC地址及触摸屏编程

下面根据控制系统的需求设计触摸屏画面。本案例采用的触摸屏为昆仑通态TPC7062TX型，根据触摸屏型号选择相应的组态软件进行画面设计，并为触摸屏上的各元件分配对应的PLC地址，如图8-31所示。

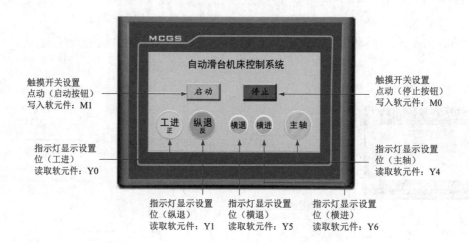

触摸开关设置 点动（启动按钮）写入软元件：M1

触摸开关设置 点动（停止按钮）写入软元件：M0

指示灯显示设置位（工进）读取软元件：Y0

指示灯显示设置位（主轴）读取软元件：Y4

指示灯显示设置位（纵退）读取软元件：Y1

指示灯显示设置位（横退）读取软元件：Y5

指示灯显示设置位（横进）读取软元件：Y6

图8-31　自动滑台机床控制系统的触摸屏画面

2 >> PLC的I/O分配表和梯形图PLC程序

表8-9所列为自动滑台机床PLC、变频器与触摸屏综合控制系统的I/O分配表。

表8-9　自动滑台机床PLC、变频器与触摸屏综合控制系统的I/O分配表

输入信号及地址编号			输出信号及地址编号		
名称	代号	输入地址编号	名称	代号	输出地址编号
停止按钮	SB1	X5	工进正转继电器	KA1	Y0
启动按钮	SB2	X6	纵退反转继电器	KA2	Y1
A点限位开关	SQ1	X1	反转高速控制继电器	KA3	Y2
B点限位开关	SQ2	X2	正转中速控制继电器	KA4	Y3
C点限位开关	SQ3	X3	主轴电动机继电器	KA5	Y4
D点限位开关	SQ4	X4	横退电磁阀	YV1	Y5
触摸屏上的停止按钮	—	M0	横进电磁阀	YV2	Y6
触摸屏上的启动按钮	—	M1	触摸屏上的工进正转指示灯	—	Y0
—	—	—	触摸屏上的纵退反转指示灯	—	Y1
—	—	—	触摸屏上的横退指示灯	—	Y5
—	—	—	触摸屏上的横进指示灯	—	Y6
—	—	—	触摸屏上的主轴电动机运行状态指示灯	—	Y4

图8-32所示为自动滑台机床PLC、变频器与触摸屏综合控制系统中PLC内的梯形图。

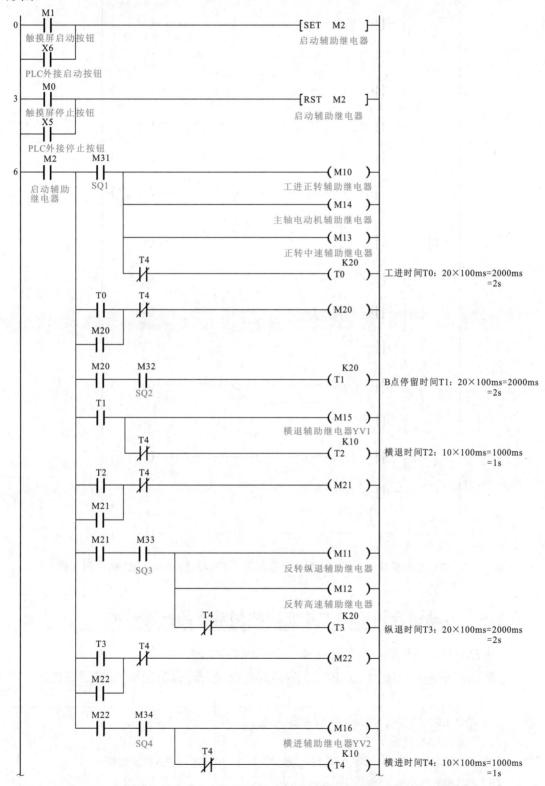

图8-32 自动滑台机床PLC、变频器与触摸屏综合控制系统中PLC内的梯形图

图8-32　自动滑台机床PLC、变频器与触摸屏综合控制系统中PLC内的梯形图（续）

8.8.2 | 自动滑台机床PLC及变频控制系统的控制过程

下面结合PLC外接的触摸屏和变频器分析PLC梯形图。

图8-33所示为自动滑台机床PLC、变频器与触摸屏综合控制系统的控制过程。

【1】滑台初始位于A点，当前状态下，SQ1被压合。

【2】PLC内的常开触点X1闭合。

【3】当按下启动按钮SB1或触摸屏上的"启动"按钮，向PLC内送入控制信号。

【4】PLC内的常开触点X6或M1闭合。

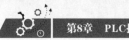

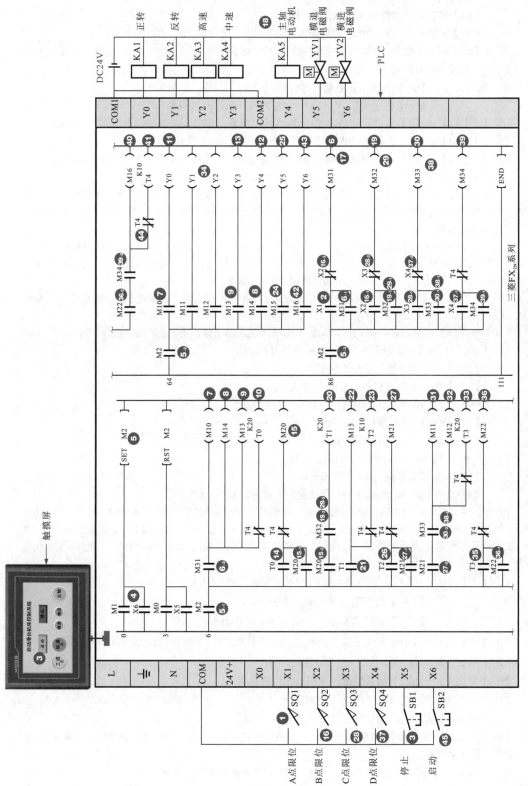

图8-33 自动滑台机床PLC、变频器与触摸屏综合控制系统的控制过程

【5】M2置位，即使松开SB1后，M2仍保持得电状态。

【5-1】控制滑台动作的常开触点M2闭合。

【5-2】控制输出继电器线圈的常开触点M2闭合。

【5-3】控制限位开关辅助继电器的常开触点M2闭合。

【2】+【5-3】→【6】SQ1辅助继电器M31线圈得电。

【6-1】自锁常开触点M31闭合自锁。

【6-2】控制M10、M14、M13和定时器T0的常开触点M31闭合。

【5-1】+【6-2】→【7】工进正转辅助继电器M10线圈得电，控制Y0线圈的常开触点M10闭合。

【5-1】+【6-2】→【8】主轴电动机辅助继电器M14线圈得电，控制Y4线圈的常开触点M14闭合。

【5-1】+【6-2】→【9】正转中速辅助继电器M13线圈得电，控制Y3线圈的常开触点M13闭合。

【5-1】+【6-2】→【10】定时器T0线圈得电，开始计时。

【5-2】+【7】→【11】输出继电器Y0线圈得电，控制PLC外接工进正转继电器KA1线圈得电，其常开触点KA1-1闭合，为变频器送入正转启动控制信号，工进电动机正向启动运转。同时，触摸屏上的工进正转指示灯点亮。

【5-2】+【8】→【12】输出继电器Y4线圈得电，控制PLC外接工进正转继电器KA5线圈得电，其常开触点KA5-1闭合，交流接触器KM线圈得电，其常开主触点KM-1闭合，主轴电动机（动力头电动机）启动运转。同时，触摸屏上的主轴电动机运行状态指示灯亮。

【5-2】+【9】→【13】输出继电器Y3线圈得电，控制PLC外接工进正转继电器KA4线圈得电，其常开触点KA4-1闭合，变频器中速信号控制端送入控制信号，工进电动机正向中速运转。

【10】→【14】2s后，定时器定时时间到，其常开触点T0闭合，滑台运行到B点。

【5-1】+【14】→【15】辅助继电器M20线圈得电。

【15-1】自锁常开触点M20闭合自锁。

【15-2】控制定时器T1的常开触点M20闭合。

【14】→【16】当滑台工进电动机运行到B点时，限位开关SQ2被压合。

【16-1】PLC内的常开触点X2闭合。

【16-2】PLC内的常闭触点X2断开。

【16-2】→【17】SQ1辅助继电器M31线圈失电。

【17-1】自锁常开触点M31复位断开。

【17-2】控制M10、M14、M13和定时器T0的常开触点M31复位断开。

【17-2】→【18】M10、M14、M13线圈失电，控制Y0、Y04、Y3线圈的常开触点M10、M14、M13复位断开，继电器KA1、KA2、KA3线圈失电，其常开触点全部复位，变频器停止输出，工进电动机停止运转，触摸屏正工进电动机指示灯熄灭。同时，主轴电动机停转，触摸屏上主轴电动机运行状态指示灯熄灭。

【5-3】+【16-1】→【19】SQ2辅助继电器M32线圈得电。

【19-1】自锁常开触点M32闭合自锁。

【19-2】控制定时器T1的常开触点M32闭合。

【5-1】+【15-2】+【19-2】→【20】定时器T1线圈得电，开始计时，此时滑台在B点停留。

【21】滑台停留2s后，定时器T1的常开触点T1闭合。

【5-1】+【21】→【22】横退辅助继电器M15线圈得电。

【21】→【23】定时器T2线圈得电，开始计时，

【22】→【24】控制横退继电器Y5的常开触点M15闭合。

【24】→【25】横退继电器Y5线圈得电，PLC外接电磁阀YV1得电，滑台开始横向退刀，同时，触摸屏上的横退指示灯点亮。

【26】1s后，定时器T2定时时间到，其常开触点T2闭合，滑台运行到C点。

【5-1】+【26】→【27】辅助继电器M21线圈得电。

　　　　【27-1】自锁常开触点M21闭合自锁。

　　　　【27-2】控制M11、M12、T3的常开触点M21闭合。

【26】→【28】滑台运行到C点时，行程开关SQ3被压合。

　　　　【28-1】PLC内的常开触点X3闭合。

　　　　【28-2】PLC内的常闭触点X3断开。

【28-2】→【29】SQ2辅助继电器M32线圈失电。

　　　　【29-1】自锁常开触点M32复位断开，解除自锁。

　　　　【29-2】控制定时器T1的常开触点M32复位断开，定时器线圈失电，M15线圈失电，输出继电器Y5线圈失电，PLC外接电磁阀YV1失电，滑台停止横向退刀，同时，触摸屏上的横退指示灯熄灭。

【5-3】+【28-1】→【30】SQ3辅助继电器M33线圈得电。

　　　　【30-1】自锁常开触点M33闭合自锁。

　　　　【30-2】控制M11、M12、T3的常开触点M33闭合。

【5-1】+【27-2】+【30-2】→【31】反转纵退辅助继电器M11线圈得电，其常开触点M11闭合。

【5-1】+【27-2】+【30-2】→【32】反转高速辅助继电器M12线圈得电，其常开触点M12闭合。

【5-1】+【27-2】+【30-2】→【33】定时器T3线圈得电，开始计时。

【31】+【32】→【34】输出继电器Y1、Y2线圈得电，PLC外接继电器KA2、KA3得电，接在变频器控制端子外的常开触点KA2-1、KA3-1闭合，纵退电动机开始反转高速运转，同时触摸屏上的纵退反转指示灯点亮。

【35】2s后，定时器T3定时时间到，其常开触点T3闭合，滑台运行到D点。

【5-1】+【35】→【36】辅助继电器M22线圈得电。

　　　　【36-1】自锁常开触点M22闭合自锁。

　　　　【36-2】控制M16、T4的常开触点M21闭合。

【35】→【37】滑台运行到D点时，行程开关SQ4被压合。

　　　　【37-1】PLC内的常开触点X4闭合。

　　　　【37-2】PLC内的常闭触点X4断开。

【37-2】→【38】SQ3辅助继电器M33线圈失电。

　　　　【38-1】自锁常开触点M33复位断开，解除自锁。

　　　　【38-2】控制M11、M12、T3的常开触点M32复位断开，线圈失电，其相应触点全部复位，触摸屏上的纵退反转指示灯熄灭。

【5-3】+【37-1】→【39】SQ4辅助继电器M34线圈得电。

　　　　【39-1】自锁常开触点M34闭合自锁。

　　　　【39-2】控制M16、T4的常开触点M34闭合。

【5-1】+【36-2】+【39-2】→【40】横进辅助继电器线圈M16。

【5-1】+【36-2】+【39-2】→【41】定时器T4线圈得电，开始计时。

【40】→【42】控制横进继电器Y6的常开触点M16闭合。

【42】→【43】横进继电器Y6线圈得电，PLC外接电磁阀YV2得电，滑台开始横向进刀，同时触摸屏上的横进指示灯点亮。

【44】1s后，定时器T4计时时间到，其常闭触点T4全部断开。滑台回到原始位置A点。受定时器T4常闭触点控制的继电器线圈全部失电，相应触点全部复位，定时器T4线圈也失电，常闭触点复位闭合，为下一个循环做好准备。

【45】滑台机床运行中，按下停止按钮SB1或触摸屏上的"停止"按钮，其PLC内常开触点X5或M0闭合，辅助继电器M2复位，其触点断开，滑台停止工作。